高等职业教育"十二五"规划教材

Gangjiegou Yuanli yu Sheji

钢结构原理与设计

赵剑丽　**主编**

U0293985

人民交通出版社

内 容 提 要

本书内容主要包括上篇钢结构原理与下篇钢结构设计。其中上篇内容包括绪论、钢结构材料及其性能、焊缝连接、螺栓连接、轴心受力构件和受弯构件;下篇内容包括钢结构平台、钢屋架设计、门式刚架设计。

本书可作为高职高专院校钢结构工程相关专业教学用书,亦可供从事钢结构设计及施工技术人员参考。

图书在版编目(CIP)数据

钢结构原理与设计 / 赵剑丽主编. — 北京 : 人民
交通出版社,2015.6
高等职业教育"十二五"规划教材
ISBN 978-7-114-11372-7

Ⅰ. ①钢… Ⅱ. ①赵… Ⅲ. ①钢结构—理论—高等职
业教育—教材②钢结构—结构设计—高等职业教育—教材
Ⅳ. ①TU391

中国版本图书馆 CIP 数据核字(2014)第 074655 号

高等职业教育"十二五"规划教材
书 名:钢结构原理与设计
著 作 者:赵剑丽
责任编辑:周 凯 刘顺华
出版发行:人民交通出版社
地 址:(100011)北京市朝阳区安定门外外馆斜街 3 号
网 址:http://www.ccpress.com.cn
销售电话:(010)59757973
总 经 销:人民交通出版社发行部
经 销:各地新华书店
印 刷:北京盈盛恒通印刷有限公司
开 本:787×1092 1/16
印 张:14.25
字 数:360 千
版 次:2015 年 6 月 第 1 版
印 次:2015 年 6 月 第 1 次印刷
书 号:ISBN 978-7-114-11372-7
定 价:37.00 元
(有印刷、装订质量问题的图书由本社负责调换)

道路桥梁工程技术专业建设委员会

前　言 | Preface

随着我国钢材产量的增加,钢结构作为相对新兴的结构形式,以其质量可靠、轻质高强、抗震性能好、工厂化制作程度高、施工周期短和绿色环保等优点,在工业与民用建筑、市政、桥梁等方面得到了越来越广泛的应用。为适应钢结构事业的蓬勃发展,我国一些高等院校先后开设了钢结构相关专业。钢结构原理与设计是该专业的一门核心课程,通过该课程的学习,学生除了能够掌握初步的结构复验能力,还将对钢结构制造、安装等环节的质量控制有更深层次的了解与把握,对学生毕业后的可持续发展起到至关重要的作用。

为系统总结钢结构设计过程中的相关知识,也为加强高职院校钢结构原理与设计课程建设,特立项编写本教材。本书由浙江交通职业技术学院钢结构建造技术专业委员会,联合浙江东南网架股份有限公司和浙江杭萧钢构股份有限公司等企业一线专业技术人员共同编写。其中上篇第一、二章由梁吉编写,第三、四章由宗丽杰编写,第五、六章由赵剑丽、杭振园编写,下篇七、八、九章由赵剑丽编写。全书由赵剑丽主编并统稿。

在本书编写过程中得到了浙江交通职业技术学院、浙江东南网架股份有限公司和浙江杭萧钢构股份有限公司的大力支持;书中部分内容引用了同行专业论著中的成果,在此表示衷心的感谢。

本书力求注重理论与实际相结合,通过丰富的典型工程案例,图文并茂地介绍了钢结构原理与设计相关知识。但限于作者的水平,书中难免存在不妥之处,欢迎读者批评指正。

编　者
2015 年 1 月

目 录 | Contents

上篇　钢结构原理

下篇　钢结构设计

上篇 钢结构原理

第一章 绪 论

第一节 钢结构的应用

一、钢结构的特点

与应用最为广泛的混凝土结构相比,钢结构具有如下一些主要特点。

1. 钢结构的优点

(1)强度高,质量轻。钢材的质量密度虽是钢筋混凝土的3倍多,但一般说来其抗压强度却较钢筋混凝土大近20倍(其抗拉强度较钢筋混凝土则大得更多)。因此在相同承载力下,以钢构件的截面为小,质量为轻。例如,在跨度和荷载相同的条件下,钢屋架的质量约为钢筋混凝土屋架的1/4~1/3。由此带来的优点是:便于构件的运输和吊装,基础和地基处理的费用与工程量也可大大减少。

(2)质地均匀,各向同性。钢材的这个性质符合结构计算时通常所做的假定,因而钢结构的计算结果与其实际情况最为相符,计算可靠;钢材的弹性模量较大,结构在荷载作用下的变形就较小;钢材有良好的塑性性能,可自动调节构件中可能出现的局部应力高峰,且结构在破坏前一般都会产生显著的变形,使事故有预兆,可及时防患;钢材还具有良好的韧性,对承受动力荷载适应性强。钢结构抗震性能好。

(3)施工质量好,且工期短。钢结构一般都在专业工厂由机械化生产制造,而后运至工地现场安装,工业化生产程度高,质量容易监控和保证。工地占地面积小,环境污染少,适于都市市区施工。工期短,效益好。

(4)密闭性好。

(5)用螺栓连接的钢结构,可装拆,适用于移动性结构。

2. 钢结构的缺点

(1)钢材的耐腐蚀性较差,因而需采取防腐措施,在有腐蚀性的环境中使用钢结构,必须对其做定期检查,维护费用大于钢筋混凝土结构。

(2)钢结构有一定的耐热性但不防火,当其温度到达450~650℃时,强度下降极快,在600℃时已不能承重,只有在200℃以下时钢材的性质变化不大。因此,当钢结构表面长期受辐射热≥150℃或在短期内可能受到火焰作用时,应采取有效的防护措施。

(3)钢结构在低温条件下可能发生脆性断裂。

(4)钢结构价格昂贵。

二、钢结构的应用范围

由于以上特点,钢结构的应用范围极广,有些情况下甚至无法用其他建筑材料的结构代替。在建筑结构领域中钢结构主要用于：

（1）重型工业厂房。例如大型冶金企业、火力发电厂和重型机械制造厂等的一些车间厂房，由于厂房跨度和柱距大、高度高、车间内设有工作繁忙和起重量大的起重运输设备和有强大振动的生产设备，因而常需采用由钢屋架、钢柱和钢吊车梁等组成的全钢结构，见图1-1。

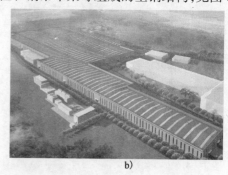

图1-1　钢结构厂房
a）施工中的门式刚架厂房；b）宝鸡石油钢管厂厂房

（2）高层房屋钢结构。房屋高度愈大，所受侧向水平荷载如风荷载及地震作用的影响也愈大，所需柱截面也会大大加大。采用钢结构可减小柱截面而增大建筑物的使用面积和提高房屋抗震性能。根据1990年11月第四届国际高层建筑会议资料，当时已建成的世界最高90幢高层建筑中，采用钢结构的有51幢，采用钢—钢筋混凝土结构的有25幢，采用钢筋混凝土结构的有14幢；其中80层以上（含80层）的共6幢，全部采用钢结构。我国改革开放以来，在北京、上海等地也建造了一批高层建筑，例如1998年建成的上海金茂大厦，88层，高420.5m，均采用钢结构。国内典型高层钢结构工程案例见图1-2。

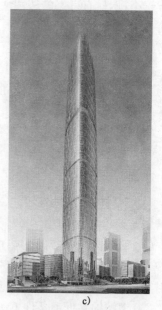

图1-2　我国典型高层钢结构
a）上海金茂大厦；b）上海环球金融中心；c）广州珠江新城西塔

（3）大跨度结构。当跨度增大到一定程度时，为了减轻结构的自重，需采用自重较轻的钢结构。一般情况下，跨度等于或大于60m的结构就称为大跨度结构。在我国其主要应用于体育场馆、会展中心、演出场馆、飞机库、航空站和火力发电厂的大煤库等。其结构形式包含网架、网壳、悬索结构和索膜结构等空间结构和桁架、刚架、拱等平面结构。新中国成立以来，特别是改革开放以来，国内这种建筑已建造很多，而且随着时间的推移，结构规模越来越大，形式和技术要求也越来越复杂。例如最近建造的广州国际会议展览中心，其中心展览大厅钢结构屋盖就由30榀跨度为126.6m的钢桁架组成，东西长448m，建筑高度达40m，规模之大可想而知。近年来国内著名大跨度钢结构项目见图1-3。

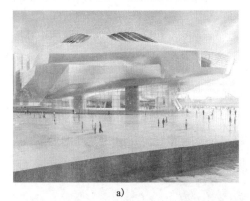

图1-3　我国大跨度钢结构
a)大连国际会议中心；b)水立方、鸟巢

（4）高耸结构。塔桅、电视塔和烟囱等高耸结构同样由于风荷载和地震作用随高度的增加而加大，需采用钢结构。同时，建造在软土地基上的高耸结构，为了减少地基处理费用，在一定高度时也宜采用钢结构。例如，建于1977年的北京市环境气象塔为由钢管组成的三边形格构式桅杆，高325m，为当时国内最高的构筑物。近年来国内高耸钢结构项目见图1-4。

图1-4　我国高耸钢结构
a)广州新电视塔；b)上海东方明珠电视塔

（5）因运输条件不利，或施工期要求尽量缩短，或施工现场场地受到限制等原因也常需采用钢结构。如电力工业中的高压输电塔等，见图1-5。

（6）密闭性要求较高的板壳结构，如压力容器、煤气柜、储油罐、高炉和高压输水管等，见图1-6。

（7）需经常装拆和移动的各类起重运输设备和钻探设备，如塔式起重机和采油井架，可拆卸式房屋，见图1-7。

图 1-5　高压输电塔

图 1-6　压力容器

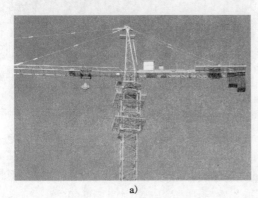

a)

b)

图 1-7　塔架与可拆卸房屋

a)塔吊;b)可拆卸式房屋

（8）特种钢结构,如钢结构桥梁、水工结构中的闸门、各种工业设备的支架(如锅炉支架)、海上石油平台等,见图 1-8。

a)

b)

图 1-8　特种钢结构

a)杭州之江大桥;b)海上石油平台

综上所述,可见钢结构在建筑业和其他各行各业都有广泛的应用。

三、钢结构的最新进展

1.高强度钢材

采用高强度钢材,有利于我国可持续发展战略和保护环境。北京奥运场馆"鸟巢"和"水立方"都是采用 Q460 高强度钢材。

2. 推广应用高效钢材

随着钢结构行业的蓬勃发展,新型材料层出不穷,例如 H 型钢、T 型钢、彩钢板、热镀锌镀铝锌钢板、冷弯型钢、耐候钢、耐火钢、Z 向钢等。

3. 设计方法

目前钢结构采用的设计方法是以概率论和数理统计为方法定量计算和设计。PKPM、Ansys、Midas 等计算机辅助设计 CAD 技术迅速发展,大大减轻了设计人员的工作量。

4. 构件的定型化、系列化、产品化

使用标准化产品,能够批量生产,大大降低工程造价。

第二节　钢结构的设计方法

一、钢结构设计的主要内容

结构设计是在建筑物的方案设计之后进行的。方案设计中根据建筑物的使用要求和具体条件等确定建筑物的形状、平面尺寸、层次、高度、建筑面积、室内交通运输设备(如车间内的吊车、民用房屋中的楼梯和电梯等设备)、采光和通风措施以及选用的结构形式等。在确定了选用钢结构后,结构设计主要包括下列内容:

(1)根据建筑物的使用要求、具体条件和方案设计中已确定的内容,进行结构选型和结构布置,做到技术先进、经济合理、安全适用和确保质量。

(2)确定选用的钢材牌号。

(3)建立结构的计算简图,确定其所受的各类荷载。荷载的取值及组合应根据国家标准《建筑结构荷载规范》(GB 50009—2012)及建设单位的具体要求确定。

(4)按不同荷载分别进行结构内力分析和内力组合,确定各构件在最不利组合下产生的最大内力。

(5)进行各构件的截面设计。

(6)进行构件相互间的连接设计。

(7)绘制施工详图,编制材料表。

二、钢结构设计的目的

一个具体的钢结构,首先应能够安全地承受结构所承受的各种荷载,并能够把所承受的荷载以明确和直接的传递线路传给结构的基础,最后传至支承基础的地基,同时应满足建成后的各项使用要求。结构设计的目的应使结构在规定的设计使用年限内满足以下功能:

(1)在正常施工和正常使用时,能承受可能出现的各种作用。

(2)在正常使用时具有良好的工作性能。

(3)在正常维护下有足够的耐久性能。

(4)在设计规定的偶然事件(如地震、火灾、爆炸和撞击等)发生后,仍能保持必需的整体稳定性。

以上四项可概括为安全性、适用性和耐久性要求,统称为结构的可靠性要求。

三、建筑结构荷载

结构产生各种效应的原因,统称为结构上的作用。结构上的作用包括直接作用和间接作用。直接作用是指施加在结构上的集中力或分布力(即荷载),例如结构自重、楼面活荷载和设备自重等。直接作用的计算一般比较简单,引起的效应比较直观。间接作用是指引起结构外加变形或约束变形的作用,例如温度的变化、混凝土的收缩或徐变、地基的变形、焊接变形和地震等。这类作用是以直接施加在结构上的形式出现的,但同样引起结构产生效应。间接作用的计算和引起的效应一般比较复杂,例如地震会引起建筑物产生裂缝、倾斜下沉甚至倒塌。但这些破坏效应不仅仅与地震震级、烈度有关,还与建筑物所在场地的地基条件、建筑物的基础类型和上部结构体系有关。

过去习惯上将上述两类不同性质的作用统称为荷载,例如将温度变化称为温度荷载,将地震作用称为地震荷载等,这样就混淆了两类不同性质的作用,特别是对间接作用的复杂性认识不足。

为便于工程结构设计,且利于考虑不同的作用所产生的效应的性质和重要性不同,对结构所承受的各种环境作用,按其随时间的变化进行如下分类。

(1)永久作用:在结构设计基准期内,其值不随时间变化,或其变化与平均值相比可以忽略不计。例如结构自重、土压力、水压力、预加压力、基础沉降、焊接等。

(2)可变作用:在结构设计基准期内,其值随时间变化,且其变化与平均值相比不可忽略。例如车辆重力、人员设备重力、风荷载、雪荷载、温度变化等。

(3)偶然作用:在结构设计基准期内不一定出现,而一旦出现其量值很大且持续时间较短。例如地震、爆炸等。

由于可变作用的变异性比永久作用的变异性大,可变作用的相对取值与平均值相比应比永久作用的相对取值大。另外,由于偶然作用的出现概率较小,结构抵抗偶然作用的可靠度比抵抗永久作用和可变作用的可靠度低。

在设计时除了采用能便于设计者使用的设计表达式外,对荷载仍应赋予一个规定的量值,即荷载代表值,可根据不同的设计要求规定不同的荷载代表值,以使之能更确切地反映它在设计中的特点。《建筑结构荷载规范》(GB 50009—2012)中给出 4 种代表值:标准值、组合值、频遇值、准永久值。

永久荷载应该用标准值作为代表值,对可变荷载应根据设计要求用标准值、组合值、频遇值、准永久值作为代表值。荷载标准值是荷载的基本代表值,其他代表值都可以在标准值的基础上乘以相应的系数后得出。

设计钢结构时,荷载的标准值、荷载分项系数、荷载组合值系数、动力荷载的动力系数等,应按现行国家标准《建筑结构荷载规范》(GB 50009—2012)的规定采用。

第三节 钢结构课程的内容与要求

钢结构原理与设计是钢结构专业学生必修的一门专业课。限于教学时数,本书基本内容如下。

一、上篇 钢结构原理

(1)钢结构的特点和应用范围。

8

（2）结构钢材的基本性能及影响性能的主要因素,钢材发生脆性破坏的原因及预防措施,钢材牌号的正确选用。

（3）钢结构的设计原则,我国采用的概率设计法及其优点,与容许应力设计法的比较。

（4）钢结构各种连接方式及其计算规定。

（5）钢结构各类基本构件的截面形式、破坏特征、工作性能、构造要求及计算方法等。

（6）钢结构各构件间的连接构造及计算,包括柱头、柱脚、梁与梁的连接、梁与柱的连接等。

二、下篇　钢结构设计

（1）钢结构平台设计。

（2）钢屋架设计。

（3）门式刚架的设计。

通过上述内容的学习,要求学生了解钢结构的设计原理,能正确选用钢材,掌握基本构件及连接的工作性能和设计方法。学习时应先懂得各种构件和连接的可能破坏方式和工作性能,然后掌握设计规范规定的计算方法。

习　题

一、填空题

1. 在我国现行《钢结构设计规范》（GB 20017—2003）中,当计算结构的强度、稳定性及连接的强度时,应采用荷载的_____,当计算疲劳和变形时,应采用荷载的_____。

2. 我国钢结构设计方法除疲劳计算外,采用以_____为基础、_____表达的极限状态设计法,并将极限状态分为_____极限状态和_____极限状态。

3. 钢结构设计的基本要求是_____、_____、_____。

4. 度量结构可靠性的指标是_____,在现行的结构设计中,常常用_____作为结构可靠度的度量指标。

5. 作用按其随时间的变化可分为_____、_____和_____。

6. 在钢结构承载能力极限状态设计表达式 $\gamma_0 S \leqslant R$ 中,γ_0 为_____系数。

7. 当某构件的可靠指标 β 减小时,相应失效概率将_____,结构可靠性_____。

8. 钢材承受的设计强度等于钢材的屈服强度除以_____。

9. 对结构或构件进行_____极限状态验算时,应采用永久荷载和可变荷载的标准值。

10. 根据结构发生破坏时可能产生后果的严重程度,把结构分为一、二、三级三个安全等级。一般工业民用建筑钢结构取_____级。

11. 建筑结构的安全性、适用性和耐久性统称为结构的_____。

二、选择题

1. 大跨度结构采用钢结构的主要原因是钢结构_____。
   A. 密封性好　　　　　B. 自重轻　　　　　C. 制造工厂化　　　　　D. 便于拆装

2. 钢结构对动力荷载的适应性强,这主要是由于钢材具有_____。
   A. 良好的塑性　　　　　　　　　　　B. 良好的韧性
   C. 均匀的内部组织　　　　　　　　　D. 良好的塑性和均匀的内部组织

3. 钢结构的极限承载力之极限是指_____。

    A. 结构发生剧烈振动   B. 结构的变形已不能满足使用要求

    C. 结构达到最大承载力产生破坏   D. 使用已达到 50 年

4. 现行《钢结构设计规范》(GB 50017—2003)所用的设计方法是_____。

    A. 半概率、半经验的极限状态设计法   B. 容许应力法

    C. 以概率论为基础的极限状态设计法   D. 全概率设计法

5. 决定结构或构件的目标可靠指标既要考虑_____，又要考虑_____。

    A. 材料性能,施工质量的离散性

    B. 安全等级,破坏后果的严重性

    C. 作用类别,抗力特性的离散性

    D. 力学模型,几何尺寸的离散性

6. 下列_____种极限状态为承载能力极限状态。

    A. 整个结构或结构中的一部分作为刚体失去平衡

    B. 影响正常使用的振动

    C. 影响正常使用或耐久性的局部破坏

    D. 影响正常使用或外观的变形

7. 下列_____种极限状态为正常使用极限状态。

    A. 结构转变为机动体系

    B. 结构和结构构件丧失稳定

    C. 影响正常使用的振动

    D. 结构构件或连接因应力超过材料强度限值破坏

8. 在进行正常使用极限状态计算时,计算用的荷载_____。

    A. 需要将永久荷载的标准值乘以永久荷载分项系数

    B. 需要将可变荷载的标准值乘以可变荷载分项系数

    C. 永久荷载和可变荷载都要乘以各自的荷载分项系数

    D. 永久荷载和可变荷载都用标准值,不必乘以荷载分项系数

9. 钢结构按承载能力极限状态设计时,荷载值应取_____。

    A. 荷载的标准值   B. 荷载的设计值

    C. 荷载的准永久值   D. 荷载的平均值

10. 工程结构的可靠指标 β 与失效概率 P_f 之间的关系是_____。

    A. β 越大, P_f 越大

    B. β 与 P_f 成反比关系

    C. β 与 P_f 存在一一对应的关系,且 β 越大, P_f 越小

    D. β 与 P_f 成正比关系

11. 若用 S 表示结构的荷载效应,用 R 表示结构的抗力,则结构按极限状态设计时应符合的条件是_____。

    A. $S > R$ B. $S \geq R$ C. $S < R$ D. $S \leq R$

12. 验算组合梁刚度时,荷载通常取_____。

    A. 标准值   B. 设计值   C. 组合值   D. 最大值

13. 对于直接承受动力荷载的结构,下列荷载取值正确的是_____。

A. 在计算强度时,动力荷载设计值应乘以动力系数;在计算稳定性、疲劳和变形时,动力荷载标准值不应乘以动力系数

B. 在计算强度和稳定性时,动力荷载设计值应乘以动力系数;在计算疲劳和变形时,动力荷载设计值不应乘以动力系数

C. 在计算强度和稳定性时,动力荷载设计值应乘以动力系数;在计算变形时,动力荷载标准值不应乘以动力系数

D. 在计算强度和稳定性时,动力荷载设计值应乘以动力系数;在计算稳定性、疲劳和变形时,动力荷载标准值不应乘以动力系数

三、判断题

( )1.《钢结构设计规范》(GB 50017—2003)推荐的设计方法是近似概率极限状态设计法。

( )2. 在构件稳定性计算中,荷载应采用标准值。

( )3. 材料的强度设计值为材料强度标准值除以材料强度分项系数。

( )4. 结构可靠性就是结构安全性。

第二章 钢结构材料及其性能

第一节 钢结构所用钢材的力学性能

钢结构大多承受较大荷载的作用,受力状况复杂,所以对材料性能的要求是多方面的。设计者必须全面了解结构的各项要求和钢材的性能,并考虑影响钢材性能的各项因素,慎重合理地选择钢材。

钢的种类较多,依照用途不同而有不同的性能,用于建造钢结构的钢称为结构钢。

结构钢必须具有以下基本性能:

(1)较高的强度。减轻自重,节约钢材,降低造价。抗拉强度高,可以增加结构的安全保障。

(2)足够的变形能力。即塑性和韧性性能好。塑性好则结构破坏前变形比较明显,从而可减少脆性破坏的危险性,并且塑性变形还能调整局部高峰应力,使之趋于平缓。韧性好表示在动荷载作用下破坏时能吸收比较多的能量,同样也可降低脆性破坏的危险程度。对于采用塑性设计的结构和地震区的结构,钢材变形能力的大小具有特别重要的意义。

(3)良好的加工性能。即适合冷、热加工,同时具有良好的可焊性,不因这些加工而对强度、塑性及韧性带来较大的不利影响。

此外,根据结构的具体工作条件,必要时还应该具有适应低温、有害介质侵蚀(包括大气锈蚀)以及重复荷载作用等性能。

其力学性能包括:强度、塑性、冷弯性能及冲击韧性。

一、强度

强度是材料受力时抵抗破坏的能力。说明钢材强度性能的指标有弹性模量 E、比例极限 $\sigma_P(f_p)$、屈服点 $\sigma_s(f_y)$ 和抗拉强度 $\sigma_b(f_u)$ 等。这些指标可以根据钢材标准试件一次单向拉伸试验确定。把低碳钢加工成标准试件,在 $\pm20℃$ 条件下做拉伸试验,得到应力-应变(σ-ε)曲线关系,如图 2-1 所示。

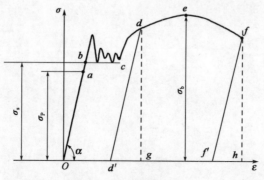

图 2-1 应力-应变曲线关系

从图 2-1 中可以看出，低碳钢受拉至断，经历四个阶段。

1. 弹性阶段 (ob 段)

在拉伸的初始阶段，σ-ε 曲线（oa 段）为一直线，说明应力与应变成正比，即满足胡克定律，此阶段称为线性阶段。线性阶段后，σ-ε 曲线不为直线（ab 段），应力应变不再成正比，但若在整个弹性阶段卸载，应力应变曲线会沿原曲线返回，荷载卸到零时，变形也完全消失。卸载后变形能完全消失的应力最大点称为材料的弹性极限（σ_e），一般对于钢等许多材料，其弹性极限与比例极限非常接近。线性段的最高点称为材料的比例极限（σ_P）。线性段的直线斜率即为材料的弹性模量 E。

2. 屈服阶段 (bc 段)

超过弹性阶段后，应力几乎不变，只是在某一微小范围内上下波动，而应变却急剧增长，将这种现象称为屈服。当材料屈服时，如果用砂纸将试件表面打磨，会发现试件表面呈现出与轴线成 45° 斜纹，这是由于试件的 45° 斜截面上作用有最大切应力，这些斜纹是由于材料沿最大切应力作用面产生滑移所造成的，故称为滑移线。使材料发生屈服的应力称为屈服应力或屈服极限（σ_s）。

屈服阶段，应力应变曲线波动的最高点和最低点分别称为上屈服点和下屈服点。上屈服点受试验条件（加荷速度、试件形状、试件对中的准确性）影响有所不同；下屈服点则对此不太敏感。因此下屈服点为屈服极限。

3. 硬化阶段 (ce 段)

经过屈服阶段后，应力应变曲线呈现曲线上升趋势，这说明材料的抗变形能力又增强了，这种现象称为应变硬化。若在此阶段卸载，则卸载过程的应力应变曲线为一条斜线（如 d-d' 斜线），其斜率与比例阶段的直线段斜率大致相等。当荷载卸载到零时，变形并未完全消失，应力减小至零时残留的应变称为塑性应变或残余应变，相应地应力减小至零时消失的应变称为弹性应变。卸载完成之后，立即再加载，则加载时的应力应变关系基本上沿卸载时的直线变化。因此，如果将卸载后已有塑性变形的试样重新进行拉伸试验，其比例极限或弹性极限将得到提高，这一现象称为冷作硬化。在硬化阶段，应力应变曲线存在一最高点，该最高点对应的应力称为材料的强度极限（σ_b），强度极限所对应的荷载为试件所能承受的最大荷载 f_b。

4. 颈缩阶段 (ef 段)

试样拉伸达到强度极限 σ_b 之前，在标距范围内的变形是均匀的。当应力增大至强度极限 σ_b 之后，试样出现局部显著收缩，这一现象称为颈缩。颈缩出现后，使试件继续变形所需荷载减小，故应力应变曲线呈现下降趋势，直至最后在 f 点断裂。试样的断裂位置处于颈缩处，断口形状呈杯状，这说明引起试样破坏的原因不仅有拉应力还有切应力。

二、塑性

塑性是钢材在应力超过屈服点后，能产生显著残余变形（塑性变形）而不立刻断裂的性质，钢材的塑性通常用断后伸长率和断面收缩率表示。其典型试验是低碳钢在常温下的单向拉伸试验。

1. 断面收缩率 ψ

断面收缩率用试样拉断后，其颈缩处横截面面积的最大减缩量（$A_0 - A$）与原始截面面积（A_0）之比的百分数表示，即

$$\psi = \frac{A_0 - A}{A_0} \times 100\% \qquad (2\text{-}1)$$

式中：A_0——试样的原始截面面积；

A——试样断裂处截面面积。

对于圆形截面，只需测出断口处的最小直径 d（一般从相互垂直方向测两次，取平均值）后，即可求出 A。

2.断后伸长率 δ

断后伸长率用断后标距的残余伸长（$l - l_0$）与原始标距（l_0）的百分比表示，即

$$\delta = \frac{l - l_0}{l_0} \times 100\% \qquad (2\text{-}2)$$

式中：l_0——试样原始长度；

l——试样拉断时的长度。

三、冷弯性能

将钢材按原有厚度（直径）做成标准试件，放在冷弯试验机上，用具有一定弯心直径的冲头，在常温下对标准试件中部施加荷载，使之弯曲达到 180°，然后检查试件表面，如果不出现裂纹和起层，则认为试件材料冷弯试验合格，如图 2-2 所示。

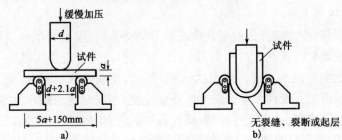

图 2-2　钢材的冷弯试验

a）弯曲前；b）弯曲后

冷弯试验的作用：

（1）检验钢材是否适应构件制作过程中的冷作工艺。

（2）可以暴露出钢材内部缺陷（颗粒组织、结晶状况、微裂纹、气泡等）。

四、韧性

韧性是指钢材抵抗冲击或振动荷载的能力，其衡量指标为冲击韧性。对直接承受动力荷载的钢结构，其钢材需做冲击韧性试验。冲击韧性值由冲击试验求得，见图 2-3。

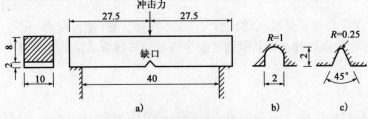

图 2-3　冲击韧性试验（尺寸单位：mm）

a）冲击韧性试验；b）梅氏试件 U 形缺口；c）夏比试件 V 形缺口

14

钢材的冲击韧性随温度而变化,低温时冲击韧性将明显降低。图 2-4 表示冲击韧性 A_{kv} 和温度 $t(℃)$ 之间的关系,此曲线可由试验得出。

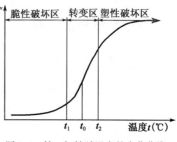

图 2-4　缺口韧性随温度的变化曲线

在结构设计中要求避免脆性破坏,结构所处温度应大于 $t_1(℃)$。对寒冷地区直接承受较大动力荷载的钢结构,除应有常温冲击韧性的保证外,尚应视钢材的牌号而定,使其具有 -20℃或 -40℃ 的冲击韧性保证。

第二节　影响钢材性能的主要因素

目前我国钢结构行业中使用的钢材主要有两类,一类是碳素结构钢中的低碳钢,另一类是低合金高强度结构钢(合金成分低于 5% 时称为低合金钢)。两类钢的现行国家标准分别是《碳素结构钢》(GB/T 700—2006)和《低合金高强度结构钢》(GB/T 1591—2008)。

影响钢材性能的因素较多,主要是钢的化学成分的影响和生产过程不同的影响。

一、化学成分的影响

钢中主要元素是铁(99%),其余是各种元素(1%)。虽然其他元素所占比例甚少,但却决定着钢材的性能。

碳——是各种钢中的最重要元素之一。随着含碳量的提高,钢的强度也逐渐增高,而塑性和韧性下降,冷弯性能、焊接性能和抗锈蚀性能等变劣。碳素钢可按碳的含量分类,小于 0.25% 的为低碳钢,0.25% ~ 0.6% 的为中碳钢,大于 0.6% 的为高碳钢。《钢结构设计规范》(GB 50017—2003)推荐的钢材,含碳量均不超过 0.22%,对于焊接结构则严格控制在 0.2% 以内。

硫——是有害元素,常以硫化铁的形式夹杂于钢中。当温度达 800 ~ 1000℃ 时,硫化铁会熔化使钢材变脆,因而在进行焊接或热加工时,有可能引发热裂纹,称为"热脆现象"。此外,硫还会降低钢材的冲击韧性、疲劳强度、抗锈蚀性能和焊接性能等。

磷——可提高钢的强度和抗锈蚀能力,但却严重地降低钢的塑性、韧性、冷弯性能和焊接性能,特别是在温度较低时促使钢材变脆,称为"冷脆现象"。因此,磷的含量也要严格控制。

锰——是有益元素,在普通碳素钢中,它是一种弱脱氧剂,可提高钢材强度,消除硫对钢的热脆影响,改善钢的冷脆倾向,同时不显著降低塑性和韧性。锰还是我国低合金钢的主要合金元素,其含量为 0.8% ~ 1.8%。但锰对焊接性能不利,因此含量也不宜过多。

硅——是有益元素,在普通碳素钢中,它是一种强脱氧剂,常与锰共同除氧,生产镇静钢。适量的硅,可以细化晶粒,提高钢的强度,而对塑性、韧性、冷弯性能和焊接性能无显著不良影响。硅的含量在一般镇静钢中为 0.12% ~ 0.30%,在低合金钢中为 0.2% ~ 0.55%。过量的硅会恶化焊接性能和抗锈蚀性能。

钒、铌、钛等——在钢中形成微细碳化物,加入适量,能起细化晶粒和弥散强化作用,从而提高钢材的强度和韧性,又可保持良好的塑性。

铬、镍——是提高钢材强度的合金元素。

氧和氮——属于有害元素。氧与硫类似可使钢热脆,氮的影响和磷类似,因此其含量均应严格控制。

二、生产过程的影响

1. 钢材的冶炼方法

（1）空气转炉炼钢法。

空气转炉炼钢法是以熔融状态的铁水为原料，在转炉底部或侧面吹入高压热空气，使杂质在空气中氧化而被除去。其缺点是在吹炼过程中，易混入空气中的氮、氢等有害气体，且熔炼时间短，化学成分难以精确控制，这种钢质量较差，但成本较低，生产效率高。目前行业中已较少采用。

（2）氧气转炉炼钢法。

氧气转炉炼钢法是以熔融铁水为原料，用纯氧代替空气，由炉顶向转炉内吹入高压氧气，能有效地除去磷、硫等杂质，使钢的质量显著提高，而成本较低。常用来炼制优质碳素钢和合金钢。

（3）平炉炼钢法。

以固体或液体生铁、铁矿石或废钢作为原料，用煤气或重油为燃料进行冶炼。平炉钢由于熔炼时间长，化学成分可以精确控制，杂质含量少，成品质量高。

（4）电炉炼钢法。

电炉炼钢法是以生铁或废钢为原料，利用电能迅速加热，进行高温冶炼。其熔炼温度高，而且温度可以自由调节，清除杂质容易。因此，电炉钢的质量最好，但成本高。其主要用于冶炼优质碳素钢及特殊合金钢。

化学偏析——在铸锭冷却过程中，由于钢内某些元素在铁的液相中的溶解度高于固相，使这些元素向凝固较迟的钢锭中心集中，导致化学成分在钢锭截面上分布不均匀，其中尤以硫、磷最为严重。偏析现象对钢的质量有很大影响。

2. 钢的轧制

我国的钢材大都是热轧型钢和热轧钢板。将钢锭加热至塑性状态（1200～1300℃），通过轧钢机将其轧成钢坯，然后再令其通过一系列不同形状和孔径的轧机，最后轧成所需形状和尺寸的钢材，称为热轧。钢材热轧成型，同时也可细化钢的晶粒使组织紧密，原存在于钢锭内的一些微观缺陷如小气泡和裂纹等经过多次辊轧而弥合，改进了钢的质量，如图 2-5 所示。辊轧次数较多的薄型材和薄钢板，轧制后的压缩比大于辊轧次数较少的厚材，因而薄型材和薄钢板的屈服点和伸长率等就大于厚材。表 2-1 给出了 Q235 钢拉伸试验和冷弯试验应符合的规定值。由表 2-1 可见，同是 Q235 钢其屈服点和伸长率随厚度不同而变化。

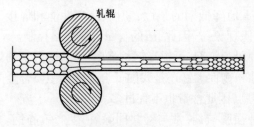

图 2-5　钢的轧制

3. 热处理

（1）淬火——把钢材加热到 900℃，放入水中或油中快速冷却，可使硬度与强度提高，塑性与韧性降低。

（2）回火——把淬火后的钢材加热到 500～600℃，在空气中缓慢冷却，可减小脆性，提高钢的综合性能。

钢的牌号	钢材厚度或直径（mm）	拉伸试验			180°冷弯试验 d——弯心直径 a——试样厚度	
		屈服点 f_y（N/mm²）≥	抗拉强度 f_u（N/mm²）≥	伸长率 δ_s（%）≥	纵向试件	横向试件
Q235（与质量等级无关）	≤16	235	375~460	26	$d=a$	$d=1.5a$
	>16~40	225		25		
	>40~60	215		24		

碳素结构钢的力学性能　　　　表2-1

三、温度的影响

随着温度的升高,钢材强度及弹性模量降低,塑性和韧性提高。温度在150℃以内,钢材性能变化不大;温度超过300℃后,钢材强度和弹性模量显著下降,塑性显著上升;温度到600℃上,钢材强度几乎为零,塑性急剧上升,表现为丧失承载力。

1. 蓝脆现象

钢材温度在250℃左右时,钢材强度有所提高,而塑性相应降低,钢材性能转脆,由于在这个温度下,钢材表面氧化膜呈蓝色,故称"蓝脆现象"。应避免在这个温度区进行热加工。

2. 低温冷脆

当钢材温度从常温开始下降时,钢材的强度稍有提高,但脆性倾向变大,塑性和冲击韧性下降,当温度下降到某一数值时,钢材的冲击韧性突然显著下降,使钢材产生脆性端裂,该现象叫低温冷脆。

四、复杂应力作用的影响

钢材在单向拉应力或单向压应力状态下,可借助于试验得到屈服条件,即当 $\sigma = f_y$ 时,材料开始屈服,进入塑性状态。在复杂应力状态下,钢材的屈服条件就不可能由试验得出其普遍适用的表达式,一般只能借助于材料力学中的强度理论得出。对钢材最适用并已由试验所证实的是第四强度理论,亦称畸变能量理论。该理论认为复杂应力状态时的屈服准则为:若复杂应力状态下单位体积的单元体发生畸变时的应变能与单向拉伸时单位体积的单元体屈服时的畸变应变能量相等,则该复杂应力状态的单元体达到屈服。

五、应力集中的影响

在荷载作用下,截面突变处的某些部位将产生高峰应力,其余部位应力较低且分布不均匀,如图2-6所示,这种现象为应力集中。

一般认为,由于钢材内部有微观细小裂纹,在连续反复变化的荷载作用下,裂纹端部产生应力集中,交变的应力使裂纹逐渐扩展,这种积累的损伤最后导致突然断裂。

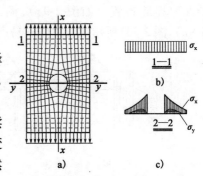

图2-6　钢材上开有圆孔时的应力集中

六、残余应力的影响

残余应力是由于钢材在加工过程中温度不均匀冷却而产生的,是一种自相平衡的应力,它不影响构件的静力强度,但降低了构件的刚度和稳定性。

七、重复荷载作用的影响(疲劳)

钢材承受重复变化的荷载作用时,材料强度降低,破坏提早。破坏会突然发生。

第三节 钢材的层状断裂

一、现象

钢材的层状撕裂也是一种脆性断裂,主要发生在厚板中。钢材在轧制时,在顺轧制方向的材质最强,横轧制方向略次,而在厚度方向最差(厚板在厚度方向常起层状)。三个方向示意如图2-7所示。当钢材在厚度方向产生应变而变形又不受约束时,使板弯曲,如图2-8a)所示;当变形受到约束时,如厚板连接,就有可能在厚板中产生层状撕裂,如图2-8b)所示。图中沿板厚度方向的应变是由于焊缝冷却时的横向收缩所引起。

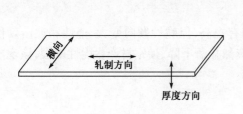

图2-7 热轧钢材的轧制方向、
横向和厚度方向示意图

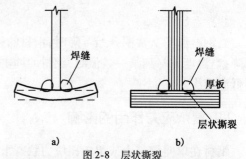

图2-8 层状撕裂

a)板T形节点中焊缝冷却横向收缩时使钢板产生弯曲变形;b)板T形节点中焊缝冷却横向收缩时钢板变形受到约束,可能产生层状撕裂

二、预防措施

要避免层状撕裂,焊缝的正确布置极为重要。图2-9给出了由两块钢板组成的两个角节点的两种焊缝布置。如图2-9a)、图2-9c)所示的布置形式易使钢板产生层状撕裂;如图2-9b)、图2-9d)所示的形式则不易产生层状撕裂。

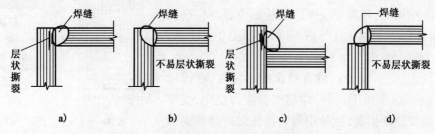

图2-9 正确布置焊缝可避免厚板中的层状撕裂

在高层建筑的梁、柱刚性焊接连接中，在负弯矩产生的拉力作用下，在梁上翼缘水平处的 H 形截面柱翼缘厚钢板上将产生沿厚度方向的拉力作用而易发生层状撕裂。在此情况下，当钢板厚度大于 40mm 时，宜采用在厚度方向有抗层状撕裂性能的 Z 向钢板。Z 向钢板现行的国家标准是《厚度方向性能钢板》（GB/T 5313—2010），该标准适用于厚度为 15～150mm、屈服点不大于 500N/mm^2 的镇静钢钢板。钢板的抗层状撕裂性能采用厚度方向的拉力试验的断面收缩率大小来评定。

第四节　钢材的牌号和选用

一、钢材的牌号

结构用钢主要是碳素结构钢中的低碳钢和低合金高强度结构钢两类。

1. 牌号的表示方法

以 Q235BZ 钢为例，其牌号的完整表示方法为：

Q——屈服强度拼音首字母；

235——屈服强度为 235N/mm^2；

B——质量等级为 B 级；

Z——镇静钢，实际工程中一般省略不写。

质量等级分 A、B、C、D 四级，A 级表示质量较差，D 级表示质量最高。脱氧方法符号为 F、b、Z 和 TZ，分别表示沸腾钢、半镇静钢、镇静钢和特殊镇静钢，但在牌号表示方法中，Z 和 TZ 的符号可以省略。目前钢结构行业中多采用镇静钢。

2. 冲击韧性要求

Q235A：不做冲击韧性试验要求。

Q235B：做常温（20℃）冲击韧性试验。

Q235C：做 0℃ 冲击韧性试验。

Q235D：做 −20℃ 冲击韧性试验。

冲击韧性试验采用夏比 V 形缺口试件。冲击韧性指标为 A_{kv}。对于上述 B、C、D 级钢，在其各自不同温度要求下，都要求达到 $A_{kv} \geqslant 27J$。

A 级钢除保证力学性能外，其含碳量和含锰量不作为交货条件，但可在质量证明书中注明其含量。A 级钢的冷弯试验在需方有要求时才进行。

二、规范推荐使用的钢材

钢结构用钢材应为按国家现行标准所规定的性能、技术与质量要求生产的钢材。承重结构的钢材宜采用 Q235 钢、Q345 钢、Q390 钢、Q420 钢、Q460 钢。

结构用钢板的厚度和外形尺寸应符合现行国家标准《热轧钢板和钢带的尺寸、外形、重量及允许偏差》（GB/T 709—2009）的规定。热轧工字钢、槽钢、角钢、H 型钢和钢管等型材产品的规格、外形、重量和允许偏差应符合相关的现行国家标准的规定。

当焊接承重结构为防止钢材的层状撕裂而采用 Z 向钢时，其材质应符合现行国家标准《厚度方向性能钢板》（GB/T 5313—2010）的规定。

对处于外露环境,且对耐腐蚀有特殊要求或在腐蚀性气体和固态介质作用下的承重结构,宜采用 Q235NH、Q355NH 和 Q415NH 牌号的耐候结构钢,其性能和技术条件应符合现行国家标准《耐候结构钢》(GB/T 4171—2008)的规定。

非焊接结构用铸钢件的材质与性能应符合现行国家标准《一般工程用铸造碳钢件》(GB/T 11352—2009)的规定;焊接结构用铸钢件的材质与性能应符合现行国家标准《焊接结构用碳素钢铸件》(GB/T 7659—2010)的规定。

当采用其他牌号钢材或国外钢材时,除应符合相关标准和设计文件的规定外,生产厂应进行生产过程质量控制认证,提交质量证明文件,并进行专门的验证试验和统计分析,确定设计强度及其质量等级。

三、材料选用

钢结构选材应遵循技术可靠、经济合理的原则,综合考虑结构的重要性、荷载特征、结构形式、应力状态、连接方法、钢材厚度、价格和工作环境等因素,选用合适的钢材牌号和型材。

承重结构采用的钢材应具有屈服强度、伸长率、抗拉强度、冲击韧性和硫、磷含量的合格保证,对焊接结构尚应具有碳含量(或碳当量)的合格保证。焊接承重结构以及重要的非焊接承重结构采用的钢材还应具有冷弯试验的合格保证。当选用 Q235 钢时,其脱氧方法应选用镇静钢。

钢材的质量等级,应按下列规定选用:

(1)对不需要验算疲劳的焊接结构,应符合下列规定:

①不应采用 Q235A(镇静钢);

②当结构工作温度高于 20℃时,可采用 Q235B、Q345A、Q390A、Q420A、Q460 钢;

③当结构工作温度不高于 20℃但高于 0℃时,应采用 B 级钢;

④当结构工作温度不高于 0℃但高于 −20℃时,应采用 C 级钢;

⑤当结构工作温度不高于 −20℃时,应采用 D 级钢。

(2)对不需要验算疲劳的非焊接结构,应符合下列规定:

①当结构工作温度高于 20℃时,可采用 A 级钢;

②当结构工作温度不高于 20℃但高于 0℃时,宜采用 B 级钢;

③当结构工作温度不高于 0℃但高于 −20℃时,应采用 C 级钢;

④当结构工作温度不高于 −20℃时,对 Q235 钢、Q345 钢应采用 C 级钢;对 Q390 钢、Q420 钢和 Q460 钢应采用 D 级钢。

(3)对于需要验算疲劳的非焊接结构,应符合下列规定:

①钢材至少应采用 B 级钢;

②当结构工作温度不高于 0℃但高于 −20℃时,应采用 C 级钢;

③当结构工作温度不高于 −20℃时,对 Q235 钢和 Q345 钢应采用 C 级钢;对 Q390 钢、Q420 钢和 Q460 钢应采用 D 级钢。

(4)对于需要验算疲劳的焊接结构,应符合下列规定:

①钢材至少应采用 B 级钢;

②当结构工作温度不高于 0℃但高于 −20℃时,Q235 钢和 Q345 钢应采用 C 级钢;对 Q390 钢、Q420 钢和 Q460 钢应采用 D 级钢;

③当结构工作温度不高于 -20℃时,Q235 钢和 Q345 钢应采用 D 级钢;对 Q390 钢、Q420 钢和 Q460 钢应采用 E 级钢。

(5)承重结构在低于 -30℃环境下工作时,其选材还应符合下列规定:

①不宜采用过厚的钢板;

②严格控制钢材的硫、磷、氮含量;

③重要承重结构的受拉板件,当板厚大于等于 40mm 时,宜选用细化晶粒的 GJ 钢板。

(6)对 T 形、十字形、角接接头,当其翼缘板厚度大于等于 40mm 且连接焊缝熔透高度大于等于 25mm 或连接角焊缝高度大于 35mm 时,设计宜采用对厚度方向性能有要求的抗层状撕裂钢板,其 Z 向性能等级不应低于 Z15(或限制钢板的含硫量不大于 0.01%);当其翼缘板厚度大于等于 40mm 且连接焊缝熔透高度大于等于 40mm 或连接角焊缝高度大于 60mm 时,Z 向性能等级宜为 Z25(或限制钢板的含硫量不大于 0.007%)。钢板厚度方向性能等级或含硫量限制应根据节点形式、板厚、熔深或焊高、焊接时节点拘束度,以及预热后热情况综合确定。

(7)对有抗震设防要求的钢结构,除塑性变形的构件或部位所采用的钢材外,其他抗震构件的钢材性能应符合下列规定

①钢材应有明显的屈服台阶,且伸长率不应小于 20%;

②钢材应有良好的焊接性和合格的冲击韧性。

(8)冷成型管材(如方矩管、圆管)、型材及经冷加工成型的构件,除所用原料板材的性能与技术条件应符合相应材料标准规定外,其最终成型后构件的材料性能和技术条件尚应符合相关设计规范或设计图纸的要求(如延伸率、冲击功、材料质量等级、取样及试验方法)。冷成型圆管的外径与壁厚之比不宜小于 20;冷成型方矩管不宜选用由圆变方工艺生产的钢管。

第五节　钢材的品种和规格

一、钢板

热轧钢板有厚钢板和薄钢板,扁钢。符号表示为"—厚度×宽度×长度"(也有采用把宽度写在厚度前面的标注方法,两者均可),例如:—8×400×3000,单位为 mm,常不加注明。数字前面的短划线表示钢板截面。

其中厚钢板厚度为 4.5 ~ 60mm;薄钢板厚度为 0.35 ~ 4mm;扁钢厚度为 4 ~ 60mm,宽度为 30 ~ 200mm。

二、热轧型钢

热轧型钢有角钢、工字钢、槽钢和钢管。

1. 角钢

单个热轧角钢常用作钢塔架的构件和次要的轴心受拉构件,配对成组合截面,见图 2-10a)、10b),使用时则可用作各种承重桁架的构件。角钢的符号为"∠边长×厚度"(等边角钢)或"∠长边×短边×厚度"。例如:∠110×10 或∠90×56×6。单位 mm 不必注明。

2. 槽钢

单个普通槽钢因是单轴对称截面,主要用作次要的受弯构件,如檩条等。配对成组合截面,见图2-10c),可用作主要的轴心受力构件。槽钢的符号为"[",例如:[22,型号22代表槽钢的截面高度为220mm。截面高度相同而腹板厚度不同时,则分别用a、b等予以区别。例如[32a、[32b和[32c三种截面的高度都是320mm,但其腹板厚度不同,分别为8mm、10mm和12mm。

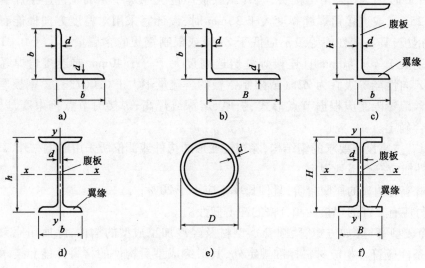

图2-10 热轧型钢截面

3. 工字钢

普通工字钢,由于其翼缘宽度较小,使其对截面两个主形心轴的惯性矩相差较大,即$I_x \gg I_y$,因而单独使用时也只能用作一般的受弯构件,如工作平台中的次梁等。与槽钢相同,当用作组合截面时,见图2-10d),则可作为主要的受压构件,工字钢的符号与槽钢相同,即"I型号",例如I63a、I63b等,型号63表示工字钢高度为630mm,a、b等表示截面的腹板厚度有所不同。

4. 热轧H型钢

热轧H型钢与普通工字钢的差别是其翼缘内外表面平行(普通工字钢的翼缘厚度方向有坡度),便于与其他构件相连接,见图2-10f)。H型钢的翼缘宽度B和截面高度H较接近,因而对截面两个主形心轴x和y的刚度较接近,适宜作为柱截面。按照我国国家标准《热轧H型钢和剖分T型钢》(GB/T 11263—2010),H型钢有宽翼缘、中翼缘和窄翼缘三种,宽翼缘H型钢的宽度B和高度H相同,而后两种H型钢的B和H不等,B小于H。H型钢的标注方法是"H高度×宽度×腹板厚度×翼缘厚度",例如H350×350×10×16,单位为mm,不必标出。

5. 钢管

钢管也是近来经常采用的截面,特别是当前应用较多的大跨度网架结构中常用它作为构件,见图2-10e)。此外,钢管混凝土结构中也离不开采用钢管。钢管分热轧的无缝钢管和由钢板焊接而成的电焊钢管,前者的价格高于后者。钢管的符号为"φ外径×厚度",例如φ95×5,表示钢管外部直径为95mm,壁厚为5mm。

三、冷弯型钢和压型钢板

冷弯型钢是由钢板经冷加工而成的型材,采用冷弯型钢机成型、压力机上模压成型或在弯曲机上弯曲成型。截面种类较多,有角钢、槽钢、Z形钢、帽形钢、钢管等,其中前三种又可带卷边或不带卷边,如图2-11所示。这些型钢可单独使用,也可组合成组合截面。

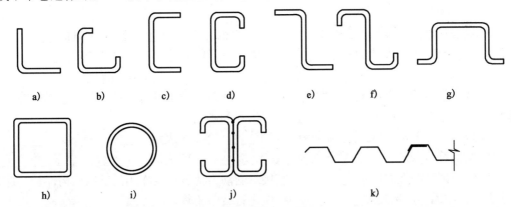

图 2-11　冷弯薄壁型钢截面

a)角钢;b)带卷边角钢;c)槽钢;d)带卷边槽钢;e)Z形钢;f)带卷边Z形钢;g)帽形钢;h)焊接方管;i)焊接圆管;j)组合截面;k)压型钢板

因厚度较薄,可使截面的刚度增大而得到更经济的截面。此外,目前已生产的还有防锈涂层的彩色压型钢板,可用作墙面和屋面等。

由于薄壁型钢有其特殊性,如型材厚度较薄,受压时易失去局部稳定而需按有效截面计算,且整个构件易扭转失稳等,因此有关冷弯薄壁型钢的钢结构设计需另有专门的设计规范作出规定。冷弯薄壁型钢目前在我国的轻型建筑钢结构中常有应用。

◎习　题◉

一、填空题

1.钢材在低温下,强度_____,塑性_____,冲击韧性_____。

2.在普通碳素钢中,随着含碳量的增加,钢材的屈服点和极限强度_____,塑性_____,韧性_____,可焊性_____,疲劳强度_____。

3.随着时间的增长,钢材强度提高,塑性和韧性下降的现象称为_____;人为地加速时效硬化的过程,称为_____;冷加工通常使钢材产生_____。

4.钢材的两种破坏形式为_____和_____。所有的结构设计都应当力求在结构破坏时呈_____形式,以避免产生严重的破坏后果。

5.钢材的设计强度等于钢材的屈服强度 f_y 除以_____,对于无屈服点的高强钢材,一般将相当于残余应变为_____时的应力作为屈服点,以 $\sigma_{0.2}$ 表示,称为_____。

6.钢材在复杂应力状态下,由弹性转入塑性状态的条件是折算应力等于或大于钢材_____。

7.温度对冲击韧性有很大的影响,温度愈低,冲击韧性愈_____。在 $-20\,℃$ 或在 $-40\,℃$ 所测得的 A_{KV} 值称为_____。

8.钢材在250℃左右时抗拉强度略有提高,塑性、韧性却降低的现象称为_____现象。

在负温范围内,当温度下降到一定值,钢材的冲击韧性忽然急剧下降,试判断口呈脆性破坏特征,这种现象称为_____现象。钢材由延性破坏转变为脆性破坏的温度称为_____。

9. 普通碳素钢牌号 Q235AF 中,Q 表示_____,235 表示_____,A 表示_____,F 表示_____。

10. 当钢材较厚时,或承受沿厚度方向的拉力时,要求钢材具有_____的要求,以防厚度方向的分层、撕裂。

11. 硫含量过高,会降低钢材的_____,并使钢材变_____,称为钢材的_____;硫含量过高,会严重降低钢材的_____,特别是低温时,使钢材变得很_____,称为_____。

12. 残余应力的存在易使钢材发生_____。残余应力虽对构件的_____无影响,但对构件的_____、_____以及_____会产生不利影响。

13. 型钢符号 I28a 中的符号含义为,I 表示_____,28 表示_____,a 表示_____。

14. 型钢符号 [25b 中的符号含义为,[表示_____,25 表示_____,b 表示_____。

15. 疲劳破坏的性质属于_____。直接承受动力荷载重复作用的钢结构构件及其连接,当应力变化的循环次数超过_____次时,应进行疲劳验算。

二、选择题

1. 钢材在复杂应力状态下的屈服条件是由_____等于单位拉伸时的屈服点决定的。
   A. 设计应力　　　 B. 计算应力　　　 C. 容许应力　　　 D. 折算应力

2. 钢材的强度设计值是以_____除以材料的分项系数。
   A. 比例极限 f_p　 B. 屈服点 f_y　 C. 极限强度 f_u　 D. 弹性极限 f_e

3. 符号 $\angle 100 \times 80 \times 10$ 表示_____。
   A. 等肢角钢　　　 B. 不等肢角钢　　 C. 钢板　　　　　 D. 槽钢

4. 钢材的冷作硬化,使_____。
   A. 强度提高,塑性和韧性降低
   B. 强度、塑性和韧性均提高
   C. 强度、塑性和韧性均降低
   D. 塑性降低,强度和韧性均提高

5. 钢材中的主要有害元素是_____。
   A. 硫、磷、氧、氮　 B. 硫、磷、碳、锰　 C. 硫、磷、硅、锰　 D. 氧、氮、硅、锰

6. 在低温工作(-20℃)的钢结构选择钢材除强度、塑性、冷弯性能指标外,还需_____指标。
   A. 低温屈服强度　 B. 低温抗拉强度　 C. 低温冲击韧性　 D. 疲劳强度

7. 某屋架钢材为 Q235B 钢。型钢及节点板厚度均不超过 10mm,钢材的抗压强度设计值是_____。
   A. 200N/mm²　　 B. 210N/mm²　　 C. 215N/mm²　　 D. 235N/mm²

8. _____元素超量会严重降低钢材的塑性和韧性,特别是在温度较低时促使钢材变脆。
   A. 硫　　　　　　 B. 磷　　　　　　 C. 碳　　　　　　 D. 锰

9. 钢材牌号 Q235、Q345、Q390 是根据材料_____命名的。
   A. 屈服点　　　　 B. 设计强度　　　 C. 标准强度　　　 D. 含碳量

10. 钢结构设计中钢材的设计强度为_____。

A. 强度标准值

B. 钢材屈服点

C. 强度极限值

D. 钢材的强度标准值除以材料强度分项系数

11. 在普通碳素钢中,随着含碳量的增加,钢材的可焊性_____。

A. 不变   B. 提高   C. 下降   D. 可能提高可能降低

三、判断题

(   )1. 在构件发生断裂破坏前,有明显先兆的情况是脆性破坏的典型特征。

(   )2. 同类钢种的钢板,厚度越大强度越高。

(   )3. 钢结构设计中钢材的设计强度为强度极限值 f_u。

(   )4. 当温度从常温开始升高时,钢的强度随之降低,但弹性模量和塑性却提高。

(   )5. 钢材的设计强度只决定于钢种而与钢材的厚度无关。

第三章 焊缝连接

第一节 钢结构的连接方法

采用组合截面的钢构件需通过连接将其组成部分即钢板或型钢连成一体,且整体结构需在结点处通过连接将构件拼装成整体;因此,钢结构连接设计的优劣将直接影响钢结构的质量和经济性。

钢结构的连接现主要有焊接连接和螺栓连接两种。

1. 焊接

一般构件的连接均采用焊接,其构造简单,便于施工,连接和密封性能好,不会削弱构件的截面。但采用焊接连接,会对构件本身产生残余热应力,对结构产生不利影响,这也是在构件连接角部焊缝处都留有切角的原因。

2. 螺栓连接

螺栓连接根据螺栓的不同,可分为普通螺栓和高强度螺栓。普通螺栓分为 C 级螺栓和 A、B 级螺栓。高强度螺栓分为摩擦型螺栓和承压型螺栓。普通螺栓用于临时固定的安装连接及可拆卸静载结构的连接,其中 A、B 级螺栓目前很少采用,多用高强度螺栓所取代。

第二节 焊接方法

一、手工电弧焊

手工电弧焊是最常用的一种焊接方法,如图 3-1 所示。通电后,在涂有药皮的焊条和焊件间产生电弧。电弧提供热源,使焊条中的焊丝熔化,滴落在焊件上被电弧所吹成的小凹槽熔池中。由电焊条药皮形成的熔渣和气体覆盖着熔池,防止空气中的氧、氮等气体与熔化的液体金属接触,避免形成脆性易裂的化合物。焊缝金属冷却后把被连接件连成一体。

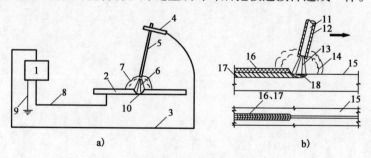

图 3-1 手工电弧焊

a)手工电弧焊组成示意图;b)施焊过程示意图

1-电焊机;2、15-焊件;3-接焊条导线;4-焊把;5、11-焊条;6、13-电弧;7、14-保护气体;8-接焊件导线;9-接地线;10-焊缝;12-焊条药皮;16-焊渣;17-焊缝金属;18-熔池手工电弧焊设备简单,操作灵活方便,适于任意空间位置的焊接,特别适于焊接短焊缝。但生产效率低,劳动强度大,焊接质量与焊工的技术水平和精神状态有很大的关系。

手工电弧焊所用焊条应与焊件钢材(或称主体金属)相适应,例如:对 Q235 钢采用 E43 型焊条(E4300~E4328);对 Q345 钢采用 E50 型焊条(E5000~E5048);对 Q390 钢和 Q420 钢采用 E55 型焊条(E5500~E5518)。焊条型号中字母 E 表示焊条,前两位数字为熔敷金属的最小抗拉强度(单位为 kgf/mm^2),第三、四位数字表示适用焊接位置、电流以及药皮类型等。不同钢种的钢材相焊接时,宜采用低组配方案。

二、埋弧焊

图 3-2 为自动埋弧焊的示意图。通电后电弧发生在由转盘转下的裸焊丝与焊件母材之间,因电弧不外露,是埋在焊剂层内发生的,故名埋弧焊。焊机的前方有一装有颗粒状焊剂的漏斗,沿焊接方向不断在母材拟焊接处铺上焊剂,部分焊剂在焊后熔化为焊渣,多余的焊剂由吸管吸回再用。由于焊渣较轻,浮在焊缝金属的表面,使焊缝不与空气相接触,同时焊剂又可对焊缝金属补充必要的合金成分,以改善焊缝的质量。自动电焊机以一定的速度向前移动,同时焊丝也以一定的速度随着焊丝的熔化从转盘自动补给(送丝)。自动焊与半自动焊的差别,只在于前者焊机的移动是自动的,而后者则是靠人工的。关于焊丝熔化后的补给(送丝)两者都是自动的。

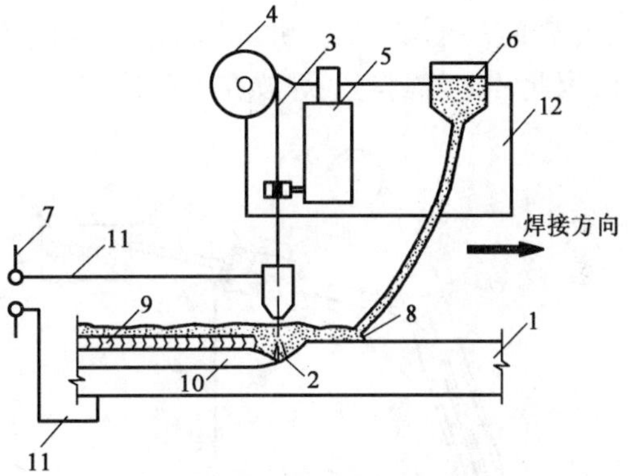

图 3-2 自动埋弧焊示意图

1-焊件;2-电弧;3-裸焊丝;4-焊丝转盘;5-送丝机;6-焊剂漏斗;7-电源;8-焊剂;9-焊渣;10-焊缝金属;11-导线;12-自动电焊机

自动(半自动)埋弧焊用的焊丝和焊剂,也应与焊件的主体金属相适应。焊丝主要有无锰型、低锰型、中锰型和高锰型等。一般情况下,主体金属为 Q235 钢时,可采用 H08、H08A 等焊丝配合高锰型焊剂,也可用 H08MnA 焊丝配合低锰型或无锰型焊剂(前两者焊丝中锰的含量较低,为 0.30%~0.55%;后者焊丝中锰的含量较高为 0.80%~1.10%,因而前两者用高锰型焊剂,而后两者用低锰型焊剂)。主体金属为低合金钢时可选用 $H10Mn_2$ 或 H10MnSi 等焊丝再配以适当的焊剂。

自动(半自动)埋弧焊使用的电流大,母材的熔化深度大,生产效率高,特别是焊缝质量较手工焊均匀,其韧性和塑性也较好,故有条件时应采用之。但自动(半自动)焊的焊丝熔化后主要靠重力进入焊缝,适用于焊接位置为平焊和水平角焊缝,因此自动(半自动)焊主要用于工厂焊接。同时,为了提高施焊效率,它又只适用于长而直的焊缝。而手工电弧焊可用于各种焊接位置,特别是可用于结构安装中难以到达的部位,因而虽然自动(半自动)焊有许多优点,但手工电弧焊仍得到广泛应用。

三、气体保护焊

气体保护焊示意见图 3-3,其原理与前述相同,只是采用裸焊丝后改用从焊枪中喷出的气体以保护施焊过程中的电弧、熔池和高温焊缝金属,亦即用保护气体代替了焊剂。钢结构的焊接中采用二氧化碳作为保护气体,称为二氧化碳保护焊。由于二氧化碳在高温时易分解为 CO

和 O_2，因此所用焊丝中应含较多与氧亲和力较强的 Mn 和 Si，以便与 CO 和 O_2 发生作用而保证焊缝质量。二氧化碳保护焊的焊接效率高，金属熔化深度大，焊缝质量好，是一种良好的焊接方法，但施焊时周围的风速要小(在 2m/s 以下)，以免气体被吹散。目前气体保护焊应用还没有前面所述两种广泛。

四、气割与气焊

气割即氧气切割。它是利用割炬喷出乙炔与氧气混合燃烧的预热火焰，将金属的待切割处预热到它的燃烧点(红热程度)，并从割炬的另一喷孔高速喷出纯氧气流，使切割处的金属发生剧烈的氧化，成为熔融的金属氧化物，同时被高压氧气流吹走，从而形成一条狭小整齐的割缝将金属割开，如图3-4所示。因此，气割包括预热、燃烧、吹渣三个过程。气割原理与气焊原理在本质上是完全不同的，气焊是熔化金属，而气割是金属在纯氧中的燃烧(剧烈的氧化)，故气割的实质是"氧化"并非"熔化"。由于气割所用设备与气焊基本相同，且操作也有近似之处，因此常把气割与气焊放在一起使用。

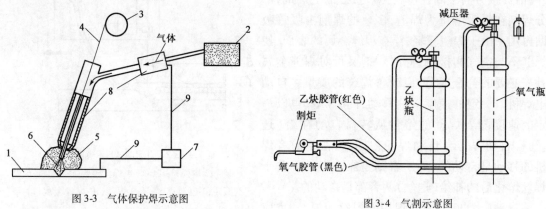

图3-3 气体保护焊示意图
1-焊件;2-气体供给器;3-裸焊丝转盘;4-裸焊丝;5-保护
气体;6-电弧;7-电焊机;8-焊枪;9-导线

图3-4 气割示意图

气焊是利用可燃气体与助燃气体混合燃烧后，产生的高温火焰对金属材料进行熔化焊的一种方法。将乙炔和氧气在焊炬中混合均匀后，从焊嘴喷出燃烧火焰，将焊件和焊丝熔化后形成熔池，待冷却凝固后形成焊缝连接。

气焊所用的可燃气体很多，有乙炔、氢气、液化石油气、煤气等，而最常用的是乙炔气。乙炔气的发热量大，燃烧温度高，制造方便，使用安全，焊接时火焰对金属的影响最小，火焰温度高达 3100～3300℃。氧气作为助燃气，其纯度越高，耗气越少。因此，气焊也称为氧-乙炔焊。

五、焊缝连接的优缺点

与螺栓连接相比，焊接结构具有以下的优点：

(1)比较如图3-5所示的钢板螺栓连接和焊缝连接，可见焊缝连接不需钻孔，截面无削弱；不需额外的连接件，构造简单；从而焊缝连接可省工省料，得到经济的效果。这些是它的最大的优点。

(2)焊接结构的密闭性好、刚度和整体性都较大。

此外，有些节点如钢管与钢管的 Y 形和 T 形连接等，除焊接外是较难采用螺栓连接或其他连接实现的。但是，也必须看到，焊缝连接还存在以下一些不足之处：

受焊接时的高温影响,焊缝附近的主体金属中存在所谓"热影响区",这个区的宽度随焊接速度和焊接所用电流强度的不同而有所变化,大致为 5 ~ 6mm。热影响区内随着各部分温度的不同,其金相组织及性能也发生变化,有些部分的晶粒变粗,硬度加大而塑性与韧性降低,易导致材质变脆。

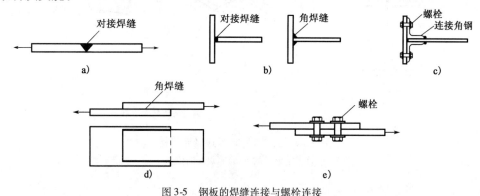

图 3-5　钢板的焊缝连接与螺栓连接

a)焊缝对接连接;b)焊缝 T 形连接;c)螺栓 T 形连接;d)焊缝搭接连接;e)螺栓搭接连接

六、焊接位置

施焊时焊条运行与焊缝的相对位置称为焊接位置。图 3-6 给出了四种焊接位置,其中平焊(也称俯焊)最易操作,因而焊缝质量最易保证,横焊(对角焊缝称水平焊)、立焊(又称竖焊)和仰焊较难操作,特别是仰焊,焊缝的质量最难保证。因此,在进行焊缝设计时应尽量避免采用仰焊。要注意的是,这里指的是焊接位置,不是焊缝的具体位置。如图 3-7 所示的焊接工字形截面,其上翼缘与腹板的连接焊缝,具体位置在上方,但在工厂制造时,可以把梁翻转,仍可采用俯焊而不是用仰焊。因而尽量不采用仰焊主要是指工地连接的安装焊缝和不可能把焊件转动位置时的仰焊焊缝。

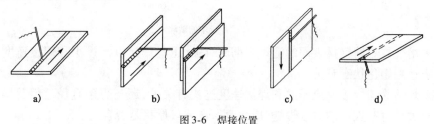

图 3-6　焊接位置

a)平焊(俯焊);b)横焊(水平焊);c)立焊(竖焊);d)仰焊

七、焊接缺陷

焊接缺陷、质量等级、检验焊缝易存在各种缺陷,如发生裂纹、边缘未熔合、根部未焊透、咬肉、焊瘤、夹渣和气孔等,如图 3-8 所示。

产生裂纹的主要原因是钢材的化学成分不当,钢材含硫量高,会发生热裂纹,含磷量高会发生冷裂纹等。此外,不合适的焊接工艺(指采用的焊接方法、焊接电压、焊接电流及焊接速度等)和不合适的焊接程序等也将导致裂纹的产生。裂纹可以是纵向的也可以是横向的;可以存在焊缝内也可以存在于焊缝附近的主体金属内。对承受动力荷载的重要结构应采用低氢型焊条,就是为了减少氢对产生裂纹的影响。

边缘未熔合、根部未焊透、咬肉和焊瘤等缺陷都直接与焊接工艺和焊工的操作技术有关。

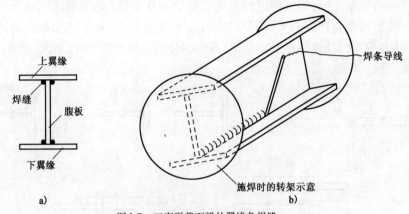

图3-7 工字形截面梁的翼缘角焊缝
a)工字形梁截面;b)施焊时的位置

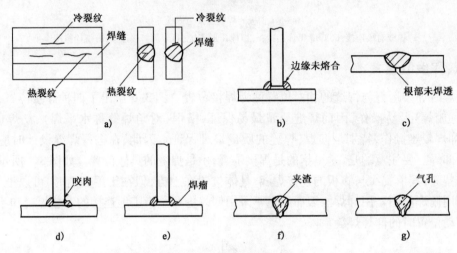

图3-8 焊接中的缺陷

边缘未熔合与焊前钢材表面的清理未彻底有关,也与焊接电流过小和焊接速度过快以致母材金属未达到熔化状态有关。

根部未焊透除与焊接电流不够和焊接速度过快有关外,还与焊条直径过粗及焊工的其他操作不当有关。对有坡口的对接焊缝,应注意所选坡口形状是否合适。

咬肉或称咬边,是靠近焊缝表面的母材处产生的缺陷。主要由于焊接参数选择不当或是由于操作工艺不正确而产生,例如由于所用焊接电流过强和电弧太长。一般说来,电弧弧长不应超过所用焊条直径。

焊瘤是在焊接过程中,熔化的金属流淌到焊缝以外未熔化的母材上所形成的金属瘤。

夹渣是微粒焊渣在焊缝金属凝固时来不及浮至金属表面而存在于焊缝内的一种缺陷。不

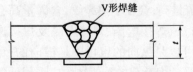

图3-9 多层焊(多道焊)的V形焊缝

使焊缝冷却过快,可以避免夹渣的产生。当为多层焊(熔敷多层焊缝金属而完成的焊接,如图3-9所示)时,在焊下一道焊缝前,应把前一层已焊好的焊缝表面的焊渣清除干净,也是避免夹渣的重要措施。

气孔是在焊接过程中由于焊条药皮受潮,熔化时产生的气体侵入焊缝内而形成的。

所有这些缺陷,有的可能在焊后外观检查时就能发现而加以补救,有的则需用仪器检查方能发现,如用 X 光探伤和超声波探伤等。

缺陷的危害性当视缺陷的大小、性质及所处部位等而不同。一般来讲,裂纹、未熔合、未焊透和咬肉等都是严重缺陷。存在于构件受拉区的缺陷危害性较存在于构件受压区的严重。

由于焊缝连接存在以上不足之处,因此设计、制造和安装时应尽量采取措施,避免或减少其不利影响。

首先,设计时对焊接结构特别要正确选用钢材的牌号。对钢材的化学成分尤其是对碳、硫和磷的合适含量和钢材的力学性能都要提出相应的要求。焊接结构的钢材必须具有良好的可焊性。所谓可焊性好,即在一定的焊接工艺条件下施焊,焊缝及其附近的主体金属不会因焊接而产生裂纹;焊接后,结构的力学性能不低于原来主体金属。为了保证钢材具有良好的可焊性,碳素结构钢中碳的含量应不大于 0.20% ,这只是最简单的一种规定。有些国家对钢材可焊性的评定采用包含其化学成分影响在内的"碳当量",规定碳当量小于某个百分数者为合格。但碳当量的计算方法各国并不相同。对重要的焊接结构,为了保证其具有好的可焊性,有时尚需进行工艺试验。此外,制造厂对来料要有负责的验收和科学的管理制度。

要正确设计焊接节点,注意尽量减少应力集中和焊接残余应力、残余变形的产生。这在以后各章中都将分别提到,并提出相应的注意点。

制造时要选择正确的焊接参数,严格按已制定的焊接工艺实施操作。对首次采用的钢材、焊接材料、焊接方法和焊后热处理等,必须进行焊接工艺评定,并根据评定报告重新编制工艺。

要注意焊工的定期考核。

最后,还必须按照国家标准《钢结构工程施工质量验收规范》(GB 50205—2001)中对焊缝质量的规定进行检查和验收。

由上述可见,若对材料选用、焊缝设计、焊接工艺、焊工技术和加强焊缝检验这五个方面的工作予以注意,焊缝容易脆断的事故是可以避免的。

八、焊缝质量等级

焊缝的质量等级,应由设计人员对每条焊缝作出说明,以便制造和安装单位据此进行质量检查。

因此,焊缝的质量等级应根据结构的重要性、荷载特性(动力或静力荷载)、焊缝形式、工作环境和应力状态等情况确定。具体的确定方法可归纳如下:

(1)凡需进行疲劳计算的结构的对接焊缝,均应要求焊透,其质量等级为:

①作用力垂直于焊缝长度方向的横向对接焊缝和 T 形接头中的对接和角接组合焊缝,受拉时应为一级,受压时应为二级;

②作用力平行于长度方向的纵向对接焊缝应为二级。

(2)不需计算疲劳的结构中,凡要求与母材等强的对接焊缝,应予以焊透,其质量等级:当受拉时应不低于二级,受压时宜为二级。

(3)重级工作制[按我国《起重机设计规范》(GB 3811—2008)中规定的吊车工作级别为 A6 ~ A8 级]和起重量 $Q \geq 50t$ 的中级工作制(A4、A5 级)吊车梁的腹板与上翼缘板之间以及吊车桁架上弦杆与节点板之间的 T 形接头焊缝均要求焊透(一般采用对接与角接组合焊缝),其质量等级不应低于二级。

(4)不要求焊透的 T 形接头采用角焊缝或部分焊透的对接与角接组合焊缝,以及搭接连

接中采用的角焊缝,其质量等级为:

①对直接承受动力荷载且需要验算疲劳的结构和吊车起重量等于或大于 50t 的中级工作制吊车梁,其焊缝的外观质量标准应符合二级。

②对其他结构,焊缝的外观质量等级可为三级。

第三节　焊　缝　代　号

在钢结构施工图纸上的焊缝应采用焊缝代号表示。下面对焊缝代号作简单的介绍。

焊缝符号由指引线和表示焊缝截面形状的基本符号组成,必要时还可加上辅助符号、补充符号和焊缝尺寸符号。

一、指引线

指引线一般由带有箭头的指引线(简称箭头线)和两条相互平行的基准线所组成。一条基准线为实线,另一条为虚线,均为细线,如图 3-10b)、c)所示。虚线的基准线可以画在实线基准线的上侧或下侧。基准线一般应与图纸的底边相平行,但在特殊条件下也可与底边相垂直。为引线的方便,允许箭头线弯折一次,如图 3-10c)所示。图 3-10b)和 c)表示的含义是相同的,都代表 V 形对接焊缝。

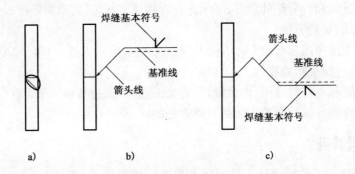

图 3-10　焊缝符号的画法
a)焊件上的 V 形对接焊缝;b)焊缝符号(一);c)焊缝符号(二)

二、基本符号

用以表示焊缝的形状,钢结构中常用的一些基本符号如表 3-1 所示。

常用焊缝基本符号摘录　　　　　　　　　　　　　　　　　表 3-1

名称	封底焊缝	对接焊缝					角焊缝	塞焊缝与槽焊缝	点焊缝
		I 形焊缝	V 形焊缝	单边 V 形焊缝	带钝边的 V 形焊缝	带钝边的 U 形焊缝			
符号	▽	‖	∨	⋁	Y	Y	△	⊓	○

注:1. 符号的线条宜粗于指引线。

　　2. 单边 V 形焊缝与角焊缝符号的竖向边永远画在符号的左边。

基本符号与基准线的相对位置是:

(1)如果焊缝在接头的箭头侧,基本符号应标在基准线的实线侧;当不用虚线基准线时,应标在实线的上方。

(2)如果焊缝在接头的非箭头侧,基本符号应标在基准线的虚线侧;当不用虚线基准线时,应标在实线基准线的下方。

(3)标双面对称焊缝时,基准线可只画一条实线。

(4)当为单面的对接焊缝对如 V 形焊缝、U 形焊缝,则箭头线应指向有坡口一侧,如图 3-11 所示。

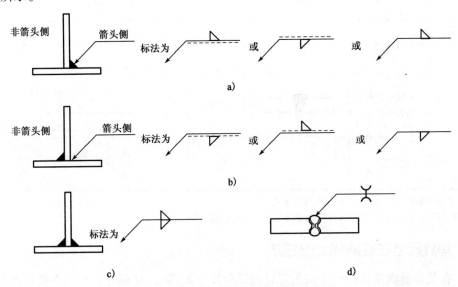

图 3-11　焊缝基本符号与基准线的相对位置

a)焊缝在箭头侧;b)焊缝在非箭头侧;c)双面对称布置的角焊缝;d)双面对称 U 形对接焊缝

三、辅助符号

表示焊缝表面形状特征的符号,如对接焊缝表面余高部分需加工使之与焊件表面齐平,则可在对接焊缝符号上加一短划,此短划即为辅助符号。

四、补充符号

补充符号即为了补充说明焊缝的某些特征而采用的符号。

钢结构图纸中常用的辅助符号和补充符号见表 3-2 。

焊缝符号中的辅助符号和补充符号　　　　　　　　　　　　　　表 3-2

名　　称		示意图	符　号	示　　例
辅助符号	平面符号		―	
	凹面符号		⌣	

名 称		示意图	符 号	示 例
补充符号	三面围焊符号		⊏	
	周边焊缝符号		○	
	工地现场焊符号		⯈	或
	焊缝底部有垫板的符号		▭	
	尾部符号		⟨	

注:1. 工地现场焊符号的旗尖指向基准线的尾部。
　2. 尾部符号用以标注需说明的焊接工艺方法和相同焊缝数量符号。

五、焊缝尺寸在基准线上的注法

(1)有关焊缝横截面的尺寸如角焊缝的焊脚尺寸 h_f 等,一律标在焊缝基本符号的左侧。

(2)有关焊缝长度方向的尺寸如焊缝长度等,一律标在焊缝基本符号的右侧。

(3)对接焊缝的坡口角度、根部间隙等尺寸标在焊缝基本符号的上侧或下侧。

此外,还需注意的是,上述标注方法只适用于表达两个焊件相互焊接的焊缝。如为三个或三个以上的焊件两两相连,其焊缝符号及尺寸应分别标注。如十字形接头是三个焊件相连,其连接焊缝就应按图 3-12b)所示标注。

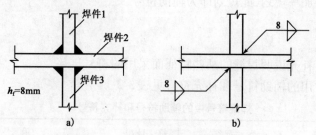

图 3-12　三个焊件两两相连时的焊缝标注方法

第四节　对接焊缝的构造与计算

一、对接焊缝的有效截面

施焊对接焊缝时应在焊缝的两端设置引弧板和引出板(以下简称引弧板),如图 3-13 所示,其材质和坡口形式应与焊件相同;引弧和引出的焊缝长度,对埋弧焊应大于50mm,对手工电弧焊和气体保护焊应大于20mm。焊接完毕,用气割将引弧板切除,并将焊件边缘修磨平整,严禁用锤将其击落。此时对接焊缝的有效长度 l_w 应当与焊件的宽度 b 相同。当焊缝为焊透时,焊缝的有效厚度也与焊件厚度相同(焊缝表面的余高即凸起部分,常略去不计)。因此,对接焊缝的有效截面等于焊件的截面。当无法使用引弧板施焊时,设计规范中规定:每条焊缝的有效长度 l_w 在计算时应减去 $2t(t$ 为焊件厚度),以考虑焊缝两端在起弧和熄弧时的影响,此时两者的截面略有差异。

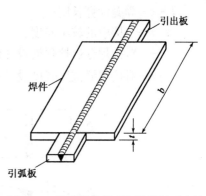

图3-13　对接焊缝施焊时的引弧板和引出板

二、构造要求

对接焊缝常开成各种形式的坡口(I形、单边V形、X形和K形等),如图3-14所示。根据焊件厚度,以保证焊缝质量,便于施焊及减小焊缝截面面积的原则选用坡口形式。厚度 $\delta >$ 6mm,需开坡口。

在对接焊缝的拼接处,当焊件的宽度不同或厚度相差4mm以上时,应分别在宽度方向或厚度方向从一侧或两侧做成坡度不大于1:2.5的斜角,如图3-15所示,以使截面过渡缓和,减小应力集中。

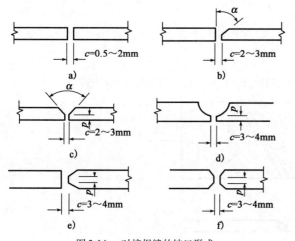

图3-14　对接焊缝的坡口形式
a)直边缝;b)单边V形坡口;c)V形坡口;d)U形坡口;e)K形坡口;f)X形坡口

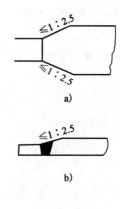

图3-15　钢板拼接
a)宽度不同;b)厚度不同

三、节点设计与验算

对接焊缝通常都做成带坡口的,按焊缝是否被焊透,分为焊透的对接焊缝和未焊透的对接焊缝两种。两种焊缝设计方法各异。

在对接接头和T形接头中,垂直于轴心拉力或轴心压力 N 的对接焊缝如图3-16所示,其强度应按式(3-1)计算:

$$\sigma = \frac{N}{l_w t} \leqslant f_t^w c \quad 或 \quad f_c^w \qquad (3-1)$$

式中:N——轴心力;

l_w——焊缝计算长度；

t——连接中的较小厚度；

f_t^w——对接焊缝抗拉强度设计值；

f_c^w——对接焊缝抗压强度设计值。

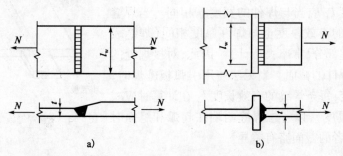

图 3-16　对接焊缝

一般加引弧板施焊的情况下，所有受压、受剪的对接焊缝以及受拉的一、二级焊缝，均与母材等强，不用计算，只有受拉的三级焊缝才需要进行计算。

当直焊缝不能满足强度要求时，可采用如图 3-17 所示的斜对接焊缝，并按下列公式计算：

$$\sigma = \frac{N \cdot \sin\theta}{l_w t} \leq f_t^w \tag{3-2}$$

$$\tau = \frac{N \cdot \cos\theta}{l_w t} \leq f_v^w \tag{3-3}$$

式中：f_v^w——对接焊缝抗剪强度设计值；

θ——斜焊缝倾角；

其余符号意义同前。

当斜焊缝倾角 $\theta \leq 56.3°$，即 $\tan\theta \leq 1.5$ 时，可认为与母材等强，不用计算。

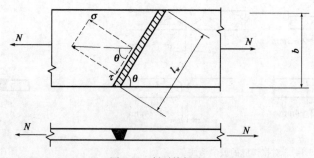

图 3-17　斜对接焊缝

焊缝的强度设计值 f_t^w、f_c^w、f_v^w 见附表 1-2。

[**例题 3-1**]　试验算图 3-18 所示钢板的对接焊缝的强度。图中 $L = 540\text{mm}$，$t = 22\text{mm}$，轴心力的设计值为 $N = 2500\text{kN}$。钢材为 Q235B，手工焊，焊条为 E43 型，三级检验标准的焊缝，施焊时加引弧板。

解　（1）直缝连接其计算长度 $l_w = 540\text{mm}$。焊缝正应力为：

$$\sigma = \frac{N}{l_w t} = \frac{2500 \times 10^3}{540 \times 22} = 210(\text{N/mm}^2) > f_t^w = 175(\text{N/mm}^2)$$

不满足要求，改用斜对接焊缝，取截割斜度为 1.5：1，即 $\theta = 56°$，焊缝长度 $l_w = l/\sin\theta = 540/\sin 56° = 650\text{mm}$。故此时焊缝的正应力为：

$$\sigma = \frac{N\sin\theta}{l_w t} = \frac{2500 \times 10^3 \times \sin56°}{650 \times 22} = 145(\text{N/mm}^2) < f_t^w = 175(\text{N/mm}^2)$$

（2）剪应力为：

$$\tau = \frac{N\cos\theta}{l_w t} = \frac{2500 \times 10^3 \times \cos56°}{650 \times 22} = 98(\text{N/mm}^2) < f_v^w = 120(\text{N/mm}^2)$$

这就说明当 $\tan\theta \leqslant 1.5$ 时，焊缝强度能够保证，可不必验算。

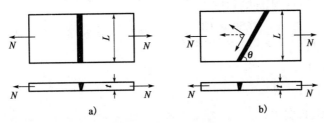

图 3-18　例题 3-1 示意图

[例题 3-2]　柱子采用热扎 H 型钢，截面为 HW250 × 250 × 9 × 14，轴心压力设计值为 1650kN，柱脚钢材选用 Q235，焊条为 E43 型。基础混凝土强度等级为 C15，$f_c = 7.5\text{N/mm}^2$。

解　选用带靴梁的柱脚，如图 3-19 所示。

1. 底板尺寸

锚栓采用 $d = 20\text{mm}$，锚栓孔面积 A_0 约为 5000mm^2，靴梁厚度取 10mm，悬臂 $c = 4d \approx 76\text{mm}$，则需要的底板面积为：

$$A = B \times L = \frac{N}{f_c} + A_0 = \frac{1650 \times 10^3}{7.5} + 5000 = 22.5 \times 10^4 \ (\text{mm}^2)$$

$$B = a_1 + 2t + 2c = 278 + 2(10 + 76) = 450(\text{mm})$$

$$L = \frac{A}{B} = \frac{22.5 \times 10^4}{450} = 500 \ (\text{mm})$$

采用 $B \times L = 450(\text{mm}) \times 580(\text{mm})$。

底板承受的均匀压应力：

$$q = \frac{N}{B \times L - A_0} = \frac{1650 \times 10^3}{450 \times 580 - 5000} = 6.45 \ (\text{N/mm}^2)$$

四边支承板（区格①）的弯矩为：

$$\frac{b}{a} = \frac{278}{190} = 1.46, \alpha = 0.0786$$

$$M = \alpha \cdot q \cdot a^2 = 0.0786 \times 6.45 \times 190^2 = 18302(\text{N} \cdot \text{mm})$$

三边支承板（区格②）的弯矩为：

$$\frac{b_1}{a_1} = \frac{100}{278} = 0.36, \beta = 0.0356$$

$$M = \beta \cdot q \cdot a_1^2 = 0.0356 \times 6.45 \times 278^2 = 17746(\text{N} \cdot \text{mm})$$

悬臂板（区格③）的弯矩为：

$$M = \frac{1}{2}q \cdot c^2 = \frac{1}{2} \times 6.45 \times 76^2 = 18628 \ (\text{N} \cdot \text{mm})$$

各区格板的弯矩值相差不大，最大弯矩为：

$$M_{max} = 18628 \ (\text{N} \cdot \text{mm})$$

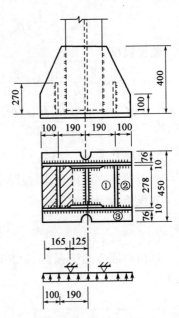

图 3-19　例题 3-2 示意图（尺寸单位：mm）

底板厚度为：

$$t \geqslant \sqrt{\frac{6 \cdot M_{max}}{f}} = \sqrt{\frac{6 \times 18628}{205}} = 23.3 \text{（mm）}$$

取底板厚度为24mm。

2. 靴梁与柱身间竖向焊缝计算

连接焊缝取 $h_f = 10$mm，则焊缝长度 L_w 为：

$$L_w = \frac{N}{4 \times 0.7 h_f \cdot f_f^w} = \frac{1650 \times 10^3}{4 \times 0.7 \times 10 \times 160} = 368\text{mm} < 60\,h_f \quad （f_f^w\text{取值见附表1-2}）$$

靴梁高度取400mm。

3. 靴梁与底板的焊缝计算

靴梁与底板的焊缝长度为：

$$\sum L_w = 580 \times 4 - 250 \times 2 = 1820\text{（mm）}$$

所需焊缝尺寸 h_f 为：

$$h_f = \frac{N}{0.7 \times (\sum L_w - 6 \times 10) \times f_f^w \times 1.22} = \frac{1650 \times 10^3}{0.7 \times 1760 \times 160 \times 1.22} = 6.86 \text{（mm）}$$

选用 $h_f = 10$mm。

4. 靴梁强度计算

靴梁按双悬臂简支梁计算，悬伸部分长度 $l = 165$mm。靴梁厚度取 $t = 10$mm。

底板传给靴梁的荷载 q_1 为：

$$q_1 = \frac{B}{2} \cdot q = \frac{450}{2} \times 6.45 = 1451 \text{（N/mm）}$$

靴梁支座处最大剪力 V_{max} 为：

$$V_{max} = q_1 \cdot l = 1451 \times 165 = 2.4 \times 10^5 \text{（N）}$$

靴梁支座处最大弯矩 M_{max} 为：

$$M_{max} = \frac{1}{2} q_1 l^2 = \frac{1}{2} \times 1451 \times 165^2 = 19.8 \times 10^6 \text{（N·mm）}$$

靴梁强度：

$$\tau = 1.5 \times \frac{V_{max}}{t \times h} = 1.5 \times \frac{2.4 \times 10^5}{10 \times 400} = 90 \text{（N/mm}^2） < f_v = 125 \text{（N/mm}^2） \quad （f_v \text{见附表1-1}）$$

$$\sigma = \frac{M_{max}}{W} = \frac{6 \times 19.8 \times 10^6}{10 \times 400^2} = 74.3 \text{（N/mm}^2） < f = 215 \text{（N/mm}^2）$$

5. 隔板计算

隔板按简支梁计算，隔板厚度取 $t = 8$mm。

底板传给隔板的荷载：

$$q_2 = \left(100 + \frac{190}{2}\right) \times 6.45 = 1258 \text{（N/mm）}$$

隔板与底板的连接焊缝强度验算（只有外侧焊缝）：连接焊缝取 $h_f = 10$mm，焊缝长度为 L_w。

$$\sigma_f = \frac{q_2 \times L_w}{0.7 \times h_f \times L_w \times 1.22} = \frac{1258}{0.7 \times 10 \times 1.22} = 147 \text{（N/mm）}^2 < f_f^w = 160 \text{（N/mm}^2）$$

38

隔板与靴梁的连接焊缝计算:取 $h_f = 8mm$。

隔板的支座反力 R 为:

$$R = \frac{1}{2} \times 1258 \times 278 = 174862 \ (\text{N})$$

焊缝长度 L_w 为:

$$L_w = \frac{R}{0.7 h_f \times f_f^w} = \frac{174862}{0.7 \times 8 \times 160} = 195 \ (\text{mm})$$

取隔板高度 $h = 270mm$,取隔板厚度 $t = 8mm > \dfrac{b}{50} = \dfrac{278}{50} = 5.6(\text{mm})$。

隔板强度验算:

$$V_{max} = R = 17.5 \times 10^4 \ (\text{N})$$

$$M_{max} = \frac{1}{8} \times 1258 \times 278^2 = 12.2 \times 10^6 \ (\text{N} \cdot \text{mm})$$

$$\tau = 1.5 \times \frac{V_{max}}{t \times h} = 1.5 \times \frac{17.5 \times 10^4}{8 \times 270} = 121 \ (\text{N/mm}^2) < f_v = 125(\text{N/mm}^2)$$

$$\sigma = \frac{M_{max}}{W} = \frac{6 \times 12.2 \times 10^6}{8 \times 270^2} = 126 \ (\text{N/mm}^2) < f = 215(\text{N/mm}^2)$$

柱脚与基础的连接按构造要求选用两个直径 $d = 20mm$ 的锚栓。

第五节　直角角焊缝的构造和计算

一、强度计算

1. 基本假定

由于角焊缝中的应力分布较复杂,在焊缝的强度计算中必须加以简化。采用的沿45°方向的焊缝截面为计算时的破坏面,且在通过焊缝形心的拉力、压力和剪力作用下,假定沿焊缝长度的应力是均匀分布。

关于角焊缝的抗拉、抗压和抗剪强度设计值,我国设计规范中取相同数值,并记作 f_f^w。f_f^w 与焊缝金属的抗拉强度相关,角焊缝的强度计算值 f_f^w 见附表1-2。

2. 强度计算法

我国《钢结构设计规范》(GB 50017—2003)规定:直角角焊缝的强度应按下列公式计算。

(1)在通过焊缝形心的拉力、压力或剪力作用下,当力垂直于焊缝长度方向时:

$$\sigma_f = \frac{N}{h_e l_w} \leqslant \beta_f f_f^w \qquad (3\text{-}4)$$

当力平行于焊缝长度方向时:

$$\tau_f = \frac{N}{h_e l_w} \leqslant \beta_f f_f^w \qquad (3\text{-}5)$$

(2)在其他力或各种力综合作用下,σ_f 和 τ_f 共同作用处应满足:

$$\sqrt{\left(\frac{\sigma_f}{\beta_f}\right)^2 + \tau_f^2} \leqslant f_f^w \qquad (3\text{-}6)$$

式中：σ_f——按焊缝有效截面计算，垂直于焊缝长度方向的应力；

$\qquad \tau_f$——按焊缝有效截面计算，沿焊缝长度方向的剪应力；

$\qquad h_e$——角焊缝的计算厚度，对直角角焊缝等于 $0.7h_f$，h_f 为焊脚尺寸，如图 3-20 所示；

$\qquad l_w$——角焊缝的计算长度，对每条焊缝取其实际长度减去 $2h_f$；

$\qquad f_f^w$——角焊缝的强度设计值；

$\qquad \beta_f$——正面角焊缝的强度设计值增大系数；对承受静力荷载和间接承受动力荷载的结构，$\beta_f = 1.22$；对直接承受动力荷载的结构，$\beta_f = 1.0$。

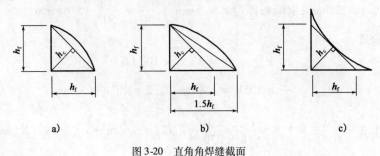

图 3-20　直角角焊缝截面

二、构造要求

角焊缝两焊脚边的夹角 α 一般为 $90°$（直角角焊缝）。夹角 $\alpha > 135°$ 或 $\alpha < 60°$ 的斜角角焊缝，不宜作受力焊缝（钢管结构除外）。

在直接承受动力荷载的结构中，角焊缝表面应做成直线形或凹形。焊脚尺寸的比例：对正面角焊缝宜为 $1:1.5$（长边顺内力方向），对侧面角焊缝可为 $1:1$。

角焊缝的尺寸应符合下列要求：

（1）角焊缝的焊脚尺寸 h_f（mm）不得小于 $1.5\sqrt{t}$，t（mm）为较厚焊件厚度（当采用低氢型碱性焊条施焊时，t 可采用较薄焊件的厚度）。但对埋弧自动焊，最小焊脚尺寸可减小 1mm；对 T 形连接的单面角焊缝，应增加 1mm。当焊件厚度等于或小于 4mm 时，则最小焊脚尺寸应与焊件厚度相同。

（2）角焊缝的焊脚尺寸不宜大于较薄焊件厚度的 1.2 倍（钢管结构除外），但板件（厚度为 t）边缘的角焊缝最大焊脚尺寸尚应符合下列要求：

①当 $t \leqslant 6mm$ 时，$h_f \leqslant t$。

②当 $t > 6mm$ 时，$h_f \leqslant t - (1 \sim 2) mm$。

圆孔或槽孔内的角焊缝焊脚尺寸不宜大于圆孔直径或槽孔短径的 1/3。

（3）角焊缝的两焊脚尺寸一般相等。当焊件的厚度相差较大且等焊脚尺寸不能满足前面两条要求时，可采用不等焊脚尺寸。

（4）角焊缝的计算长度小于 $8h_f$ 或 40mm 时不应用作受力焊缝。

（5）侧面角焊缝的计算长度不宜大于 $60h_f$。若内力沿侧面角焊缝全长分布时，其计算长度不受此限。

（6）在次要构件或次要焊接连接中，可采用断续角焊缝。断续角焊缝焊段的长度不得小于 $10h_f$ 或 50mm，其净距不应大于 $15t$（对受压构件）或 $30t$（对受拉构件），t 为较薄焊件厚度。腐蚀环境中不宜采用断续角焊缝。

角焊缝连接，应符合下列规定：

（1）当板件的端部仅有两侧面焊缝连接时，每条侧面角焊缝长度不宜小于两侧面角焊缝之间的距离；同时两侧面角焊缝之间的距离不宜大于 $16t$（当 $t > 12\text{mm}$）或 190mm（当 $t \leqslant 12\text{mm}$），t 为较薄焊件的厚度。

（2）当角焊缝的端部在构件的转角做长度为 $2h_\text{f}$ 的绕角焊时，转角处必须连续施焊。

[**例题 3-3**]　某桁架的腹杆，截面为 $2 \angle 140 \times 10$，Q235BF 钢，手工焊，E43 型焊条。构件承受静力荷载，由永久荷载标准值产生的 $N_\text{Gk} = 300\text{kN}$，由可变荷载标准值产生的 $N_\text{Qk} = 580\text{kN}$。构件与 16mm 厚的节点板相连接，如图 3-21 所示。试分别设计下列情况时此节点的连接：（1）当采用三面围焊时；（2）只采用侧面角焊缝时；（3）采用 L 形围焊时。

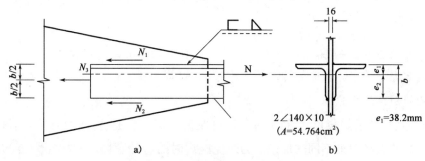

图 3-21　桁架腹杆与节点板的连接

解　记角钢背部为 1，角钢趾部为 2，角钢端部为 3。

1. 当用三面围焊时

（1）角焊缝的焊脚尺寸 h_f。

最小 h_f：$h_\text{f} \geqslant 1.5\sqrt{t} = 1.5\sqrt{16} = 6\,(\text{mm})$

最大 h_f：$h_\text{f} \leqslant t - (1 \sim 2)\,\text{mm} = 10 - (1 \sim 2) = 9 \sim 8\,(\text{mm})$

采用 $h_\text{f} = 8\text{mm}$，满足上述要求。

（2）轴心力 N 的设计值（由可变荷载效应组合控制）。

$$N = \gamma_\text{G} N_\text{Gk} + \gamma_\text{Q} N_\text{Qk} = 1.2 \times 300 + 1.4 \times 580 = 360 + 812 = 1172\,(\text{kN})$$

验算构件截面上的应力：

$$\sigma = \frac{N}{A} = \frac{1172 \times 10^3}{54.746 \times 10^2} = 214.1\,(\text{N/mm}^2) < f = 215\,(\text{N/mm}^2)$$

满足要求。

（3）设计三面围焊时，实质上是把荷载 N 分解成各段焊缝的受力 N_1、N_2 和 N_3，见图 3-21a），使它们的合力与 N 相平衡。平面平行力系只有两个静力平衡条件，因此必须预先确定 N_3，然后方能求得 N_1 和 N_2。

Q235 钢、E43 型焊条：$f_\text{f}^\text{w} = 160\text{N/mm}^2$，$l_\text{w} = l_3 = 140\text{mm}$，因而

$$N_3 = 0.7 h_\text{f} \sum l_\text{w} \cdot \beta_\text{f} f_\text{f}^\text{w} = 0.7 \times 8 \times 2 \times 140 \times 1.22 \times 160 \times 10^{-3} = 306.1\,(\text{kN})$$

对角钢背取力矩建立平衡方程，即 $\sum M_1 = 0$，得

$$N_2 = N\frac{e_1}{b} - \frac{N_3}{2} = 1172 \times \frac{38.2}{140} - \frac{306.1}{2} = 166.7\,(\text{kN})$$

由 $\sum N = 0$，得

$$N_1 = N - N_2 - N_3 = 1172 - 166.7 - 306.1 = 699.2\,(\text{kN})$$

（4）每段焊缝的长度。

①角钢背

$$l_{w1} \geqslant \frac{N_1}{2 \times 0.7 h_f f_f^w} = \frac{699.2 \times 10^3}{2 \times 0.7 \times 8 \times 160} = 390.2(\text{mm}) < 60 h_f = 480(\text{mm})$$

满足要求。

取其实际焊缝长度 $l_1 = 400\text{mm}(390.2 + h_f = 398.2$，取 10mm 的整数；三面围焊时必须连续施焊，看成是一条焊缝）。

②角钢趾

$$l_{w2} \geqslant \frac{N_2}{2 \times 0.7 h_f f_f^w} = \frac{166.7 \times 10^3}{2 \times 0.7 \times 8 \times 160} = 93.0(\text{mm}) > 8 h_f = 64(\text{mm})$$

满足要求。

取其实际焊缝长度 $l_2 = 100\text{mm}(93.0 + h_f = 101 \approx 100$，取 10mm 的整数）。

③角钢端部焊缝的实际长度与计算长度相等，见前面。

2. 当用两侧面角焊缝时

（1）两侧面角焊缝的焊脚尺寸可以不同，即可取 $h_{f1} > h_{f2}$。但是，由于焊脚尺寸不同将导致施焊时需采用焊芯直径粗细不同的焊条。为避免施焊时的这种麻烦，一般情况下宜仍然采用相同的 h_f。本题中取 $h_f = 8\text{mm}$。

（2）为使 N_1 和 N_2 的合力与外力 N 平衡，求 N_1 和 N_2 如下：

由 $\sum M_1 = 0$，得

$$N_2 = N \frac{e_1}{b} = 1172 \times \frac{38.2}{140} = 319.8(\text{kN})$$

由 $\sum N = 0$，得

$$N_1 = N - N_2 = 1172 - 319.8 = 852.2(\text{kN})$$

（3）各段焊缝的长度。

①角钢背

$$l_{w1} \geqslant \frac{N_1}{2 \times 0.7 h_f f_f^w} = \frac{852.2 \times 10^3}{2 \times 0.7 \times 8 \times 160} = 475.6(\text{mm}) < 60 h_f = 480(\text{mm})$$

满足要求。

取 $l_1 = 490\text{mm}(475.6 + 2 h_f = 491.6$，取 10mm 的整数）。

②角钢趾

$$l_{w2} \geqslant \frac{N_2}{2 \times 0.7 h_f f_f^w} = \frac{319.8 \times 10^3}{2 \times 0.7 \times 8 \times 160} = 178.5(\text{mm}) > 8 h_f = 64(\text{mm})$$

满足要求。

取 $l_2 = 200\text{mm}(178.5 + 2 h_f = 194.5$，取 10mm 的整数）。

3. 当用 L 形围焊时

（1）为使 N_1 和 N_3 的合力与外力 N 平衡，求 N_1 和 N_3 如下：

由 $\sum M_1 = 0$ 和 $\sum N = 0$，得

$$N_3 = 2N \frac{e_1}{b} = 2 \times 1172 \times \frac{38.2}{140} = 639.6(\text{kN})$$

$$N_1 = N - N_3 = 1172 - 639.6 = 532.4(\text{kN})$$

（2）角钢端部传递 N_3 所需的正面角焊缝焊脚尺寸。

$$h_{f3} \geqslant \frac{N_3}{2 \times 0.7 l_w \beta_f f_f^w} = \frac{639.6 \times 10^3}{2 \times 0.7 \times (140 - h_{f3}) \times 1.22 \times 160}$$

解得 $h_{f3} = 19.4(\text{mm}) > t = 10(\text{mm})$。

不能满足要求。

因而本例不能采用 L 形围焊。

第六节　焊接残余应力和残余变形

一、残余应力

焊接过程是一个对焊件局部加热继而逐渐冷却的过程，不均匀的温度场将使焊件各部分产生不均匀的变形，从而产生各种焊接残余应力。现以两块钢板用对接焊缝连接作为例子说明如下。

1. 沿焊缝轴线方向的纵向焊接残余应力

施焊时，焊缝附近温度最高，可高达 1600℃ 以上。在焊缝区以外，温度则急剧下降。焊缝区受热而纵向膨胀，但这种膨胀因变形的平截面规律（变形前的平截面，变形后仍保持平面）而受到其相邻较低温度区的约束，使焊缝区产生纵向压应力（称为热应力）。由于钢材在 600℃ 以上时呈塑性状态（称为热塑状态），因而高温区的这种压应力使焊缝区的钢材产生塑性压缩变形，这种塑性变形当温度下降、压应力消失时是不能恢复的。在焊后的冷却过程中，如假设焊缝区金属能自由变形，冷却后钢材因已有塑性变形而不能恢复其原来的长度。事实上，由于焊缝区与其邻近的钢材是连续的，焊缝区因冷却而产生的收缩变形又因平截面变形的平截面规律受到邻近低温区钢材的约束，使焊缝区产生拉应力，如图 3-22 所示。这个拉应力当焊件完全冷却后仍残留在焊缝区钢材内，故名焊接残余应力。Q235 钢和 Q345 钢等低合金钢焊接后的残余拉应力常可高达其屈服点。还需注意，因残余应力是构件未受荷载作用而早已残留在构件截面内的应力，因而截面上的残余应力必须自相平衡。焊缝区截面中既有残余拉应力，则在焊缝区以外的钢材截面内必然有残余压应力，而且其数值和分布满足 $\sum X = 0$ 和 $\sum M = 0$ 等静力平衡条件。图 3-22b)为两钢板以对接焊缝连接时的纵向残余应力分布示意图。图中受拉的应力图形面积 A_t 应与受压的应力图形面积 A_c 相等，同时图形必对称于焊缝轴线。

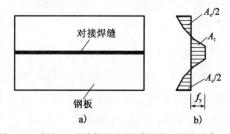

图 3-22　钢板以对接焊缝连接时的纵向焊接残余应力

2. 垂直于焊缝轴线的横向焊接残余应力

两钢板以对接焊缝连接时，除产生上述纵向焊接残余应力外，还会产生横向残余应力。横向残余应力的产生由两部分组成：其一是由焊缝区的纵向收缩所引起。如把图 3-23 中的钢板假想沿焊缝切开，由于焊缝的纵向收缩，两块钢板将产生如图 3-23a)中虚线所示的弯曲变形，因而可见在焊缝长度的中间部分必然产生横向拉应力，而在焊缝的两端则产生横向压应力，其应力分布如图 3-23b)所示。其二是由焊缝的横向收缩所引起。施焊时,焊缝的形成有先有后,先焊的部分先冷却,先冷却的焊缝区限制了后冷却焊缝区的横向收缩,便产生横向焊接残余应力,如图 3-23c)所示。最后的横向焊接残余应力应为两者即图 3-23b)和图 3-23c)的叠加,如图 3-23d)所示。

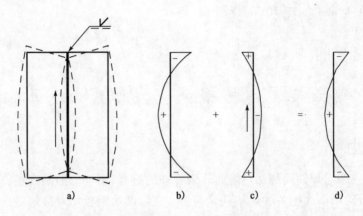

图 3-23　焊缝中的横向焊接残余应力

焊缝中由焊缝横向收缩产生的横向残余应力将随施焊的程序而异。图 3-23c)中所示是由焊缝的一端焊接到另一端时的应力分布。焊缝结束处因后焊而受到焊缝中间先焊部分的约束,故出现残余拉应力,中间部分为残余压应力。开始焊接端最先焊接,该处出现残余拉应力是由于需满足弯矩的平衡条件所致。

图 3-24 分别表示把对接焊缝分成两段施焊时的横向收缩引起的焊缝横向残余应力分布。图 3-24a)所示由中间起焊,至板两端结束。图 3-24b)是分别由板的两端起焊,至板中间结束。因施焊程序不同,焊缝横向收缩所引起焊缝中的横向残余应力分布就完全不同。

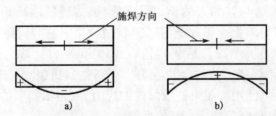

图 3-24　不同焊接方向时焊缝横向收缩所引起的焊缝横向残余应力

3. 厚板中沿板厚方向的焊接残余应力

厚板中由于常需多层施焊(即焊缝不是一次形成),在厚度方向将产生焊接残余应力,同时,板面与板中间温度分布不均匀,也会引起残余应力,其分布规律与焊接工艺密切相关。此外,在厚板中的前述纵向和横向焊接残余应力沿板的厚度方向大小也是变化的。一般情况下,当板厚在 20 ~ 25mm 以下时,基本上可把焊接残余应力看成是平面的,即不考虑厚度方向的残余应力也不考虑沿厚度方向平面应力的大小变化。厚度方向残余应力若与平面残余应力同号,则三向同号应力易使钢材变脆。

4. 约束状态下施焊时的焊接残余应力

各种焊接残余应力都是在焊件能自由变形下施焊时产生的。当焊件在变形受到约束状态时施焊,其焊接残余应力分布则截然不同。

44

5.构件截面上存在焊接残余应力

这是焊接结构构件的缺陷之一。它将使构件提前进入弹塑性工作阶段而降低构件的刚度。因而一个优良的焊接设计应注意使焊接残余应力的数值为最小。

二、残余变形

焊接后残余在结构中的变形叫焊接残余变形。图 3-25 给出了常见的下列焊接残余变形：

（1）纵向收缩变形和横向收缩变形,如图 3-25a)所示。

（2）焊缝纵向收缩所引起的弯曲变形,如图 3-25b)所示。

（3）焊缝横向收缩所引起的角变形,如图 3-25c)所示。

（4）波浪式的变形,如图 3-25d)所示。

（5）扭曲变形,如图 3-25e)所示。

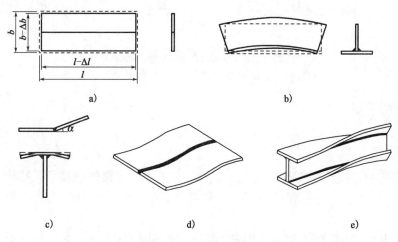

图 3-25　焊接残余变形

焊接残余变形中的横向收缩和纵向收缩在下料时应予以注意。其他焊接变形当超过施工验收规范所规定的容许值时,应进行矫正。严重时若无法矫正,即造成废品。否则不但影响外观,同时还会因改变受力状态而影响构件的承载能力。因此,如何减小钢结构的焊接残余变形也是设计和施工时必须共同考虑的问题,也就是必须从设计和施工工艺两个方面来解决。

三、控制焊接残余应力和残余变形的措施

减小焊接残余应力和残余变形需要合理的焊接连接设计。通常需注意以下几点：

1.选用合适的焊缝尺寸

焊缝尺寸大小直接影响到焊接工作量的多少,同时还影响到焊接残余变形的大小。此外,焊缝尺寸过大还易烧穿焊件。在角焊缝的连接设计中,在满足最小焊脚尺寸的条件下,一般宁愿用较小的 h_f 而加大一点焊缝的长度,不要用较大的 h_f 而减小一点焊缝长度。同时还需注意,不要因考虑"安全"而任意加大超过计算所需要的焊缝尺寸。

2.合理选用焊缝形式

例如在图 3-26 所示受力较大的十字接头（或 T 形接头）中,在保证相同强度的条件下,采用开坡口的对接与角接组合焊缝[图 3-26b)]比采用角焊缝[图 3-26a)]可减小焊缝的尺寸,

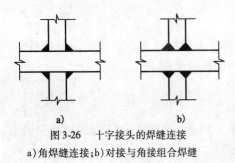

图 3-26　十字接头的焊缝连接

a)角焊缝连接;b)对接与角接组合焊缝

从而可减小焊接残余应力并节省焊条。

3.合理布置焊缝位置

焊缝不宜过分集中并应尽量对称布置,以消除焊接残余变形和尽量避免三向焊缝相交。当三向焊缝相交时,可中断次要焊缝而使主要焊缝保持连续。如图 3-27 所示工字形焊接组合梁的横向加劲肋端部应进行切角。

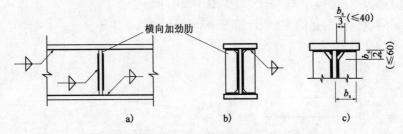

图 3-27　组合工字形梁在横向加劲肋处的焊缝布置

a)、b)组合工字形梁的正面和横截面;c)横向加劲肋端部切角放大图

习　题

一、填空题

1.钢结构的连接通常有焊接、_____和_____。焊接的连接形式按构件的相对位置可分为_____,_____和_____三种类型;按构造可分为_____和_____两种类型。

2.考虑起弧、熄弧缺陷,当对接焊缝无法采用弧板施焊时,每条焊缝的计算长度应为实际长度减_____;角焊缝的计算长度为实际长度每端减_____。

3.直角角焊缝可分为垂直于构件受力方向的_____和平行于受力方向的_____,前者较后者的强度_____、塑性_____,故在静力或间接动力荷载作用下,正面角焊缝(端缝)的强度计算值增大系数 β_f = _____;但对直接动力荷载的结构,应取 β_f = _____。

4.角焊缝的焊脚尺寸 h_f(mm)不得小于_____,t 为较厚焊接厚度(mm),但对自动焊,最小焊脚尺寸可减小_____,对 T 形连接的单面角焊缝,应增加_____;角焊缝的焊脚尺寸不宜大于较薄焊件厚度的_____倍,但厚度为 t 的板件边缘的 h_{fmax},尚应符合下列要求:当 $t \leqslant 6$mm 时,h_{fmax} = _____;当 $t > 6$mm 时,h_{fmax} = _____。

5.侧面角焊缝或正面角焊缝的计算长度 l_w 不得小于_____和_____;侧面角焊缝的计算长度不宜大于_____(承受静力或间接动力荷载时)或_____(承受动力荷载时)。

6.焊条型号 E50 中 E 表示_____,50 表示_____。

7.不等边角钢短肢与节点板角焊缝相连时,其肢背内力分配系数为_____,肢尖内力分配系数为_____。

二、选择题

1.钢结构连接中所使用的焊条应与被连接构件的强度相匹配,通常在被连接构件选用 Q390 时,焊条选用_____。

A. E55　　　　　　B. E50　　　　　　C. E43　　　　　　D. 前三种均可

2. 对于直接承受动力荷载且需计算疲劳的对接焊缝拼接处,当焊件的宽度不同或厚度相差 4mm 以上时,应在宽度方向或厚度方向做成坡度小于_____的斜坡。

A. 1:1　　　　　　B. 1:2.5　　　　　　C. 1:4　　　　　　D. 1:5

3. 经验算,如果正焊缝的强度低于焊件强度,可改用斜焊缝对焊。规范规定:焊缝与力的夹角 θ 符合_____时,其强度可不计算。

A. $\tan\theta \leqslant 1.0$　　　　B. $\tan\theta \leqslant 1.5$　　　　C. $\tan\theta \leqslant 2.0$　　　　D. $\tan\theta \leqslant 2.5$

4. 角钢采用两侧面焊缝连接,并承受轴心力作用时,其内力分配系数对等肢角钢而言取_____(其中肢背 K_1;肢角 K_2)。

A. $K_1 = 0.7, K_2 = 0.3$

B. $K_1 = 0.7, K_2 = 0.7$

C. $K_1 = 0.75, K_2 = 0.25$

D. $K_1 = 0.35, K_2 = 0.65$

5. 当对接焊缝的焊件厚度很小(10mm)时,可采用_____坡口形式。

A. I 形(即不开坡口)　　　　　　B. V 形

C. K 形　　　　　　　　　　　　D. X 形

6. 角钢和节点板采用两条侧焊缝连接,角钢为 2 $\angle 80 \times 8$,节点板厚 10mm,则角钢肢背、肢尖焊缝合理的焊角尺寸 h_f 应分别为_____和_____。

A. 4mm,4mm　　　B. 6mm,8mm　　　C. 8mm,8mm　　　D. 6mm,8mm

7. 为了减少连接中偏心弯矩的影响,用正面焊缝的搭接连接时,其连接长度不得小于较薄焊件的厚度_____倍,且不小于 25mm。

A. 5　　　　　　B. 10　　　　　　C. 15　　　　　　D. 20

8. T 形连接中直角角焊缝的最小焊角尺寸 $h_{fmin} = 1.5\sqrt{t_2}$,最大焊角尺寸 $h_{fmax} = 1.2t_1$,式中的 t_1 和 t_2 分别为_____。

A. t_1 为腹板厚度,t_2 为翼缘厚度

B. t_1 为翼缘厚度,t_2 为腹板厚度

C. t_1 为较薄的被连接板件的厚度,t_2 为较厚的被连接板件的厚度

D. t_1 为较厚的被连接板件的厚度,t_2 为较薄的被连接板件的厚度

9. 控制钢屋架同一节点板上各杆件焊缝之间的净距不小于 10mm 以及各杆件端部边缘的空隙不小于 20mm 是为了_____。

A. 美观

B. 便于施焊和避免焊缝过于密集

C. 增大节点刚度

D. 提高节点板抗弯强度

10. 在焊接施工过程中,应该采取措施尽量减小残余应力和残余变形的发生,下列_____项的措施是错误的。

A. 直焊缝的分段焊接

B. 焊件的预热处理

C. 固定焊件周边

D. 直焊缝的分层焊接

11. 在减少焊接变形和焊接应力的方法中,以下错误的一项是_____。

    A. 施焊前使构件有一个和焊接变形相反的预变形

    B. 采取适当的焊接程序

    C. 对小尺寸构件在焊接前预热或焊后回火

    D. 保证从一侧向另一侧连续施焊

三、判断题

(   )1. 焊条型号的选择应与母材强度相适应,对 Q345 钢,应采用 E50 型焊条。

(   )2. 当不同强度的两种钢材焊接时,宜采用与高强度钢材相适应的焊条。

(   )3. 不需要验算对接斜焊缝强度的条件是焊缝与作用力间的夹角 θ 满足 $\tan\theta \leqslant 1.5$。

(   )4. 如果正焊缝的强度低于焊件强度,可改用斜焊缝对焊。

(   )5. 通过一、二级检验标准的对接焊缝,其受拉设计强度比母材高。

四、计算题

1. 如图 3-28 所示,两块钢板用双面盖板采用三面围焊拼接,已知钢板宽度 $B = 270$mm,厚度 $t_1 = 28$mm,该连接承受的静态轴心力设计值 $N = 1400$kN,钢材为 Q235B,手工焊,焊条为 E43 型。已知角焊缝的受剪强度设计值 $f_f^w = 160\text{N/mm}^2$。试确定拼接盖板的尺寸及焊脚尺寸。

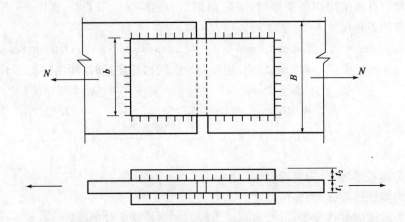

图 3-28   题 1 示意图

2. 如图 3-29 所示,角钢和节点板采用两面侧焊缝连接。角钢为 2 ∠140×10,节点板厚度 $t = 12$mm,承受静力荷载设计值 $N = 1000$kN,钢材为 Q235,焊条为 E43 型,手工焊,角焊缝强度设计值 $f_f^w = 160\text{N/mm}^2$。试确定肢尖、肢背焊缝的焊角尺寸和施焊长度。

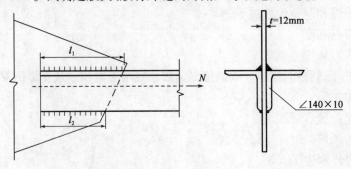

图 3-29   题 2 示意图

3. 如图 3-30 所示,角钢和节点板采用三面围焊连接。角钢为 2 ∠140 × 10,节点板厚度 $t = 12\text{mm}$,承受动力荷载设计值 $N = 1000\text{kN}$,钢材为 Q235,焊条为 E43 型,手工焊。已知焊角尺寸为 8mm,角焊缝强度设计值 $f_{\text{f}}^{\text{w}} = 160\text{N/mm}^2$。求角钢两侧所需焊缝长度。

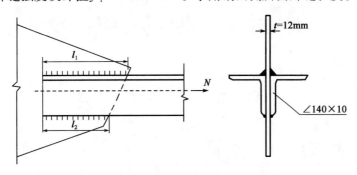

图 3-30　题 3 示意图

第四章 螺栓连接

第一节 螺栓的种类

一、螺栓孔的类别

螺栓孔的制作方法有以下几种:

(1)在装配好的构件上按设计孔径钻成。

(2)在单个构件上分别用钻模按设计孔径钻成。

(3)在单个的构件上先钻成或冲成较小孔径,装配好后再扩钻至设计孔径。

(4)在单个的构件上一次冲成或不用钻模钻成设计孔径。

我国设计规范中按上述前三种方法制成的孔统称为Ⅰ类孔,称按第四种方法制作的孔为Ⅱ类孔。前者孔壁整齐,质量较好;后者孔壁不整齐,质量较差。普通螺栓中的精制螺栓连接要求用Ⅰ类孔,孔径比杆径大 $0.2 \sim 0.5\text{mm}$。粗制螺栓连接可用Ⅱ类孔,孔径比杆径大 $1.0 \sim 1.5\text{mm}$,以便于螺栓插入。高强度螺栓的孔为Ⅱ类孔,但采用钻成孔,不能采用冲成孔。钢结构连接中常用螺栓直径 d 为 16mm,18mm,20mm,22mm,24mm 等。

二、普通螺栓

普通螺栓一般为六角头螺栓,按照我国关于螺栓的国家标准的规定,普通螺栓的产品等级分为 A、B、C 三级。主要为 C 级粗制螺栓,传递剪力时,连接变形较大,但传递拉力性能尚好。普通螺栓主要用于安装连接及可拆卸的结构中。由普通碳素钢制成,属 4.6、4.8 级。螺栓的性能等级,其小数点前的数字表示螺栓公称抗拉强度 f_u^b 的 1/100,小数点后的数字表示屈强比的 10 倍。屈服点与抗拉强度的比值称为屈强比。4.6 级表示螺栓材料的抗拉强度不小于 400N/mm^2,其屈服点与抗拉强度之比为 0.6,即屈服点不小于 240N/mm^2。

三、高强螺栓

钢结构中用的高强度螺栓指在安装过程中使用特制的扳手,能保证螺杆中具有规定的预拉力,从而使被连接的板件接触面上有规定的预压力。为提高螺杆中应有的预拉力值,此种螺栓必须用高强度钢制造。高强度螺栓由中碳钢或合金钢等经热处理(淬火并回火)后制成,强度较高。8.8 级高强度螺栓的抗拉强度 f_u^b 不小于 800N/mm^2,屈强比为 0.8。8.8 级高强度螺栓常用的材料是 40B、45 钢或 35 钢,经热处理后抗拉强度 f_u^b 不低于 830N/mm^2。10.9 级高强度螺栓的抗拉强度不小于 1000N/mm^2,屈强比为 0.9。10.9 级高强度螺栓常用的材料是 20MnTiB 和 35VB 钢等,经热处理后抗拉强度 f_u^b 不低于 1040N/mm^2。两者的螺母和垫圈均采用 45 钢,经热处理后制成。用 20MnTiB 钢制造的螺栓直径宜为 $d \leqslant \text{M24}$,35VB 钢宜为 $d \leqslant$ M30,40B 钢宜为 $d \leqslant$ M24,45 钢宜为 $d \leqslant$ M22,35 钢宜为 $d \leqslant$ M20,以保证有较好的淬火效果。

第二节 螺栓排列的构造要求

图 4-1 是用螺栓连接的由两块及两块以上钢板组成的板叠平面图,表示了螺栓的排列。以 p 表示螺栓距,g 表示螺栓线距,a 表示端距,c 表示边距。

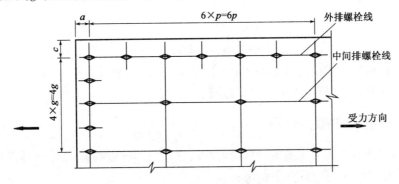

图 4-1 板叠上的螺栓排列

表 4-1 为我国设计规范中规定排列螺栓(包括铆钉)时的最小和最大容许距离。

螺栓或铆钉的最大、最小容许距离   表 4-1

名 称	位置和方向			最大容许距离 (取两者的较小值)	最小容许距离
中心间距	外排(垂直内力方向或顺内力方向)			$8d_0$ 或 $12t$	$3d_0$
	中间排	垂直内力方向		$16d_0$ 或 $24t$	
		顺内力方向	构件受压力	$12d_0$ 或 $18t$	
			构件受拉力	$16d_0$ 或 $24t$	
	沿对角线方向			—	
中心至构件 边缘距离	顺内力方向			$4d_0$ 或 $8t$	$2d_0$
	垂直内力方向	剪切边或手工气割边			$1.5d_0$
		轧制边、自动气割 或锯割边	高强度螺栓		
			其他螺栓或铆钉		$1.2d_0$

注:1. d_0 为螺栓或铆钉的孔径,t 为外层较薄板件的厚度。
　　2. 钢板边缘与刚性构件(如角钢、槽钢等)相连的螺栓或铆钉的最大间距,可按中间排的数值采用。

第三节 普通螺栓连接的计算

一、螺栓连接的破坏形式

螺栓连接达到极限承载力时,可能的破坏形式有:

(1)当栓杆直径较小,板件较厚时,栓杆可能先被剪断,见图 4-2a)。

(2)当栓杆直径较大,板件较薄时,板件可能先被挤坏,见图 4-2b),由于栓杆和板件的挤压是相对的,故也可把这种破坏叫作螺栓承压破坏。

(3)端距太小,端距范围内的板件有可能被栓杆冲剪破坏,见图 4-2c)。

（4）板件可能因螺栓孔削弱太多而被拉断，见图4-2d）。

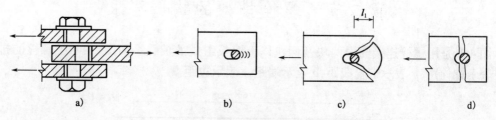

a) b) c) d)

图4-2 螺栓连接的破坏形式

上述第三种破坏形式由螺栓端距 $l_1 \geqslant 2d_0$ 来保证；第四种破坏属于构件的强度验算。因此，普通螺栓的受剪连接只考虑第一、二两种破坏形式。

二、单个螺栓的承载力计算

普通螺栓的受剪承载力主要由栓杆受剪和孔壁承压两种破坏模式控制，因此应分别计算，取其小值进行设计。计算时作如下假定：

（1）栓杆受剪计算时，假定螺栓受剪面上的剪应力是均匀分布的。

（2）孔壁承压计算时，假定挤压力沿栓杆直径平面均匀分布。

考虑一定的抗力分项系数后，得到普通螺栓受剪连接中，每个螺栓的受剪和承压承载力设计值如下：

受剪承载力设计值

$$N_v^b = n_v \frac{\pi d^2}{4} f_v^b \tag{4-1}$$

承压承载力设计值

$$N_c^b = d \sum t \cdot f_c^b \tag{4-2}$$

式中：n_v——受剪面数目，单剪 $n_v = 1$，双剪 $n_v = 2$，四剪 $n_v = 4$；

d——螺栓杆直径；

$\sum t$——在不同受力方向中一个受力方向承压构件总厚度的较小值；

f_v^b、f_c^b——螺栓的抗剪和承压强度设计值，见附表1-3。

三、轴心力作用下螺栓群的连接计算

试验证明，螺栓群的受剪连接承受轴心力时，与侧焊缝的受力相似，在长度方向各螺栓受力是不均匀的，如图4-3所示。两端受力大，中间受力小。

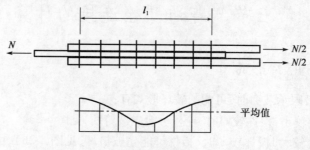

图4-3 长接头螺栓的内力分布

（1）当连接长度 $l_1 \leqslant 15d_0$（d_0 为螺孔直径）时，由于连接工作进入弹塑性阶段后，内力发生

重分布,螺栓群中各螺栓受力逐渐接近,故可认为轴心力 N 由每个螺栓平均分担,即螺栓数 n 为:

$$n = \frac{N}{N_{min}^b} \qquad (4-3)$$

式中: N_{min}^b ——一个螺栓受剪承载力设计值与承压承载力设计值的较小值。

(2)当 $l_1 > 15d_0$ 时,连接进入弹塑性阶段后,各螺杆所受内力仍不易均匀,端部螺栓首先达到极限强度而破坏,随后由外向里依次破坏。

根据试验,并参考国外的规定,我国规范规定,当 $l_1 > 15d_0$ 时,应将承载力设计值乘以折减系数:

$$\eta = 1.1 - \frac{l_1}{150d_0} \geqslant 0.7 \qquad (4-4)$$

对长连接,所需抗剪螺栓数为:

$$n = \frac{N}{\eta N_{min}^b} \qquad (4-5)$$

[例题 4-1] 螺栓直径 $d = 20mm$,孔径 $d_0 = 21.5mm$,C 级螺栓。钢板截面为—16 × 220,拼接板为 2—8 × 220,Q235B 钢,承受外力设计值 $N = 535kN$。查附表 1-1 得:钢板的抗拉强度设计值 $f = 215N/mm^2$(板厚 $t \leqslant 16mm$ 时),螺栓的强度设计值分别为 $f_v^b = 140N/mm^2$ 和 $f_c^b = 305N/mm^2$。

解 (1)作下列计算:

$$N_v^b = n_v \frac{\pi d_e^2}{4} f_v^b = 2 \times \frac{\pi \times 20^2}{4} \times 140 \times 10^{-3} = 88.0(kN)$$

$$N_c^b = d \sum t f_c^b = 20 \times 16 \times 305 \times 10^{-3} = 97.6(kN)$$

取 $N^b = \min\{N_v^b, N_c^b\} = 88.0(kN)$。

需要螺栓个数 $n = \frac{N}{N^b} = \frac{535}{88.0} = 6.08$,因此至少采用 $n = 7$。

(2)排列螺栓如图 4-4 所示。为了使连接长度最小,试取螺栓距 $p = 3d_0 = 3 \times 21.5 \approx 65(mm)$(为便于制造,应取 5mm 的整数),端距 $a = 2d_0 = 2 \times 21.5 \approx 45(mm)$。边距 $c = 1.5d_0 = 1.5 \times 21.5 \approx 35(mm)$,根据板宽 $b = 220mm$,每列螺栓最多设 3 个,螺栓横向距离为 $g = 75mm$,第一列螺栓横向间距若为 150mm,将不满足外排最大间距不大于 $12t = 12 \times 8 = 96(mm)$ 的要求。因此在第一列应按构造要求排列 3 个螺栓,螺栓总数增为每边 8 个。中间行螺栓纵向间距为 130mm,满足不大于 $24t = 24 \times 8 = 192(mm)$ 的构造要求。

(3)螺栓连接的传力路线如图 4-4 所示:左边板①中的外力 N 通过接缝 4-4 左边的 8 个螺栓传给两块拼接板②,右边板③中的外力 N 通过接缝 4-4 右边的 8 个螺栓传给两块拼接板②,左右两边的外力最后在两块拼接板上达到平衡。因此对钢板来讲,受力最大是在截面 1-1 处,受力为 N。截面 2-2 处受力已减小为 $5N/8$,因已有 $3N/8$ 的力通过第一列 3 个螺栓传给了拼接板。截面 3-3 处受力最小,其值为 $3N/8$。截面 3-3 右侧,其内力为零。拼接板中的受力情况刚好相反,在截面 3-3 处受力最大,其值为 N,截面 2-2 处为 $5N/8$,截面 1-1 处最小,为 $3N/8$,截面 1-1 右侧其内力为零。了解了这些以后,就可以看出应验算钢板净截面抗拉强度的所在。在截面 1-1 处,钢板受力最大,截面上有 3 个螺栓孔,其净面积为最小,即:

$$A_{n1} = (b - 3d_0)t = (220 - 3 \times 21.5) \times 16 = 2488(mm^2)$$

净截面平均拉应力为：

$$\sigma = \frac{N}{A_{n1}} = \frac{535 \times 10^3}{2488} = 215.0 \, (\text{N/mm}^2)，刚好等于 f = 215 (\text{N/mm}^2)，通过验算。$$

在截面 2-2 处，内力较截面 1-1 处小，钢板上只有两个螺栓孔，因此不需验算。

因拼接板的截面积与钢板的截面积完全相同，故在验算了钢板的抗拉强度后，拼接板的强度就不必再验算。

（4）验算拼接板四角处有无块状拉剪破坏的危险。图 4-4a）中有阴影的部分为被拉剪板块，ab 线为拉断线，bc 线为剪切线，一律用净长度。因而得每一板块被抗剪破坏所需之力为：

$$N_1 = (45 + 2 \times 65 - 2.5 \times 21.5) \times 8 \times 125 \times 10^{-3} + (35 - 0.5 \times 21.5) \times 8 \times 215 \times 10^{-3} = 163 \, (\text{kN})$$

拼缝一侧上、下两块拼接板同时有 4 角拉剪破坏时所需轴向力为：

$$N = 4N_1 = 4 \times 163 = 652 \, (\text{kN}) > 535 \, (\text{kN})$$

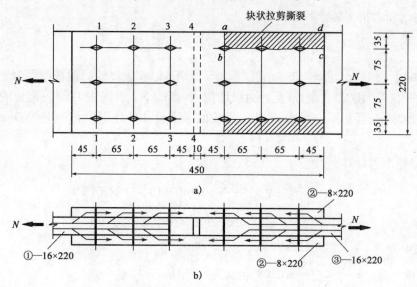

图 4-4 例题 4-1 钢板对接拼接

因而此处不会发生块状拉剪破坏。

由螺栓的排列得拼接板的长度为 $l = 450\text{mm}$。

第四节 高强螺栓连接的计算

一、高强螺栓的种类

根据受力特点高强螺栓分为摩擦型和承压型。

1. 摩擦型

只靠连接板件间的强大摩擦阻力传力，以摩擦阻力被克服作为连接承载力的极限强度。为了产生更大摩擦力，应采用高强度及材料优质碳素钢制成。

2. 承压型

靠被连接板件间的摩擦力和栓杆共同传力，以栓杆被剪坏或被压（承压）坏为承载力极限。

二、摩擦型高强螺栓的工艺

1. 预拉力

高强度螺栓摩擦型连接主要是依靠拧紧螺母使螺杆中产生较高的预拉力,从而使连接处的板叠间产生较高的预压力,而后依靠板件间的摩擦力传递荷载,并以摩擦力将要被克服时作为连接的承载能力极限状态。因此,如何保证螺栓中具有设计要求的预拉力是保证质量的关键,其次,必须使板件在连接部分有很好的接触和有较高的摩擦系数。

螺栓中的预拉力即是靠拧紧螺母产生的,如何控制拧紧螺母的程度是施工中要认真对待的问题。高强度螺栓的安装应按一定程序施行,宜由螺栓群中央顺序向外拧紧,并应在当天终拧完毕。高强度螺栓的拧紧必须分初拧和终拧两步。初拧的目的是消除板叠间的初始变形。终拧是使螺栓产生设计要求的预拉力,其大小与施加的扭矩成正比。

为了保证通过摩擦力传递剪力,对高强度螺栓的预拉力 P 的准确控制非常重要。针对不同类型的高强度螺栓,其预拉力的建立方法不尽相同。

(1)大六角头螺栓的预拉力控制方法。

①力矩法。一般采用指针式扭力(测力)扳手或预置式扭力(定力)扳手。目前用得最多的是电动扭矩扳手。力矩法是通过控制拧紧力矩来实现控制预拉力。拧紧力矩可由试验确定,应使施工时控制的预拉力为设计预拉力的 1.1 倍。当采用电动扭矩扳手时,所需要的施工扭矩 T_f 为:

$$T_f = kP_f d \tag{4-6}$$

式中:P_f——施工预拉力,为设计预拉力的 1/0.9 倍;

k——扭矩系数平均值,由供货厂方给定,施工前复验;

d——高强度螺栓直径。

为了克服板件和垫圈等的变形,基本消除板件之间的间隙,使拧紧力矩系数有较好的线性度,从而提高施工控制预拉力值的准确度,在安装大六角头高强度螺栓时,应先按拧紧力矩的 50% 进行初拧,然后按 100% 拧紧力矩进行终拧。对于大型节点,在初拧之后,还应按初拧力矩进行复拧,然后再行终拧。

力矩法的优点是较简单、易实施、费用少,但由于连接件和被连接件的表面和拧紧速度的差异,测得的预拉力值误差大且分散,一般误差为 ±25%。

②转角法。先用普通扳手进行初拧,使被连接板件相互紧密贴合,再以初拧位置为起点,按终拧角度,用长扳手或风动扳手旋转螺母,拧至该角度值时,螺栓的拉力即达到施工控制预拉力。

(2)扭剪型高强度螺栓是我国 20 世纪 60 年代开始研制,80 年代制定出标准的连接件之一。它具有强度高、安装简单和质量易于保证、可以单面拧紧、对操作人员没有特殊要求等优点。扭剪型高强度螺栓如图 4-5 所示,螺栓头为盘头,螺纹段端部有一个承受拧紧反力矩的十二角体和一个能在规定力矩下剪断的断颈槽。

扭剪型高强度螺栓连接副的安装需用特制的电动扳手,该扳手有两个套头,一个套在螺母六角

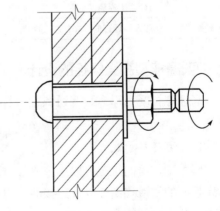

图 4-5 高强度螺栓

体上,另一个套在螺栓的十二角体上。拧紧时,对螺母施加顺时针力矩,对螺栓十二角体施加大小相等的逆时针力矩,使螺栓断颈部分承受扭剪,其初拧力矩为拧紧力矩的50%,复拧力矩等于初拧力矩,终拧至断颈剪断为止,安装结束,相应的安装力矩即为拧紧力矩。安装后一般不拆卸。

2. 预拉力值的确定

高强度螺栓的预拉力设计值 P 由下式计算得到:

$$P = \frac{0.9 \times 0.9 \times 0.9}{1.2} A_e f_u \tag{4-7}$$

式中:A_e——螺栓的有效截面面积;

f_u——螺栓材料经热处理后的最低抗拉强度。对于 8.8 级螺栓,$f_u = 830 \text{N/mm}^2$;对于 10.9 级螺栓,$f_u = 1040 \text{N/mm}^2$。

各种规格高强度螺栓预拉力的取值见表 4-2。

一个高强度螺栓的预拉力设计值(kN)　　　　表 4-2

螺栓的性能等级	螺栓公称直径(mm)					
	M16	M20	M22	M24	M27	M30
8.8 级	80	125	155	180	230	285
10.9 级	100	155	190	225	290	355

三、摩擦面处理

高强度螺栓摩擦面抗滑移系数的大小与连接处构件接触面的处理方法和构件的钢号有关。试验表明,此系数值有随连接构件接触面间的压紧力减小而降低的现象。

我国《设计规范》推荐采用的接触面处理方法有:喷砂、喷砂后涂无机富锌漆、喷砂后生赤锈和钢丝刷消除浮锈或对干净轧制表面不作处理等,各种处理方法相应的 μ 值详见表 4-3。

摩擦面的抗滑移系数 μ 值　　　　表 4-3

在连接处构件接触面的处理方法	构件的钢号		
	Q235 钢	Q345、Q230 钢	Q420 钢
喷砂	0.45	0.50	0.50
喷砂后涂无机富锌漆	0.35	0.40	0.40
喷砂后生赤锈	0.45	0.50	0.50
钢丝刷清除浮锈或未经处理的干净轧制表面	0.30	0.35	0.40

四、摩擦型高强螺栓的设计

高强螺栓受力形态跟普通螺栓一样分为:①受剪连接;②受拉连接;③同时受剪和受拉连接。

1. 受剪连接承载力

摩擦型连接的承载力取决于构件接触面的摩擦力,而此摩擦力的大小与螺栓所受预拉力和摩擦面的抗滑移系数以及连接的传力摩擦面数有关。因此,一个摩擦型连接高强度螺栓的受剪承载力设计值为:

$$N_{v}^{b} = 0.9n_{f}\mu P \tag{4-8}$$

式中:0.9——抗力分项系数 γ_{R} 的倒数,即取 $\gamma_{R} = 1/0.9 = 1.111$;

n_{f}——传力摩擦面数目:单剪时,$n_{f} = 1$;双剪时,$n_{f} = 2$;

P——一个高强度螺栓的设计预拉力;

μ——摩擦面抗滑移系数。

试验证明,低温对摩擦型高强度螺栓抗剪承载力无明显影响,但当温度 $t = 100 \sim 150℃$ 时,螺栓的预拉力将产生温度损失,故应将摩擦型高强度螺栓的抗剪承载力设计值降低 10%;当 $t > 150℃$ 时,应采取隔热措施,以使连接温度在 150℃ 或 100℃ 以下。

2. 受拉连接承载力

为提高强度螺栓连接在承受拉力作用时,能使被连接板间保持一定的压紧力,规范规定在杆轴方向承受拉力的高强度螺栓摩擦型连接中,单个高强度螺栓受拉承载力设计值为:

$$N_{t}^{b} = 0.8P \tag{4-9}$$

但承压型连接的高强度螺栓,N_{t}^{b} 应却按普通螺栓的公式计算(但强度设计取值不同)。

3. 同时承受剪力和拉力连接的承载力

当螺栓所受外拉力 $N_{t} \leqslant P$ 时,虽然螺杆中的预拉力 P 基本不变,但板层间压力将减少到 $P - N_{t}$。试验研究表明,这时接触面的抗滑移系数 μ 值也有所降低,而且 μ 值随 N_{t} 的增大而减小,试验结果表明,外加剪力 N_{v} 和拉力 N_{t} 与高强螺栓的受拉、受剪承载力设计值之间具有线性相关关系,故《钢结构设计规范》(GB 50017—2003)规定,当高强度螺栓摩擦型连接同时承受摩擦面间的剪力和螺栓杆轴方向的外拉力时,其承载力应按下式计算:

$$\frac{N_{v}}{N_{v}^{b}} + \frac{N_{t}}{N_{t}^{b}} \leqslant 1 \tag{4-10}$$

式中:N_{v}、N_{t}——某个高强度螺栓所承受的剪力和拉力设计值;

N_{v}^{b}、N_{t}^{b}——一个高强度螺栓的受剪、受拉承载力设计值。

[例题 4-2]　图 4-6 所示为一高强度螺栓摩擦型连接,钢板尺寸如图示,钢材为 Q235B,8.8 级 M20 螺栓,螺栓孔径 $d_{0} = 21.5mm$。摩擦面为喷丸后生赤锈,承受永久荷载标准值 $P_{Gk} = 35kN$,可变荷载标准值 $P_{Qk} = 210kN$。设计此螺栓连接。

解　查表 4-3 得抗滑移系数 $\mu = 0.45$

一个螺栓的预拉力 $P = 125kN$

(1)一个螺栓的抗剪承载力设计值为:

$N_{v}^{b} = 0.9n_{f}\mu P = 0.9 \times 2 \times 0.45 \times 125 = 101.3(kN)$

承受的轴心荷载设计值为:

$N = 1.2 \times 35 + 1.4 \times 210 = 336(kN)$

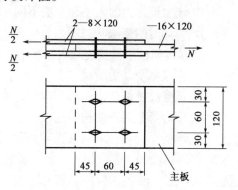

图 4-6　高强度螺栓抗剪连接(尺寸单位:mm)

式中,1.2 和 1.4 分别为永久荷载和可变荷载的分项系数。

需要的高强度螺栓的数目为 $n = \dfrac{N}{N_{v}^{b}} = \dfrac{336}{101.3} = 3.32$ 因此,采用 $n = 4$

(2)排列螺栓如图 4-6 所示,取边距为 $1.5d_{0} \approx 30mm$,螺栓距 $3d_{0} \approx 60mm$,端距 $2d_{0} \approx 45mm$。

因两盖板厚度之和与主板厚度相等,故只需验算主板的强度:

净截面积:$A_n = A - 2d_0 t = 12 \times 1.6 - 2 \times 2.15 \times 1.6 = 12.32(\text{cm}^2)$

$$n = 4, n_1 = 2$$

净截面强度为:

$$\sigma = \left(1 - 0.5\frac{n_1}{n}\right)\frac{N}{A_n} = \left(1 - 0.5 \times \frac{2}{4}\right) \times \frac{336 \times 10^3}{12.32 \times 10^2} = 204.5(\text{N/mm}^2) < f = 215(\text{N/mm}^2)$$

可行。

毛截面强度为:

$$\sigma = \frac{N}{A} = \frac{336 \times 10^3}{120 \times 16} = 175(\text{N/mm}^2) < f,\text{则可行。}$$

习　题

一、填空题

1.普通螺栓的受剪螺栓其破坏形式有:冲剪破坏、栓杆受弯破坏、_____、_____和_____。为避免连接板_____破坏,构造上应采取限制端距$\geq 2d_0$的措施;为避免栓杆受弯破坏,构造上应采取_____措施;其他破坏形式是通过计算来保证的。

2.螺栓连接中,规定螺栓最小容许距离的理由是_____;规定螺栓最大容许距离的理由是_____。

3.粗制螺栓与精制螺栓的差别是精制螺栓的制造精度要_____于粗制螺栓,粗制螺栓一般只承受_____,而精制螺栓既能_____又能_____。

二、选择题

1.高强度螺栓摩擦型连接与承压型连接的主要区别是_____。

　　A.板件接触面的处理方式不同

　　B.所采用的材料不同

　　C.施加预拉力的大小和方法不同

　　D.破坏时的极限状态不同

2.高强度螺栓承压型连接可用于_____。

　　A.直接承受动力荷载

　　B.承受反复荷载作用的结构的连接

　　C.冷弯薄壁型钢结构的连接

　　D.承受净力荷载或间接受动力荷载结构的连接

3.普通螺栓和高强度螺栓承压型受剪连接的五种可能破坏形式是:①螺栓剪断;②孔壁承压破坏;③板件拉断;④板件端部剪坏;⑤螺栓弯曲变形。其中_____种形式是通过计算来保证的。

　　A.①,②,③　　　　B.①,②,④　　　　C.①,②,⑤　　　　D.④,⑤

4.普通粗制螺栓和普通精制螺栓在受剪设计强度上取值有差别,其原因在于_____。

　　A.螺栓所用的材料不同

　　B.所连接的钢材的强度不同

　　C.所受的荷载形式不同

D. 螺栓制作过程和螺栓孔加工要求不同

5. 采用螺栓连接时,栓杆发生剪断破坏是因为_____。

 A. 栓杆较细   B. 钢板较薄

 C. 截面削弱过多   D. 边距或栓距太大

6. 采用螺栓连接时,被连接板件发生冲减破坏时因为_____。

 A. 栓杆较粗   B. 钢板较薄

 C. 截面削弱过多   D. 端距太小

7. 有一高强度螺栓为 8.8 级,则该螺栓材料的屈服强度为_____。

 A. $640N/mm^2$ B. $700N/mm^2$

 C. $600N/mm^2$ D. $760N/mm^2$

8. 图 4-7 所示为粗制螺栓连接,单个螺栓的承压承载力设计值 $N_c^b = d\sum t$,其中 $\sum t$ 为_____。

 A. $a + c + e$

 B. $b + d$

 C. $\max(a + c + e, b + d)$

 D. $\min(a + c + e, b + d)$

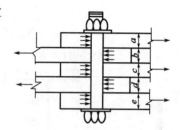

9. 受剪螺栓连接在破坏时,若栓杆粗而连接板较薄时,易发生_____。

 A. 栓杆受弯破坏   B. 构件挤压破坏

 C. 构件受拉破坏   D. 构件冲剪破坏

图 4-7 单个粗制螺栓连接

三、判断题

高强度螺栓摩擦型连接在杆轴方向受拉时的计算与摩擦面处理方法无关。(   )

四、计算题

1. 某构件采用 2 $\angle 180 \times 110 \times 12$,长肢并拢,角钢采用 Q235 钢,其受拉强度设计值 $f = 215N/mm^2$,承受轴心拉力设计值 1000kN,杆端用 C 级 M20 普通螺栓连接,如图 4-8 所示,螺栓直径 $d_0 = 20mm$,孔径 $d_0 = 21.5mm$,C 级螺栓受剪强度设计值 $f_v^b = 140N/mm^2$,C 级螺栓承压强度设计值 $f_c^b = 305N/mm^2$。试设计该螺栓连接。

2. 两块 Q235A 钢的钢板截面,一块为 -18×200,另一块为 -12×200,用上下两块截面为 -10×200 的拼接板拼接,如图 4-9 所示。C 级螺栓,直径 $d = 20mm$,孔径 $d_0 = 21.5mm$,螺栓受剪强度设计值 $f_v^b = 140N/mm^2$,螺栓承压强度设计值 $f_c^b = 305N/mm^2$。承受静力荷载设计值 $N = 350kN$。试设计此螺栓连接。

3. 图 4-10 所示两块钢板 $2—18 \times 260$ 采用双盖板拼接连接,构件钢材为 Q345 钢,$f = 295N/mm^2$,承受的轴心拉力设计值 $N = 600kN$。试分别按下列情况验算此连接是否安全。

(1) 连接为 C 级普通螺栓的临时性连接,螺栓直径 $d = 20mm$,孔径 $d_0 = 21.5mm$,螺栓受剪强度设计值 $f_v^b = 140N/mm^2$,螺栓承压强度设计值 $f_c^b = 305N/mm^2$。

(2) 连接为 10.9 级摩擦型高强度螺栓 M16 连接,孔径 $d_0 = 17.5mm$,螺栓的预拉力值为 100kN,抗滑移系数为 0.5。

(3) 连接为 10.9 级承压型高强度螺栓 M16 连接,有效直径 $d_e = 14.1236mm$,孔径 $d_0 = 17.5mm$,螺栓受剪强度设计值 $f_v^b = 310N/mm^2$,螺栓承压强度设计值 $f_c^b = 590N/mm^2$。

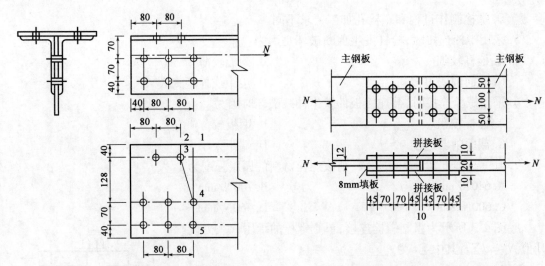

图 4-8　螺栓连接构件示意图(尺寸单位:mm)　　　　图 4-9　钢板螺栓连接示意图(尺寸单位:mm)

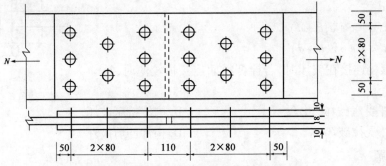

图 4-10　双盖板拼接连接示意图(尺寸单位:mm)

4. 两轴心受拉的钢板对接如图 4-11 所示。钢板截面各为—16 × 220,连接盖板截面为
2—8 × 220。用直径 $d = 20$mm(螺栓孔直径 $d_0 = 20.5$mm)的 A 级普通螺栓连接,螺栓性能等级
为 5.6 级,钢材为 Q235AF。承受轴心拉力标准值 $N_k = 560$kN,其中永久荷载为 10%,可变荷
载为 90%。试求所需螺栓的最少数目并进行排列,计算连接盖板的最短长度和此螺栓接头最
危险截面处的强度。

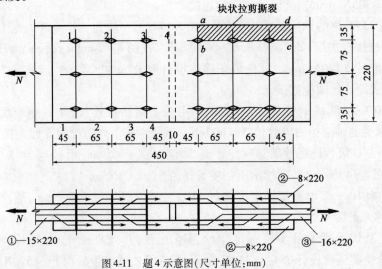

图 4-11　题 4 示意图(尺寸单位:mm)

5.某轴心拉杆,截面为2∠70×5,用普通 C 级螺栓连接于节点板的两侧。节点板厚12mm,螺栓为 M20,孔径21.5mm,钢材为 Q235 钢。螺栓排列如图 4-12 所示。试求此节点连接能承受的轴心拉力设计值,此值由何条件控制? 设节点板强度足够。

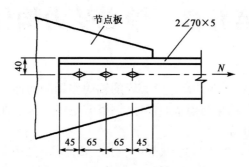

图 4-12　题 5 示意图(尺寸单位:mm)

第五章 轴心受力构件

轴心构件是指只承受通过构件截面形心线的轴向作用的构件。目前,轴心受力构件广泛应用于各种钢结构之中,如网架与桁架的杆件、钢塔的主体结构构件、双跨轻钢厂房的铰接中柱、带支撑体系的钢平台柱等。

本章重点讲述轴心受力构件的类型、强度、刚度、整体稳定性和局部稳定性的计算,阐述实腹式、格构式柱的设计原理和设计方法以及柱头、柱脚的构造措施等。

第一节 轴心受力构件的类型

一、轴心受力构件的种类

由构件所承受轴向作用的形式可分为两类:轴向作用为拉力时,称为轴心受拉构件(或称轴心拉杆);轴向作用为压力时,称为轴心受压构件(或称轴心压杆)。轴心受拉构件常用于桁架拉杆、网架、塔架(二力杆)等中;轴心受压常用于桁架压杆、工作平台柱、各种结构柱等中。轴心受压构件的应用见图 5-1 所示,"+"表示拉杆,"−"表示压杆。

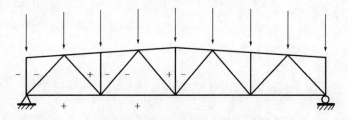

图 5-1 轴心受力构件的应用

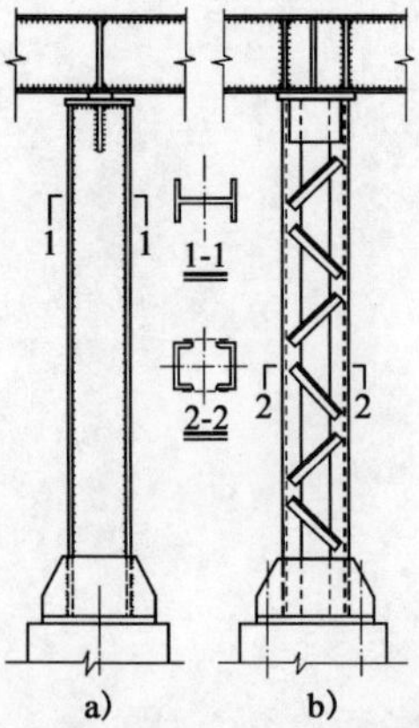

根据轴心受力构件截面形式可分为实腹式构件和格构式构件两类,如图 5-2 所示。

实腹式构件具有整体连通的截面,构造简单,制作方便,可采用热轧型钢、冷弯薄壁型钢制成,或用型钢和钢板组合而成,如图 5-2a)所示。格构式构件一般由两个或多个分肢用缀材相连而成(缀材分缀条和缀板两类),格构式构件抗扭刚度大,容易实现两主轴方向稳定承载力相等,经济型较好,如图 5-2b)所示。

二、常见截面形式

图 5-2 轴心受力构件分类(按截面形式)
a)实腹式柱;b)格构式柱

轴心受力构件的截面形式具有多种形式。对于轴心受力构件的截面选择,应遵循以下三点原则:

（1）安全性要求。构件的截面类型应要满足强度、刚度和稳定性等要求。

（2）制作和安装施工要求。构件截面的形状宜简单，便于制作和安装施工。

（3）经济性要求。构件截面应在满足安全性要求的基础上，使该构件更具经济性。

轴心受力构件的常用截面形式如图 5-3 所示。

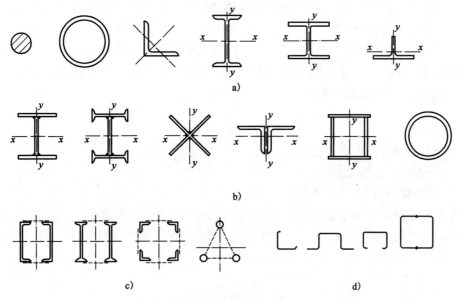

图 5-3　轴心受力构件的截面形式

a)热轧型钢截面;b)实腹式组合截面;c)格构式组合截面;d)冷弯薄壁型钢截面

图 5-3a)所示的为热轧型钢截面,该类截面制作工作量最少。圆钢因截面回转半径小,只宜作拉杆;钢管常在网架中用作以球节点相连的杆件,也可用作桁架杆件,不论是用作拉杆或压杆,都具有较大的优越性,但其价格较其他型钢略高;单角钢截面两主轴与角钢边不平行,如用角钢边与其他构件相连,不易做到轴心受力,因而常用于次要构件或受力不大的拉杆;轧制普通工字钢因两主轴方向的惯性矩相差较大,对其较难做到等刚度,除非沿其强轴 x 方向设置中间侧向支点;热轧 H 型钢由于翼缘宽度较大,且为等厚度,常用作柱截面,可节省制造工作量;热轧剖分 T 型钢可用作桁架的弦杆,可节省连接用的节点板。

在实际工程中应用最多的是图 5-3b)所示的利用型钢或钢板焊接而成的实腹式组合截面。当受压构件的荷载不太大而长度较长时,为了加大截面的回转半径,可采用如图 5-3c)所示的利用轧制型钢由缀件相连而成的格构式组合截面。

在冷弯薄壁型钢中,常用作轴心受力构件截面的形式如图 5-3d)所示,其设计应按《冷弯薄壁型钢结构技术规范》(GB 50018—2002)进行,本章中因限于篇幅,对此不作专门介绍。

第二节　轴心受力构件的设计

轴心受力构件的设计需要满足钢结构设计两种极限状态的要求。对承载能力极限状态,轴心受压构件和一般拉弯构件只有强度问题,而轴心受压构件、压弯构件和弯矩很大、拉力很小、截面一部分为受压的拉弯构件,则同时有强度和稳定问题;对正常使用极限状态,每类构件都有刚度方面的要求,本章各节将会较全面地分别加以介绍。

一、轴心受力构件的强度

从钢材的应力-应变关系可知,不管是轴心受拉构件还是轴心受压构件,当其截面平均应力达到钢材的抗拉强度f_u时,构件达到强度极限承载力。但当构件的平均应力达到钢材的屈服强度f_y时,由于构件塑性变形的发展,将使构件的变形过大以致达到不适于继续承载的状态。因此,轴心受力构件是以截面的平均应力达到钢材的屈服强度作为强度计算准则的。对无孔洞等削弱的轴心受力构件,以全截面平均应力达到屈服强度为强度极限状态,应按下式进行毛截面强度计算,见公式(5-1a)。

$$\sigma = \frac{N}{A} \leqslant f \tag{5-1a}$$

式中:N——轴心拉力或轴心压力;

A——构件的毛截面面积;

f——钢材的抗拉或抗压强度设计值。

对有孔洞等削弱的轴心受力构件,在孔洞处截面上的应力分布是不均匀的,靠近孔边处将产生应力集中现象。对于有孔洞削弱的轴心受力构件,以其净截面的平均应力达到屈服强度为强度极限状态,应按式(5-1b)进行净截面强度计算。

$$\sigma = \frac{N}{A_n} \leqslant f \tag{5-1b}$$

式中:N——轴心拉力或轴心压力;

A_n——构件的净截面面积;

f——钢材的抗拉或抗压强度设计值。

二、轴心受力构件的刚度计算

按正常使用极限状态的要求,轴心受力构件均应具有一定的刚度。轴心受力构件的刚度通常用长细比来衡量,长细比愈小,表示构件刚度愈大,反之则刚度愈小。轴心受力构件如果过分细长,则在制造、运输和安装时很易弯曲变形,当构件不是处于竖向位置时,其自重也常可使构件产生较大的挠度,对承受动力荷载的构件还将产生较大的振幅。因此,设计时应对轴心受力构件的长细比进行控制。

构件的容许长细比$[\lambda]$,是按构件的受力性质、构件类别和荷载性质确定的。对于受压构件,长细比更为重要。受压构件因刚度不足,一旦发生弯曲变形,因变形而增加的附加弯矩影响远比受拉构件严重,长细比过大,会使稳定承载力降低太多,因而其容许长细比$[\lambda]$限制应更严;直接承受动力荷载的受拉构件也比承受静力荷载或间接承受动力荷载的受拉构件不利,其容许长细比$[\lambda]$限制也较严;构件的容许长细比$[\lambda]$见附表1-15、附表1-16,刚度验算按公式(5-2)进行。

$$\lambda_{max} = \left(\frac{l_0}{i} \right)_{max} \leqslant [\lambda] \tag{5-2}$$

式中:λ_{max}——构件最不利方向的长细比;

l_0——构件的计算长度或称有效长度;

i——构件截面的回转半径,$i = \sqrt{I/A}$;

[λ]——构件容许长细比。

三、轴心受压构件的整体稳定性

轴心受压构件除了粗短杆或截面有较大削弱的杆有可能因截面平均应力达到 f_y 而丧失强度承载力而破坏外,在一般情况均是以整体稳定承载能力为决定性因素。

无缺陷的轴心受压构件,当轴心压力 N 较小时,构件只产生轴向压缩变形,保持直线平衡状态。此时如有干扰力使构件产生微小弯曲,则当干扰力移去后,构件将恢复到原来的直线平衡状态,这种直线平衡状态下构件的外力和内力间的平衡是稳定的。当轴心压力 N 逐渐增加到一定大小,如有干扰力使构件发生微弯,但当干扰力移去后,构件仍保持微弯状态而不能恢复到原来的直线平衡状态,这种从直线平衡状态过渡到微弯曲平衡状态的现象称为平衡状态的分枝,此时构件的外力和内力间的平衡是随遇的,称为随遇平衡或中性平衡。如轴心压力 N 再稍微增加,则弯曲变形迅速增大而使构件丧失承载能力,这种现象称为构件的弯曲屈曲或弯曲失稳,如图 5-4a)所示。中性平衡是从稳定平衡过渡到不稳定平衡的临界状态,中性平衡时

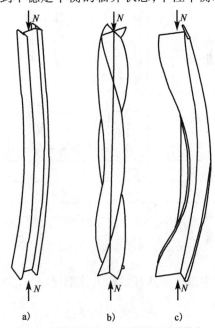

的轴心压力称为临界力 N_{cr},相应的截面应力称为临界应力 σ_{cr};σ_{cr} 常低于钢材屈服强度 f_y,即构件在到达强度极限状态前就会丧失整体稳定。无缺陷的轴心受压构件发生弯曲屈曲时,构件的变形发生了性质上的变化,即构件由直线形式改变为弯曲形式,且这种变化带有突然性。结构丧失稳定时,如平衡形式发生改变的,称为丧失了第一类稳定性或称为平衡分枝失稳。除丧失第一类稳定性外,还有第二类稳定性问题,丧失第二类稳定性的特征是结构丧失稳定时其弯曲平衡形式不发生改变,只是由于结构原来的弯曲变形增大将不能正常工作,丧失第二类稳定性也称为极值点失稳。

对某些抗扭刚度较差的轴心受压构件(如十字形截面),当轴心压力 N 达到临界值时,稳定平衡状态不再保持而发生微扭转。当 N 再稍微增加,则扭转变形迅速增大而使构件丧失承载能力,这种现象称为扭转屈曲或扭转失稳,如图 5-4b)所示。

图 5-4　两端铰接轴心受压构件的屈曲状态
a)弯曲屈曲;b)扭转屈曲;c)弯扭屈曲

截面为单轴对称(如 T 形截面)的轴心受压构件绕对称轴失稳时,由于截面形心与截面剪切中心(或称扭转中心与弯曲中心,即构件弯曲时截面剪应力合力作用点通过的位置)不重合,在发生弯曲变形的同时必然伴随有扭转变形,故称为弯扭屈曲或弯扭失稳,如图 5-4c)所示。同理,截面没有对称轴的轴心受压构件,其屈曲形态也属弯扭屈曲。

1. 理想轴心受压构件的弹性弯曲屈曲

欧拉(Euler)早在 18 世纪就对轴心压杆的整体稳定问题进行了研究,采用的是"理想压杆模型",即假定杆件是等截面直杆,压力的作用线与截面的形心纵轴重合,材料是完全均匀和弹性的。对两端铰支的理想轴心受压构件进行分析,并得到了著名的欧拉公式(5-3)。

$$N_{cr} = \frac{\pi^2 EI}{l^2}$$ (5-3)

式中：N_{cr}——欧拉临界荷载，常记作 N_E。

      E——材料的弹性模量；

      I——构件截面惯性矩；

      l——构件长度。

当轴心压力 $N < N_E$ 时，压杆维持直线平衡，不发生弯曲；当 $N = N_E$ 时，压杆发生弯曲并处于曲线平衡状态，压杆发生屈曲，也称压杆处于临界状态。

当构件两端不是铰支而是其他情况时，可以用 $l_0 = \mu l$ 代替式(5-3)中的 l。各种支承情况时的 μ 值如表 5-1 所示，表中分别列出理论值和建议取值，后者是考虑到实际支承与理想支承有所不同而作的修正。l_0 称为计算长度，μ 称为计算长度系数。

不同端部约束条件下轴心受压构件(柱)的计算长度系数 μ   表 5-1

端部约束条件	两端铰支	一端铰支一端嵌固	两端嵌固	悬臂柱	一端铰支，另一端不能转动但能侧移	一端嵌固，另一端不能转动但能侧移
理论值	1.0	0.7	0.5	2.0	2.0	1.0
建议取值	1.0	0.8	0.65	2.1	2.0	1.2

当用平均应力表示时，可写成临界应力为：

$$\sigma_{cr} = \frac{\pi^2 E}{\lambda^2} \tag{5-4}$$

式中：λ——压杆的最大长细比，$\lambda = l_0 / i$；

    i——截面的回转半径，$i = \sqrt{\dfrac{I}{A}}$，A 为压杆的截面面积。

2. 轴心受压构件整体稳定性的影响因素

实际的轴心受压构件必然存在一定的缺陷，这些因素将影响构件的整体稳定承载力，轴心受压构件的缺陷有以下四种。

(1)残余应力。残余应力是构件在还未承受荷载之前就已存在于构件中的自相平衡的初始应力。残余应力对构件的稳定性有较大的影响。残余应力提前使轴心受压构件进入弹塑性工作，还降低稳定临界力。

(2)初弯曲。实际的轴心受压构件在加工制作、运输及安装过程中，构件不可避免地会存在微小弯曲，称为初弯曲。初弯曲对短柱的影响较小，但对长柱的影响则较大。

(3)荷载的偶然偏心。由于构造上的原因和构件截面尺寸的变异等，作用在构件杆端的轴心压力不可避免地会偏离截面形心而形成初偏心。实际压杆中，初偏心常不大。对中等长度的受压构件，其影响不及初弯曲的影响大。

(4)构件的某些支座的约束程度可能比理想支承偏小。实际结构中的轴心受压构件的支座,往往难以达到计算简图中理想支座的约束状态。

3. 轴心受压构件的整体稳定计算

《钢结构设计规范》(GB 50017—2003)规定的轴心受压构件整体稳定性的计算,见公式(5-5)。

$$\frac{N}{\varphi A} \leqslant f \tag{5-5}$$

式中:φ——轴心受压构件的稳定系数,可根据附表1-7、附表1-8的截面分类和构件的长细比按附表1-16至附表1-19取值;

N——构件所受的轴心压力设计值;

A——构件的毛截面面积;

f——钢材抗拉屈服强度设计值。

4. 构件的长细比 λ 计算

(1)当截面为双轴对称或者极轴对称的构件时,构件长细比 λ 按照下列规定计算。

$$\lambda_x = \frac{l_{0x}}{i_x} \tag{5-6}$$

$$\lambda_y = \frac{l_{0y}}{i_y} \tag{5-7}$$

式中:l_{0x}、l_{0y}——构件对主轴 x 轴和 y 轴的计算长度;

i_x、i_y——构件对主轴 x 轴和 y 轴的回转半径。

(2)截面为单轴对称的构件,绕非对称轴的长细比 λ_x 仍按式(5-6)计算,但绕对称轴应取计及扭转效应的换算长细比 λ_{yz} 代替 λ_y,λ_{yz} 按式(5-8)进行计算。

$$\lambda_{yz} = \frac{1}{\sqrt{2}} \left[(\lambda_y^2 + \lambda_z^2) + \sqrt{(\lambda_y^2 + \lambda_z^2)^2 - 4\left(1 - \frac{e_0^2}{i_0^2}\right)\lambda_y^2 \lambda_z^2} \right]^{\frac{1}{2}} \tag{5-8}$$

$$\lambda_z = \sqrt{\frac{A i_0^2}{\dfrac{I_w}{l_w} + \dfrac{I_t}{25.7}}}$$

式中:λ_{yz}——弯矩屈曲换算长细比;

e_0——截面形心至剪心距离;

i_0——截面对剪心的极回转半径,$i_0^2 = e_0^2 + i_x^2 + i_y^2$;

λ_y——对称轴的弯曲屈曲长细比;

λ_z——扭转屈曲换算长细比。

(3)当构件是角钢组成的单轴对称截面构件时,构件长细比 λ 按照下列规定计算。

①等边单角钢截面,如图5-5a)所示。

当 $b/t \leqslant 0.54 l_{0y}/b$ 时

$$\lambda_{yz} = \lambda_y \left(1 + \frac{0.85 b^4}{l_{0y}^2 t^2}\right) \tag{5-9a}$$

当 $b/t > 0.54 l_{0y}/b$ 时

$$\lambda_{yz} = 4.78 \frac{b}{t}\left(1 + \frac{l_{0y}^2 t^2}{18.6 b^4}\right) \tag{5-9b}$$

式中:b——角钢肢宽度;

t——角钢肢厚度。

②等边双角钢截面,如图 5-5b)所示。

当 $b/t \leqslant 0.58 l_{0y}/b$ 时

$$\lambda_{yz} = \lambda_y \left(1 + \frac{0.475b^4}{l_{0y}^2 t^2}\right) \tag{5-10a}$$

当 $b/t > 0.58 l_{0y}/b$ 时

$$\lambda_{yz} = 3.9 \frac{b}{t} \left(1 + \frac{l_{0y}^2 t^2}{18.6 b^4}\right) \tag{5-10b}$$

③长肢相并的不等边双角钢截面,如图 5-5c)所示。

当 $b_2/t \leqslant 0.48 l_{0y}/b_2$ 时

$$\lambda_{yz} = \lambda_y \left(1 + \frac{1.09 b_2^4}{l_{0y}^2 t^2}\right) \tag{5-11a}$$

当 $b_2/t > 0.48 l_{0y}/b_2$ 时

$$\lambda_{yz} = 5.1 \frac{b_2}{t} \left(1 + \frac{l_{0y}^2 t^2}{17.4 b_2^4}\right) \tag{5-11b}$$

④短肢相并的不等边双角钢截面,如图 5-5d)所示。

当 $b_1/t \leqslant 0.56 l_{0y}/b_1$ 时,可近似取 $\lambda_{yz} = \lambda_y$。否则应取:

$$\lambda_{yz} = 3.7 \frac{b_1}{t} \left(1 + \frac{l_{0y}^2 t^2}{52.7 b_1^4}\right) \tag{5-12}$$

⑤单轴对称的轴心压杆在绕非对称主轴以外的任一轴失稳时应按照弯扭屈曲计算其稳定性。当计算等边单角钢构件绕其平行轴,[如图 5-5e)的 u 轴]的稳定性时,可按式(5-13a)、式(5-13b)计算其换算长细比 λ_{uz},并按 b 类截面确定其 φ 值。

当 $b/t \leqslant 0.69 l_{0u}/b$ 时

$$\lambda_{uz} = \lambda_u \left(1 + \frac{0.25 b^4}{l_{0u}^2 t^2}\right) \tag{5-13a}$$

当 $b/t > 0.69 l_{0u}/b$ 时

$$\lambda_{uz} = 5.4 \frac{b}{t} \tag{5-13b}$$

式中:$\lambda_u = l_{0u}/i_u$;l_{0u} 为构件对 u 轴的计算长度,i_u 为构件截面对 u 轴的回转半径。

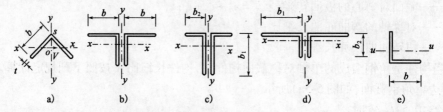

图 5-5 单角钢截面和双角钢 T 形组合截面

[**例题 5-1**] 某焊接组合工字形截面轴心受压构件的截面尺寸如图 5-6 所示,其所承受的轴心压力设计值(包括构件自重)$N = 2000$ kN,计算长度 $l_{oy} = 6$ m,$l_{ox} = 3$ m,翼缘钢板为火焰切割边,钢材为 Q345,截面无削弱。要求验算该轴心受压构件的整体稳定性是否满足设计要求,并计算整体稳定承载力。

解 1）截面及构件几何特性计算

$$A = 250 \times 12 \times 2 + 250 \times 8 = 8000(\text{mm}^2)$$

$$I_y = \frac{250 \times 2743 - 242 \times 2503}{12} = 1.1345 \times 108(\text{mm}^4)$$

$$I_x = \frac{12 \times 2503 \times 2 + 250 \times 83}{12} = 3.126 \times 107(\text{mm}^4)$$

$$i_y = \sqrt{\frac{I_y}{A}} = \sqrt{\frac{1.1345 \times 10^8}{8000}} = 119.1(\text{mm})$$

$$i_x = \sqrt{\frac{I_x}{A}} = \sqrt{\frac{3.126 \times 10^7}{8000}} = 62.5(\text{mm})$$

$$\lambda_y = \frac{l_{oy}}{i_y} = \frac{6000}{119.1} = 50.4 \quad \lambda_x = \frac{l_{ox}}{i_x} = \frac{3000}{62.5} = 48.0$$

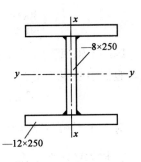

图5-6 焊接工字形截面

2）整体稳定性验算

查附表1-12，截面关于 x 轴和 y 轴都属于 b 类，$\lambda_y > \lambda_x$

$$\lambda_y \sqrt{\frac{f_y}{235}} = 50.4 \sqrt{\frac{345}{235}} = 61.1$$

查附表1-20 得 $\varphi = 0.8016$

$$\frac{N}{\varphi A} = \frac{2000 \times 10^3}{0.8016 \times 8000} = 311.9(\text{N/mm}^2) \approx f = 310(\text{N/mm}^2)$$

故整体稳定性满足要求。

3）整体稳定承载力计算

$$\varphi A f = 0.8016 \times 8000 \times 310 = 1988(\text{kN})$$

该轴心受压构件的整体稳定承载力为1988kN。

[例题5-2] 某焊接 T 形截面轴心受压构件截面尺寸如图5-7所示。其所承受轴心压力设计值（包括构件自重）$N = 2000\text{kN}$，计算长度 $l_{ox} = l_{oy} = 3\text{m}$，翼缘钢板为火焰切割边，钢材为Q345，截面无削弱。要求验算该轴心受压构件的整体稳定性。

解 1）截面及构件几何特性计算

$$A = 250 \times 24 + 250 \times 8 = 8000(\text{mm}^2)$$

$$x_c = \frac{250 \times 8 \times (125 + 12)}{8000} = 34.25(\text{mm})$$

$$I_x = \frac{2503 \times 24 + 250 \times 83}{12} = 3.126 \times 107(\text{mm}^4)$$

$$I_y = \frac{1}{12} \times 250 \times 24^3 + 250 \times 24 \times 34.25^2 + \frac{1}{12} \times 8 \times 250^3 +$$
$$250 \times 8 \times (125 - 22.25)^2 = 3.886 \times 10^7(\text{mm}^4)$$

$$i_y = \sqrt{\frac{I_y}{A}} = \sqrt{\frac{3.886 \times 10^7}{8000}} = 69.7(\text{mm})$$

$$i_x = \sqrt{\frac{I_x}{A}} = \sqrt{\frac{3.126 \times 10^7}{8000}} = 62.5(\text{mm})$$

$$\lambda_x = \frac{l_{ox}}{i_x} = \frac{3000}{62.5} = 48.0$$

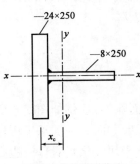

图5-7 焊接 T 形截面

$$\lambda_y = \frac{l_{oy}}{i_y} = \frac{3000}{69.7} = 43.0$$

因绕 x 轴属于弯扭失稳,必须按式(5-8)计算换算长细比 λ_{xz}。T 形截面的剪切中心在翼缘与腹板中心线的交点,$e_0 = x_c = 34.25\text{mm}$。

$$i_0^2 = i_x^2 + i_y^2 + e_0^2 = 6.25^2 + 6.97^2 + 3.425^2 = 9938(\text{mm}^2)$$

对于 T 形截面,$I_\omega = 0$ $I_t = \dfrac{250 \times 243 + 250 \times 83}{3} = 1.195 \times 106(\text{mm}^4)$

2)整体稳定性验算

$$\lambda_z = \sqrt{\frac{i_0^2 A}{\dfrac{I_t}{25.7} + \dfrac{I_\omega}{l_\omega^2}}} = \sqrt{\frac{99.38 \times 80}{\dfrac{119.5}{25.7} + 0}} = 41.35$$

由式(5-8)得:

$$\lambda_{xz} = \frac{1}{\sqrt{2}}\left[(\lambda_x^2 + \lambda_z^2) + \sqrt{(\lambda_x^2 + \lambda_z^2)^2 - 4\left(1 - \frac{e_0^2}{i_0^2}\right)\lambda_x^2\lambda_z^2}\right]^{\frac{1}{2}}$$

$$= \frac{1}{\sqrt{2}}\left[(48^2 + 41.35^2) + \sqrt{(48^2 + 41.35^2)^2 - 4\left(1 - \frac{3.425^2}{99.38}\right) \times 48^2 \times 41.35^2}\right]^{\frac{1}{2}} = 52.45$$

截面关于 x 轴 y 轴都属于 b 类,$\lambda_{xz} > \lambda_y, \lambda_{xz}\sqrt{f_y/235} = 52.45\sqrt{345/235} = 63.55$

查附表 1-20 得 $\varphi = 0.789$,

$$\frac{N}{\varphi A} = \frac{2000 \times 10^3}{0.789 \times 8000} = 316.9(\text{N/mm}^2) > f = 295(\text{N/mm}^2)$$

$$\frac{316.9 - 295}{295} \times 100\% = 7\% > 3\%$$

不满足整体稳定性要求。

3)整体稳定承载力计算

$$\varphi A f = 0.789 \times 8000 \times 295 = 1.862 \times 106\text{N} = 1862(\text{kN})$$

该轴心受压构件的整体稳定承载力为 1862kN。

讨论:对比例题 5-1 和例题 5-2 可以看出,例题 5-2 的截面只是把例题 5-1 的工字形截面的下翼缘并入上翼缘,因此这两种截面绕腹板轴线(x 轴)的惯性矩和长细比是一样的。例题 5-1 绕对称轴是弯曲失稳,其稳定承载力为 1988kN。而例题 5-2 的截面是 T 形截面,在绕对称轴失稳时属于弯扭失稳,其稳定承载力为 1862kN,比例题 5-1 降低约 6%。

四、轴心受压构件的局部稳定性

1. 概述

轴心受压构件的截面大多由若干矩形平面薄板所组成(圆管截面除外)。例如图 5-8 所示焊接或轧制工字形(H 形)截面;其腹板为一四边支承板,在构件高度方向分别支承于压杆的顶板和底板,沿其纵向则分别支承于两翼缘板;对翼缘板而言,可把半块翼缘板看作三边支承和一边自由的矩形薄板。在轴心受压构件中,这些组成板件分别受到沿纵向作用于板件中

70

面的均布压力,当压力大到一定程度,在构件尚未丧失整体稳定性以前,个别板件可能先不能保持其平面平衡状态而发生波形凸曲,丧失了稳定性。此时只是个别板件丧失稳定,而构件并未失去整体稳定性,因而个别板件先行失稳的现象就称为构件失去局部稳定性。

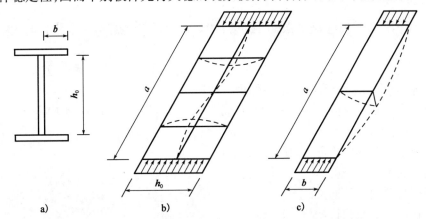

图 5-8　工字形(H 形)截面的腹板和翼缘板的局部失稳
a)工字形(H 形)截面;b)腹板(四边支撑板);c)半块翼缘板(三边支承一边自由)
a-腹板长度;b-翼缘自由端长度;h_0-腹板高度

目前,关于轴心受压构件的局部稳定性计算采用两种设计准则,一种是不允许出现局部失稳,即板件受到的压应力不超过局部失稳的临界应力;另一种是允许出现局部失稳,利用板件屈曲后强度,板件受到的压应力不超过板件发挥屈曲后强度的极限承载应力。

2. 轴心受压构件板件宽(高)厚比的限值

轧制型钢(工字钢、H 形钢、槽钢、T 形钢、角钢等)的翼缘和腹板一般都有较大厚度,宽(高)厚比相对较小,都能满足局部稳定要求,可不作验算。对焊接组合截面构件,一般采用限制板件宽(高)厚比办法来保证局部稳定。《钢结构设计规范》(GB 50017—2003)采用限制板件宽厚比的方法来进行局部稳定计算,详见表5-2。

轴心受压构件组成板件的容许宽厚比　　　　表 5-2

截面形式		容许宽(高)厚比	说　明
![工字形截面]	翼缘板外伸肢	$\dfrac{b}{t} \leq (10 + 0.1\lambda)\sqrt{\dfrac{235}{f_y}}$	式中的 λ 是构件两方向长细比的较大值;当 $\lambda < 30$ 时,取 $\lambda = 30$;当 $\lambda > 100$ 时,取 $\lambda = 100$,下均此
	腹板	$\dfrac{h_0}{t_w} \leq (25 + 0.5\lambda)\sqrt{\dfrac{235}{f_y}}$	
![箱形截面]	翼缘	$\dfrac{b_0}{t} \leq 40\sqrt{\dfrac{235}{f_y}}$	与长细比 λ 无关
	腹板	$\dfrac{h_0}{t_w} \leq 40\sqrt{\dfrac{235}{f_y}}$	
![T形截面]	翼缘板外伸肢	$\dfrac{b}{t} \leq (10 + 0.1\lambda)\sqrt{\dfrac{235}{f_y}}$	
	腹板	$\dfrac{h_0}{t_w} \leq (15 + 0.2\lambda)\sqrt{\dfrac{235}{f_y}}$	热轧剖分 T 形钢
		$\dfrac{h_0}{t_w} \leq (13 + 0.17\lambda)\sqrt{\dfrac{235}{f_y}}$	焊接 T 形钢

五、轴心受压构件的设计流程

1. 设计原则

轴心受压构件设计时应满足强度、刚度、整体稳定和局部稳定要求。设计时应考虑以下几个原则：

（1）截面面积分布尽量远离主轴线，即尽量加大截面轮廓尺寸而减小板厚，以增加截面的惯性矩和回转半径，从而提高构件的整体稳定性和刚度。

（2）使两个主轴的整体稳定承载力尽量接近，即两轴等稳定，可近似表示为 $\lambda_x = \lambda_y$，以取得较好的经济效果。

（3）尽量采用双轴对称截面，避免弯扭屈曲。

（4）构造简单，便于制作。

（5）便于与其他构件连接。

（6）选择可供应的钢材规格。

2. 设计步骤

在设计实腹式轴心受压构件，通常先按整体稳定要求初选截面尺寸，然后验算是否满足设计要求。如果不满足或截面构成不合理，则调整尺寸再进行验算，直至满意为止。

实腹式轴心受压型钢构件的具体设计步骤如下：

（1）假设构件的长细比 λ_0，稳定条件公式中，有两个未知量 φ 和 A，所以需先假设一个合适的长细比，从而得到 φ 值，才能求得需要的截面积 A，然后确定截面规格；

（2）所需绕两个主轴的回转半径，计算式为：

$$i_x = \frac{l_{0x}}{\lambda_x}, i_y = \frac{l_{0y}}{\lambda_y}$$

（3）初选截面规格尺寸，根据所需的 A、i_x、i_y 查型钢表（附录 2），可初选出截面规格；

（4）验算是否满足设计要求。若不满足，需调整截面规格，再验算，直至满足为止。

3. 截面选择

进行截面选择时应根据内力大小，两个方向的计算长度值以及制作加工量、材料供应等情况进行综合考虑。选择截面尺寸的主要条件是稳定条件。强度条件只有当截面为螺栓孔削弱较多时才有必要考虑。局部稳定性和刚度条件在选用截面时应同时加以注意；选用截面尺寸时，必须先假定一个合适的长细比，才能得到既能满足所需截面积和回转半径、同时又是截面积最小的截面尺寸。

热轧普通工字钢关于弱轴（y 轴）的回转半径比强轴（x 轴）要小得多，适用于计算长度 $l_{0x} \geqslant 3l_{0y}$ 的情况。热轧 H 型钢翼缘宽，腹板较薄，侧向刚度大，抗扭和抗震能力强，翼缘内外表面平行便于与其他构件连接，制造工程量少，因而优先选用 H 型钢作柱。用三块钢板焊成的工字形和十字形截面组合灵活，容易实现截面材料分布合理，制造并不复杂。桁架构件常用截面是由双角钢组成的 T 形截面，也可采用剖分 H 型钢。单角钢截面主要用于塔架结构。圆管和方钢管截面关于两个形心主轴的回转半径相同，截面为封闭式，内部不易生锈，适用于两个方向计算长度相等的轴心受压构件。用型钢组合而成的截面适用于轴压力很大或尺寸较长的构件。

[例题 5-3]　图 5-9a)所示为一管道支架由，柱承受设计值压力为 $N = 1600\text{kN}$（静力），柱两端铰支，截面无孔洞削弱，钢材为 Q235。要求分别采用热轧普通工字钢和热轧 H 型钢设计此柱截面。

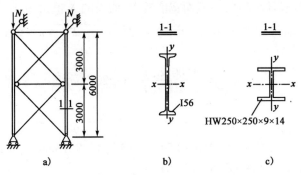

图 5-9 例题 5-3 图示

a)管道支架;b)热轧普通工字钢;c)热轧 H 型钢

解 支柱在两个方向的计算长度不相等,取截面放置如图 5-9b)所示,x 轴在支架支撑平面,y 轴垂直于支架支撑平面。柱在两个方向的计算长度分别为:

$$l_{0x} = 6000 \text{mm} \qquad l_{0y} = 3000 \text{mm}$$

1.采用热轧普通工字钢时的截面设计

1)初选截面

假定 $\lambda = 90$,热轧普通工字钢绕 x 轴和 y 轴失稳分别属于 a 类和 b 类截面,$\lambda \sqrt{f_y/235} = \lambda = 90$,由附表 1-17 查得 $\varphi_y = 0.621$,需要的截面参数为:

$$A = \frac{N}{\varphi_{\min} f} = \frac{1600 \times 10^3}{0.621 \times 215} = 11980 (\text{mm}^2)$$

$$i_x = \frac{l_{0x}}{\lambda} = \frac{6000}{90} = 66.7 (\text{mm}) \qquad i_y = \frac{l_{0y}}{\lambda} = \frac{3000}{90} = 33.3 (\text{mm})$$

查型钢表(附表 2-4),初选 I56a,$A = 13500 \text{mm}$,$i_x = 220 \text{mm}$,$i_y = 31.8 \text{mm}$。因翼缘厚度 $t = 21 \text{mm}$。

$f = 205 \text{N/mm}^2$(附表 1-1)。

2)截面验算

因截面无孔眼削弱,不必验算强度。热轧普通工字钢也不必验算局部稳定性。只需进行整体稳定性和刚度验算。

$$\lambda_x = \frac{l_{0x}}{i_x} = \frac{6000}{220} = 27.3 < [\lambda] = 150$$

$$\lambda_y = \frac{l_{0y}}{i_y} = \frac{3000}{31.8} = 94.3 < [\lambda] = 150$$

满足刚度要求。

因 $\lambda_y > \lambda_x$,由 $\lambda_y \sqrt{\dfrac{f_y}{235}} = \lambda_y = 94.3$,查附表 1-19 得 $\varphi_y = 0.591$。

$$\frac{N}{\varphi A} = \frac{1600 \times 10^3}{0.591 \times 13500} = 200.5 (\text{N/mm}^2) < f = 205 (\text{N/mm}^2)$$

满足整体稳定性要求,故设计选用 I56a。

2.采用热轧 H 型钢时的截面设计

1)初选截面

选用宽翼缘 H 型钢（HW 型），因截面宽度较大，假设的 λ 值可减小，假设 $\lambda = 60$。宽翼缘 H 型钢 $b/t > 0.8$，绕 x 轴和 y 轴失稳均属于 b 类截面，$\lambda\sqrt{f_y/235} = \lambda = 60$，由附表 1-19 查得 $\varphi = 0.807$，需要的截面参数为：

$$A = \frac{N}{\varphi f} = \frac{1600 \times 10^3}{0.807 \times 215} = 9220\,(\text{mm}^2)$$

$$i_x = \frac{l_{0x}}{\lambda} = \frac{6000}{60} = 100\,(\text{mm}) \qquad i_y = \frac{l_{0y}}{\lambda} = \frac{3000}{60} = 50\,(\text{mm})$$

查型钢表（附表 2-6），初选 HW250×250×9×14，$A = 9218\text{mm}$，$i_x = 108\text{mm}$，$i_y = 62.9\text{mm}$。翼缘厚度 $t = 14\text{mm}$。$f = 215\text{N/mm}^2$（附表 1-1）。

2）截面验算

因截面无孔眼削弱，不必验算强度。需进行刚度、整体稳定性和局部稳定性验算。

$$\lambda_x = \frac{l_{0x}}{i_x} = \frac{6000}{108} = 55.6 < [\lambda] = 150$$

$$\lambda_y = \frac{l_{0y}}{i_y} = \frac{3000}{62.9} = 47.7 < [\lambda] = 150$$

满足刚度要求。

因 $\lambda_x > \lambda_y$，由 $\lambda_x\sqrt{\dfrac{f_y}{235}} = \lambda_x = 55.6$，查附表 1-19 得 $\varphi_x = 0.830$。

$$\frac{N}{\varphi_x A} = \frac{1600 \times 10^3}{0.830 \times 9218} = 209\,(\text{N/mm}^2) < f = 215\,(\text{N/mm}^2)$$

满足整体稳定性要求。

$$\frac{b_1}{t} = \frac{250 - 9}{2 \times 14} = 8.61 < (10 + 0.1 \times 55.6)\sqrt{\frac{235}{235}} = 15.56$$

$$\frac{h_0}{t_w} = \frac{25 - 2 \times 14}{9} = 24.67 < (25 + 0.5 \times 55.6)\sqrt{\frac{235}{235}} = 52.8$$

满足局部稳定性要求，故设计选用 HW250×250×9×14。

讨论：由计算结果可知，采用热轧普通工字钢截面要比热轧 H 型钢截面面积约大 46%。尽管弱轴方向的计算长度仅为强轴方向计算长度的 1/2，但普通工字钢绕弱轴的回转半径太小，绕弱轴的长细比仍远大于绕强轴的长细比，因而支柱的承载能力是由弱轴所控制的，对强轴则有较大富裕，经济性较差。对于轧制 H 型钢，由于其两个方向的长细比比较接近，用料较经济。在设计轴心受压实腹柱时宜优先选用 H 型钢。

第三节　柱头的连接

轴心受压柱常用以支撑楼盖或工作平台，因此柱顶必须与楼盖梁或工作平台梁相连，形成柱头。柱头的构造与支承的梁的端部构造有关，本节主要通过一些典型的构造说明柱头构造和计算的原则。柱头构造的原则是：传力可靠并符合柱身计算简图所做的假定，构造简单，便于安装，做到设计可靠、省料和省工。

一、梁支承于柱顶时的构造

图 5-10a)所示为梁支承于柱顶的典型构造。梁端焊接一端板（即梁的支承加劲肋），端板

底部伸出梁的下翼缘不超过端板厚度的 2 倍。依靠端板底部刨平顶紧于柱的顶板而将梁的端部反力传给柱头。左右两梁端板间用普通螺栓相连并在其间设填板,以调整梁在加工制造中跨度方向的长度偏差。梁的下翼缘板与柱顶板间用普通螺栓相连以固定梁的位置。这种支承方式基本上使柱中心受压,符合柱设计时的假定。柱顶顶板用以承受由梁传下来的压力并均匀传递给整个柱截面,因而顶板必须具有一定的刚度,通常取厚度 $t = 20 \sim 30\text{mm}$,不需计算。为了不使柱顶部腹板受力过分集中,在梁的端板下的柱腹板处可设置加劲肋。顶板与柱顶用角焊缝连接,并假定由此角焊缝传递全部荷载,焊脚尺寸通过计算确定。当柱腹板处设有加劲肋时,柱顶顶板焊缝的这种计算偏于保守,因这时大部分荷载将由加劲肋传递。加劲肋的连接需经计算。加劲肋顶部如刨平顶紧于柱顶板的底面,此时与顶板的焊缝按构造设置,否则其与顶板的连接角焊缝应按传力需要计算。加劲肋与柱腹板的竖向角焊缝连接要按同时传递剪力和弯矩计算,剪力为由加劲肋顶部传下,此力作用于每边加劲肋顶部的中点,对与柱腹板相连的竖向角焊缝有偏心从而产生弯矩。

图 5-10b) 所示为一格构式柱的柱头构造,要注意的是:为了保证格构式柱两分肢受力均匀,不论是缀条柱或缀板柱,在柱顶处应设置端缀板,并在两分肢的腹板处设竖向隔板。

当梁传给柱身的压力较大时,也可采用如图 5-10c) 所示构造,梁端加劲肋对准柱的翼缘板,使梁的强大端部反力通过梁端加劲肋直接传给柱的翼缘,梁底可设或不设狭长垫板。但需注意,当两梁传给柱的荷载不对称时(如左跨梁有可变荷载,右跨无可变荷载),采用这种形式柱头的柱身除按轴心受压构件计算外,还应按压弯构件(偏心受压)进行验算。

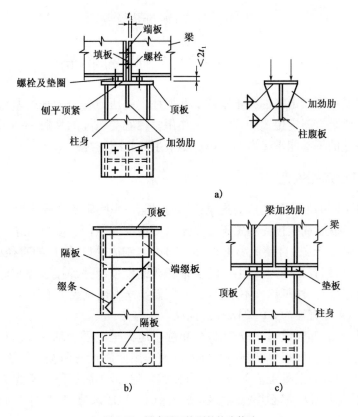

图 5-10　梁支承于柱顶的柱头构造

二、梁支承于柱顶的两侧时的构造

侧面连接时最常用的柱头构造如图 5-11 所示。梁端设端板,端板底面刨平顶紧支承于早已焊在柱身的托板上,托板一般采用厚钢板(厚 20 ~ 30mm)或大号角钢。要按所传压力验算端板的承压面积和托板与柱身的角焊缝连接,在后者的计算中,还应把反力适当加大(如加大 25% ~ 30%)以考虑反力对焊缝的偏心作用。梁通过其端板还用普通粗制螺栓与柱翼缘板相连,螺栓连接不需计算,纯为固定梁的位置按构造设置,因此不能传递弯矩,梁只能是按简支考虑。这种柱头传力明确、构造简单、便于安装,但对梁的加工制造要求较严,梁的长度与两柱对应翼缘板间的距离不能有较大的偏差。梁端板底面要与焊在柱身的托板顶面有良好的接触,这就要求加工具有一定的精度。此外,柱两侧梁的反力不对称时,对柱身还应按压弯构件进行验算。

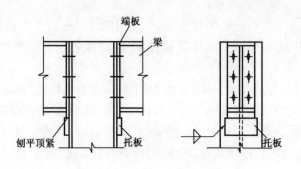

图 5-11 梁侧面连接时的柱头构造

第四节 轴心受压柱柱脚的构造与计算

柱脚的作用是把柱固定在混凝土基础上并把柱中的压力安全地通过基础最后传给地基,简单地讲就是柱脚具有固定位置和传力两大作用。轴心受压柱的柱脚一般做成铰接,也有做成刚性连接而使柱的下端能承受弯矩作用。本节主要介绍铰接柱脚。

一、柱脚的形式和构造

柱脚有各种不同的形式和构造。这里介绍的只能是一些典型构造。为了固定柱下端的位置,柱脚必需设置锚栓,锚栓预先埋置于混凝土基础内。为了便于安装柱子,柱脚底板上预先制作的锚栓孔径应大于锚栓直径 d,常取 $(1.5 ~ 2)d$,或制成缺口,缺口的直径亦为 $(1.5 ~ 2)d$。待柱子吊装就位后,用有孔径为 d_0 小孔的盖板套在锚栓顶部并焊接于柱脚底板,最后用螺母固定。在轴心受压柱中,柱脚锚栓不承受拉力,因而锚栓直径及数量不需计算。每个柱脚常按构造要求设置 2 ~ 4 个直径为 20 ~ 24mm 的锚栓。

为了传力,柱的底部应设置底板,用以分布柱中压力至混凝土基础,底板面积大小由混凝土基础的抗压强度确定,底板厚度则由基础的反力作用使底板弯曲按计算确定。为了使底板具有一定刚度,使底板与混凝土基础间的反力分布均匀,最小底板厚度常为 20 ~ 30mm。根据柱脚的两大作用,每一柱脚都必须有锚栓和底板这两大组成部分,其余组成部分则根据具体构造及形式而多种多样。

图 5-12 是构造最为简单的一种平板式铰接柱脚形式,底板用水平角焊缝与柱截面相连,以传递柱中压力。由于角焊缝的焊脚尺寸有一定限制而限制了传力的大小,这种柱脚一般用于荷载较轻的柱子。当荷载较大时,可将柱端截面刨平顶紧于底板,依靠刨平顶紧传力,但此时仍应设置角焊缝,可按轴力的 15% 计算,主要用以固定底板位置。大型柱截面进行刨平,需较大的加工设备,不易做到,同时采用的底板厚度也可能较大。

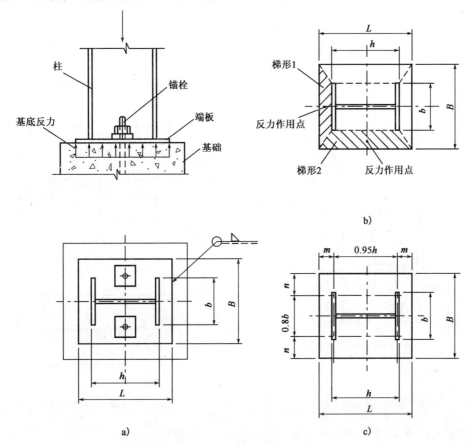

图 5-12　平板式铰接柱脚

荷载较大的柱子当采用平板式柱脚有困难时,可以采用图 5-13 所示带肋板的柱脚形式。三角形肋板焊接于柱身使两者成为一体,从而加大了能传递的荷载。同时,加设肋板后,把底板分成若干区格,在基础反力作用下,板中弯矩可大大减小,从而可减小底板的厚度。

荷载较大的铰接柱脚还可采用如图 5-14 所示带靴梁的柱脚形式。靴梁一般采用两块钢板,柱中荷载通过竖向角焊缝传给靴梁,靴梁则通过水平角焊缝把荷载传给底板。根据需要在两靴梁间还可设置横隔板,以增加靴梁的侧向刚度,更重要的是,设置横隔板以后,底板被分成许多更小的区格,底板厚度可因而减小。

二、柱脚的计算

柱脚的具体计算方法在我国现行《设计规范》中未作明确规定,应由设计人员应用力学及钢结构等知识自行确定。一般轴心受压柱的铰接柱脚计算内容包括确定:

(1)所用底板尺寸 $B \times L$。

(2)所用底板厚度 t。

（3）柱与底板的连接。

在平板式柱脚中连接是指柱截面与底板间连接角焊缝尺寸的选定,在带肋板的柱脚中还应包括肋板的布置、尺寸及其焊缝的连接,在带靴梁的柱脚中则还应包括靴梁及其连接等,本节主要讲述平板式柱脚。

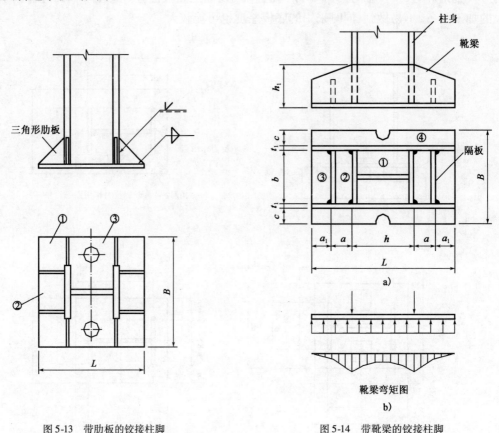

图 5-13 带肋板的铰接柱脚   图 5-14 带靴梁的铰接柱脚

1. 底板尺寸 $B \times L$ 及厚度 t 的确定

各种轴心受压柱铰接柱脚设计中,常都假定混凝土基础给予柱脚底板的反力为均匀分布。因此,底板面积即可根据柱脚所受荷载设计值 N 和混凝土基础的抗压强度设计值 f_c 直接得出,即底板面积 A_1 为:

$$A_1 = B \times L \geqslant \frac{N}{f_c} \tag{5-14}$$

当底板上有较大锚栓孔时,则 A_1 中还应考虑锚栓孔的面积。

底板厚度由混凝土基础反力作用下底板中的弯矩确定。底板中的弯矩大小及计算方法根据柱脚构造不同而异。

2. 平板式铰接柱脚的计算

平板式铰接柱脚的底板尺寸由式(5-14)式确定,因柱截面外围轮廓尺寸 b 和 h 不相等,底板尺寸应使板的外挑部分[例如图 5-12c)中的 m 和 n]长度尽量接近。

由于矩形板空间弯曲的计算较为复杂,底板弯矩的计算常用近似方法。我国设计人员习惯使用图 5-12b)所示计算图形,即把底板外挑部分分成四块梯形并认为彼此独立无关,把每块梯形板按受均布荷载的悬臂板计算,由相邻两块方向不同的梯形悬臂板求得两个板厚而取其较大值。

[**例题 5-4**] 设计一工字形轴心受压焊接柱的平板式铰接柱脚。柱截面尺寸为:腹板—16×300,翼缘板 2—26×300。轮廓尺寸 $b=380\text{mm}$、$h=352\text{mm}$。钢材为 Q235B,焊条 E43 型,手工焊。承受静力荷载:永久荷载标准值 $N_{Gk}=1500\text{kN}$(已包括柱及柱脚自重),可变荷载标准值 $N_{Qk}=1500\text{kN}$。基础顶面与柱脚底板面积相同。基础混凝土强度等级 C20,混凝土抗压强度设计值 $f_c=9.6\text{N/mm}^2$。采用两个 $d=24\text{mm}$ 的锚栓,底板上孔径 $d_0=48\text{mm}$(在图 5-15 中未示出)。

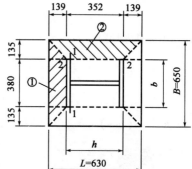

图 5-15 例题 5-4 中的柱脚底板
(尺寸单位:mm)

解 (1)柱脚所受荷载设计值。

$$N = 1.2N_{Gk} + 1.4N_{Qk} = (1.2 + 1.4) \times 1500$$
$$= 3900(\text{kN})$$

(2)底板尺寸。

见图 5-15。

$$A_1 = \frac{N}{f_c} + 2 \times \frac{\pi}{4} d_0^2 = \frac{3900 \times 10^3}{9.6} \times 10^{-2} + 2 \times \frac{\pi}{4} \times 4.8^2$$
$$= 4063 + 36.2 = 4099(\text{cm}^2)$$

为了使底板在两个方向的外伸部分长度基本相等,近似取:

$$L = B - b + h \approx \sqrt{A_1} - \frac{b-h}{2} = \sqrt{4099} - \frac{38 - 35.2}{2} = 62.6(\text{cm}),取 L = 63(\text{cm})$$

得:$B = \dfrac{A_1}{L} = \dfrac{4099}{63} = 65.1(\text{cm})$,取 $B = 65(\text{cm})$

(3)底板厚度计算。

底板反力:

$$q \approx \frac{N}{BL} = \frac{3900 \times 10^3}{650 \times 630} = 9.52(\text{N/mm}^2)$$

悬臂板①根部 1－1 处弯矩(分成一个矩形和两块三角形计算):

$$M_1 = 9.52 \times 380 \times \frac{139^2}{2} + 2 \times 9.52 \left(\frac{1}{2} \times 135 \times 139\right)\left(\frac{2}{3} \times 139\right) = 51.50 \times 10^6(\text{N} \cdot \text{mm})$$

悬臂板②根部 2－2 处弯矩:

$$M_2 = 9.52 \times 352 \times \frac{135^2}{2} + 2 \times 9.52 \left(\frac{1}{2} \times 139 \times 135\right)\left(\frac{2}{3} \times 135\right) = 46.61 \times 10^6(\text{N} \cdot \text{mm})$$

按弹性设计,由 M_1 和 M_2 分别求板厚:

$$t_1 = \sqrt{\frac{6M_1}{bf}} = \sqrt{\frac{6 \times 51.50 \times 10^6}{380 \times 190}} = 65.4(\text{mm})$$

$$t_2 = \sqrt{\frac{6M_2}{hf}} = \sqrt{\frac{6 \times 46.61 \times 10^6}{352 \times 190}} = 64.7(\text{mm})$$

采用底板厚度 $t=66\text{mm}$(式中取 $f=190\text{N/mm}^2$)。

按塑性设计:

$$t_1 = \sqrt{\frac{4M_1}{bf}} = \sqrt{\frac{4 \times 51.50 \times 10^6}{380 \times 200}} = 52.1(\text{mm})$$

$$t_2 = \sqrt{\frac{4M_2}{hf}} = \sqrt{\frac{4 \times 46.61 \times 10^6}{352 \times 200}} = 51.5 (\text{mm})$$

采用 $t = 52\text{mm}$（式中板厚小于 60mm, $f = 200\text{N/mm}^2$）。

(4)柱身与底板用水平角焊缝连接。

取周边焊：

$$\sum l_\text{w} = 2[380 + (380 - 16) + 300] = 2088(\text{mm})$$

需要焊脚尺寸：

$$h_\text{f} = \frac{N}{0.7\sum l_\text{w} \cdot \beta_\text{f} f_\text{f}^\text{w}} = \frac{3900 \times 10^3}{0.7 \times 2088 \times 1.22 \times 160} = 13.7(\text{mm})$$

采用 $h_\text{f} = 14(\text{mm}) > h_\text{fmin} = 1.5\sqrt{t} = 1.5\sqrt{66} = 12.2(\text{mm})$

$h_\text{f} = 14(\text{mm}) < h_\text{fmax} = 1.2t_\text{w} = 1.2 \times 16 = 19.2(\text{mm})$。

习 题

一、填空题

1. 轴心受力构件的刚度条件是_____。

2. 轴心受压构件屈曲时存在_____、_____和_____三种形式。双轴对称截面的理想轴心受压构件，有弯曲屈曲和_____两种屈曲形式。长细比较小的十字形截面轴心受压构件不同于一般的双轴对称轴心受压构件，易发生_____失稳。

3. 实际轴心受压构件的初始缺陷包括_____、_____、_____和_____。

4. 轴心受压构件的稳定计算公式 $\sigma = N/A \leqslant \varphi \cdot f$,式中 A 为_____、φ 为_____,φ 与_____、_____、_____等有关。

5. 工程上通常采用_____的方法保证受压构件翼缘板和腹板的局部稳定性。轴心受压构件腹板的宽厚比的限制值，是根据_____的条件推导出来的。

6. 轴心受拉构件的承载能力极限是以_____为极限状态的。

7. 轴心受压柱的柱脚底板厚度是按底板_____确定的。

8. 实腹式轴心受压构件设计时，一般应符合_____、_____、_____和_____。

9. 柱脚中靴梁的主要作用是_____、_____和_____。

10. 计算柱脚底板厚度时，对相邻边支承的区格板，应近似按_____区格板计算其弯矩值。

11. 工字形及 H 型截面翼缘板的局部稳定计算公式 $b/t \leqslant (10 + 0.1\lambda)\sqrt{235/f_y}$ 中,b 为_____,t 为_____,f_y 为_____,λ 为_____。

二、选择题

1. 当材料和截面尺寸相同时,压杆比拉杆承载力低的原因是_____。

    A. 钢拉杆强度高   B. 钢压杆强度低

    C. 钢拉杆刚度大   D. 钢压杆存在整体稳定问题

2. 材料和截面尺寸相同时,轴心受压构件承载力最大的是_____。

    A. $\lambda = 200$ B. $\lambda = 150$ C. $\lambda = 50$ D. $\lambda = 100$

3. 设桁架上弦杆在桁架平面外的计算长度 l_{0y} 与桁架平面内的计算长度 l_{0x} 之比为 $l_{0y}/l_{0x} = 2$,则图 5-16 中_____为其合理的截面形式。

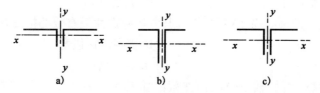

图 5-16　题 3 图示

4. 实腹式轴心受拉构件计算的内容有_____。

  A. 强度

  B. 强度和整体稳定性

  C. 强度、局部稳定和整体稳定

  D. 强度和刚度

5. 为防止钢构件中的板件失稳而采取加劲肋措施,这一做法是为了_____。

  A. 改变板件的宽度比

  B. 增大截面面积

  C. 改变截面上的应力分布状态

  D. 增加截面的惯性矩

6. 在轴心受压构件中,当构件的截面无孔眼削弱时,可以不进行_____验算。

  A. 构件的强度验算

  B. 构件的刚度验算

  C. 构件的整体稳定验算

  D. 构件的局部稳定验算

7. 轴心受压构件柱脚底板的面积主要取决于_____。

  A. 底板的抗弯刚度

  B. 柱子的截面积

  C. 基础材料的强度等级

  D. 底板的厚度

8. 按《钢结构设计规范》(GB 50017—2003)规定,实腹式轴心受压构件整体稳定性的公式总的物理意义是_____。

  A. 构件截面上的平均应力不超过钢材抗压强度设计值

  B. 构件截面上最大应力不超过钢材强度设计值

  C. 构件截面上的平均应力不超过欧拉临界应力设计值

  D. 构件轴心压力设计值不超过构件稳定极限承载力设计值

9. 轴心受压杆的强度与稳定,应分别满足_____。

  A. $\sigma = \dfrac{N}{A_n} \leqslant f \quad \sigma = \dfrac{N}{\varphi A_n} \leqslant f$

  B. $\sigma = \dfrac{N}{A_n} \leqslant f \quad \sigma = \dfrac{N}{\varphi A} \leqslant f$

  C. $\sigma = \dfrac{N}{A} \leqslant f \quad \sigma = \dfrac{N}{\varphi A_n} \leqslant f$

  D. $\sigma = \dfrac{N}{A} \leqslant f \quad \sigma = \dfrac{N}{\varphi A} \leqslant f$

10. a 类截面的轴心受压构件稳定系数最高,这是由于_____。

  A. 截面是轧制截面

  B. 截面的刚度最大

  C. 初弯曲的影响最小

  D. 残余应力的影响最小

11. 对工字形轴心受压构件,翼缘的局部稳定条件为 $b/t \leqslant (10 + 0.1\lambda)\sqrt{235/f_y}$,式中 λ 的含义为_____。

  A. 构件最小长细比

  B. 杆件最大长细比,当 $\lambda < 30$ 时,取 $\lambda = 30$;当 $\lambda > 100$ 时,取 $\lambda = 100$

  C. 30 或 100

  D. 最大长细比与最小长细比的平均值

12. 轴心受压构件采用冷弯薄壁型钢或普通型钢,其稳定性计算_____。

  A. 完全相同

  B. 仅稳定系数取值不同

C. 仅面积取值不同　　　　　　　　　　D. 完全不同

13. 对长细比很大的轴心受压构件,提高其整体稳定性最有效的措施是_____。

    A. 增加支座约束　　　　　　　　　　B. 提高钢材强度

    C. 加大回转半径　　　　　　　　　　D. 减少荷载

14. 两端铰接 Q235 钢的轴心受压构件截面如图 5-17 所示,在不改变钢材种类,构件截面类别和翼缘、腹板截面面积的情况下,采用_____可提高其承载力。

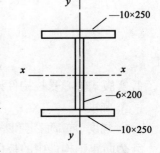

图 5-17　题 14 图示

    A. 增大构件端部连接构造,或在弱轴方向增设侧向支承点,或减小翼缘厚度增大宽度

    B. 调整构件弱轴方向计算长度,或减小翼缘宽度加大厚度

    C. 改变构件端部连接构造,或在弱轴方向增设侧向支承点,或减小翼缘宽度曾大厚度

    D. 调整构件弱轴方向计算长度,或加大腹板高度减小厚度

15. 轴心受压铰接柱脚底板上设置锚栓时,应按_____。

    A. 所承受的拉力计算　　　　　　　　B. 所承受的剪力计算

    C. 考虑拉力、剪力计算　　　　　　　D. 构造确定

16. 为了减小柱脚底板厚度,可以采取的措施是_____。

    A. 增加底板悬伸部分的厚度

    B. 增加柱脚锚栓的根数

    C. 区域分格不变的情况下,变四边支承板为三边支承板

    D. 增加隔板或肋板,把区域分格尺寸变小

17. 实腹式轴心受压杆绕 x、y 轴的长细比分别为 λ_x、λ_y,对应的稳定系数分别为 φ_x、φ_y,若 $\lambda_x = \lambda_y$,则 φ_x 与 φ_y 的关系为_____。

    A. $\varphi_x > \varphi_y$　　　　　　　　　　B. $\varphi_x = \varphi_y$

    C. $\varphi_x < \varphi_y$　　　　　　　　　　D. 不能确定

三、判断题

    (　　)1. 柱存在初弯曲和初偏心时,其轴心受压承载力降低。

    (　　)2. 轴心受压构件具有残余应力时,其承载力可以提高。

    (　　)3. 轴心受拉构件进行刚度验算时,可用挠度值来控制。

    (　　)4. 轴心受压构件在任何情况下都要验算强度。

    (　　)5. 当轴心受力构件的支承条件. 截面尺寸不变时,受拉与受压时的承载力相同。

    (　　)6. 轴心受力构件要验算长细比 $\lambda \leqslant [\lambda]$,其目的是为了保证正常使用极限状态。

    (　　)7. 轴心受压构件所用的材料强度愈高,则其稳定性愈好。

    (　　)8. 由于稳定问题是构件整体的问题,截面局部削弱对它的影响较小,所以稳定计算中均采用净截面几何特性。

    (　　)9. 柱脚锚栓不宜用以承受柱脚底部的水平反力,此水平反力应由底板与混凝土基础间的摩擦力或设置抗剪键承受。

    (　　)10. 工字形截面轴心受压构件的腹板局部失稳时,将出现单波鼓曲变形。

    (　　)11. 轴心受力构件的计算长度等于杆件的几何长度。

四、计算题

1. 一重型厂房轴心受压构件，截面为双轴对称焊接工字钢，如图 5-18 所示，翼缘为轧制，钢材为 Q390，该柱对两主轴方向的计算长度分别为 $l_{0x} = 15\text{mm}$ 和 $l_{0y} = 5\text{mm}$，试计算最大稳定承载力。

2. 某桁架上弦杆，截面为 $2 \angle 125 \times 10$ 的组合，节点板厚度 12mm，如图 5-19 所示，承受轴心压力设计值 $N = 780\text{kN}$，钢材为 Q235，$f = 215\text{N/mm}^2$，两主轴方向的计算长度分别为 $l_{0x} = 1.5\text{m}$ 和 $l_{0y} = 3\text{m}$，要求验算该压杆。

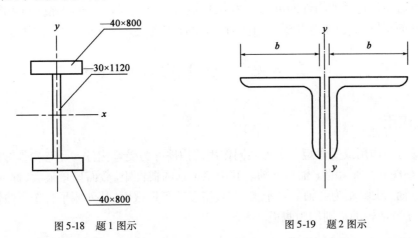

图 5-18 题 1 图示   图 5-19 题 2 图示

3. 试设计焊接工字形截面铰接柱的柱脚，轴心压力设计值 $N = 1700\text{kN}$，柱脚钢材为 Q235，焊条 E43 型，基础混凝土的抗压强度设计值 $f_c = 7.5\text{N/mm}^2$，采用两个 M20 锚栓。

第六章 受弯构件

本章着重讲述受弯构件的可能破坏形式和影响因素;受弯构件的强度和变形;单向和双向受弯构件的整体稳定;受弯及受扭构件的强度和整体稳定;受弯构件的局部稳定。

第一节 受弯构件的类型

一、应用

只受弯矩作用或受弯矩与剪力共同作用的构件称为受弯构件。受弯构件有两个正交的形心主轴,如图 6-1 所示的 x 轴与 y 轴。其中绕 x 轴的惯性矩、截面模量最大,称 x 轴为强轴,相对的另一轴(y 轴)则为弱轴。对于工字形、箱形及 T 形截面,其外侧平行于弯曲轴的板称为翼缘、垂直于弯曲轴的板则称为腹板。

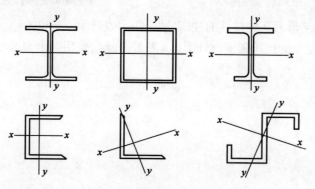

图 6-1 受弯构件的强轴和弱轴

实际工程中,以受弯受剪为主但作用着很小的轴心力的构件,也常称为受弯构件。结构中的受弯构件主要以梁的形式出现,通常受弯构件和广义的梁是指同一对象。在房屋建筑领域内,钢梁主要用于多层和高层房屋中的楼盖梁、工厂中的工作平台梁、吊车梁、墙架梁以及屋盖体系中的檩条等。楼盖梁和工作平台梁由主梁和次梁等组成梁格(或称交叉梁系)。在其他土木建筑领域内,受弯构件也是很重要的基本构件,如各种大跨度桥梁中的桥面系,水工结构中的钢闸门等也大多由钢交叉梁系构成。

二、类型与截面形式

1. 受弯构件的类型

按支承条件的不同,受弯构件可分为简支梁、连续梁、悬臂梁等。单跨简支梁在制造、安装、修理和拆换等方面均较为方便,且内力又不受温度变化或支座沉陷等的影响,在钢梁中应用最多。

按弯曲变形情况不同,构件可能在一个主轴平面内受弯,也可能在两个主轴平面内受弯。前者称为单向弯曲构件(梁),后者称为双向弯曲或斜弯曲构件(梁)。

按截面形式和尺寸沿构件轴线是否变化,有等截面受弯构件和变截面受弯构件之分。在一些情况下,使用变截面梁可以节省钢材;但也可能会增加制作成本。

2. 截面形式

按截面构成方式的不同,受弯构件可分为实腹式截面梁和空腹式截面梁。实腹式截面梁又可分为型钢截面梁(图6-2)与焊接组合截面梁(图6-3);空腹式截面梁,是为了增加梁的高度,使其具有较大的截面惯性矩,如图6-4a)所示的蜂窝梁,图6-4b)所示的钢与混凝土组合梁。

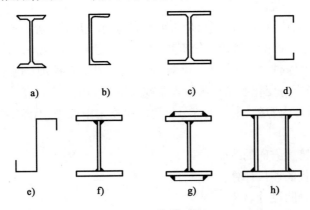

图6-2 型钢截面梁

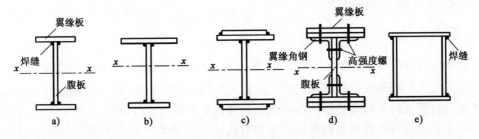

图6-3 焊接组合截面梁

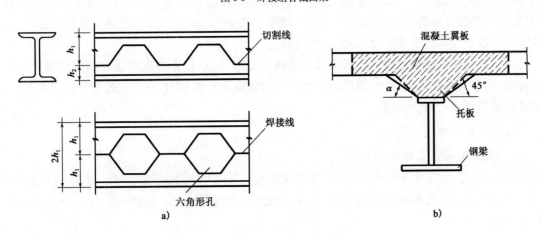

图6-4 蜂窝梁和钢与混凝土组合梁
a)蜂窝梁;b)钢与混凝土组合梁

第二节　受弯构件的设计

受弯构件应计算的内容较多,首先是下列五项:

(1)截面的强度。

(2)构件的整体稳定。

(3)构件的局部稳定。

(4)腹板的屈曲后强度。

(5)构件的刚度——挠度。

通过上述计算可确定所选构件截面是否可靠和适用。五项内容中前四项属按承载能力极限状态的计算,需采用荷载的设计值。第五项为按正常使用极限状态的计算,计算挠度时按荷载标准值进行。受弯构件常承受动力荷载的重复作用,按我国《钢结构设计规范》(GB 50017—2003)规定当应力变化的循环次数等于或大于 5×10^4 次时,应进行疲劳计算。

除了上述五项计算内容外,由于大部分重要的梁将采用板梁,因而梁的计算中还应包括下列内容:

(1)梁截面沿梁跨度方向的改变。

(2)翼缘板与腹板的连接计算。

(3)梁腹板的加劲肋设计。

(4)梁的拼接。

(5)梁与梁的连接和梁的支座等。

一、梁的强度

梁在横向荷载作用下,截面上将产生弯矩和剪力。梁的强度最主要的是抗弯强度,其次是抗剪强度。受弯构件的抗弯强度和抗剪强度在受弯构件的计算中通常都需进行。但在规定情况下还需进行腹板计算高度边缘的局部承压强度和折算应力的计算。

当梁上翼缘受有沿腹板平面作用的集中荷载且该荷载处又未设置支承加劲肋时,因邻近荷载作用处的腹板计算高度边缘将受到较大的局部承压应力。为了避免该处腹板产生局部屈服,需验算腹板计算高度上边缘的局部承压强度。在梁的支座处,当不设置支承加劲肋时,需验算该处腹板计算高度下边缘的局部承压强度。

在连续板梁的支座处或简支板梁翼缘截面改变处,腹板计算高度边缘常同时受到较大的正应力、剪应力和局部压应力,或同时受到较大的正应力和剪应力,使该点处在复杂应力状态。为此需验算该点处的折算应力。

1. 梁的抗弯强度

(1)纯弯时梁的工作阶段。

设一双轴对称工字形的等截面梁,构件两端施加等值同曲率的渐增弯矩 M,如图 6-5a)所示。并设弯矩使构件截面绕强轴转动,梁在纯弯曲受力情况。假定钢材的应力-应变关系曲线简化如图 6-5b)所示。

根据平截面假定,梁截面上的正应力分布随着荷载的增加而分成三个阶段,如图 6-6 所示。图 6-6a)为梁的截面;图 6-6b)为应变图;图 6-6c) ~ 图 6-6e)为各阶段的应力图。

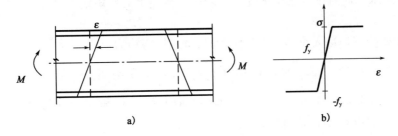

图 6-5　梁在纯弯曲作用下纤维的应力-应变图

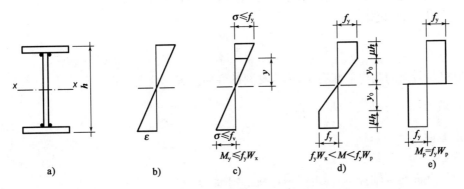

图 6-6　双轴对称工字形截面在纯弯曲下的正应力

①弹性工作阶段。当荷载较小时,整个截面上的正应力都小于钢材的屈服点 f_y。继续增加荷载,截面最外"纤维"的应力首先达到钢材的屈服点 f_y。梁的该工作阶段称为弹性工作阶段。截面上应力按直线变化,如图 6-6c)所示。

根据材料力学中的推导,应力和弯矩的关系可用下列公式表示:

$$\sigma = \frac{M_x y}{I_x} \tag{6-1a}$$

最大边缘纤维应力为:

$$\sigma_{max} = \frac{M_x y_{max}}{I_x} = \frac{M_x}{W_x} \tag{6-1b}$$

式中:W_x——梁截面的对 x 轴的弹性截面模量,或简称截面模量 $W_x = I_x / y_{max}$。

弹性工作阶段的最大弯矩记作 M_e,计算公式为:

$$M_e = f_y W_n \tag{6-2}$$

式中:W_n——梁的净截面模量。因考虑截面上有螺栓孔等对截面的削弱影响,需采用净截面弹性截面模量,或简称净截面模量。

②弹塑性工作阶段。如继续增加荷载,截面外侧及其附近的应力相继达到和保持在屈服点的水准上,应力分布如图 6-6d)所示。应力达到屈服点的区域称为塑性区,主轴附近的区域称为弹性区。弹性区的高度记作 $2y_0$。塑性区的应变在应力保持不变的情况下继续发展,截面弯曲刚度仅靠弹性区域提供。

③全塑性工作阶段。再继续增加荷载,梁截面上的正应力将会全部达到 f_y,弹性区消失。尽管弯矩不再增大,而变形持续发展,形成"塑性铰",达到梁的抗弯极限承载力。截面应力分

布如图 6-6e)所示。此时梁处于全塑性工作阶段。截面上的弯矩记作 M_p，称为全塑性弯矩或简称塑性弯矩。

截面在纯弯曲下当进入全塑性工作阶段时，全塑性弯矩为：

$$M_p = f_y A_1 y_1 + f_y A_2 y_2 = f_y (S_1 + S_2) = f_y W_p \tag{6-3}$$

式中：S_1、S_2——截面受压区和受拉区对中和轴的面积静矩，S_1 和 S_2 分别等于 $A_1 y_1$ 和 $A_2 y_2$，其 y_1 和 y_2 不计正负号；

W_p——截面的塑性截面模量，$W_p = S_1 + S_2$。

通常把塑性弯矩和屈服弯矩的比值，也就是塑性截面模量 W_p 与弹性截面模量 W 的比值，称为截面形状系数，记作：

$$\eta = \frac{W_p}{W} \tag{6-4}$$

η 值仅与截面的几何形状有关，而与材料的性质无关。

矩形截面：$\eta = \frac{1}{4}bh^2 / \frac{1}{6}bh^2 = 1.5$；

圆形截面：$\eta = 1.7$；

圆管截面：$\eta = 1.27$；

工字形截面对 x 轴：$\eta = 1.10 \sim 1.17$，对 y 轴 $\eta = 1.5$。

（2）抗弯强度计算。

①承受静力荷载或间接承受动力荷载的简支梁

虽然在计算梁的抗弯强度时，考虑截面塑性发展比不考虑要节省钢材，但若按截面形成塑性铰来设计，可能使简支梁的挠度过大，且形成机构。因此，我国《钢结构设计规范》(GB 50017—2003)(以下简称《设计规范》)对承受静力荷载或间接承受动力荷载的简支梁，只是有限制地利用塑性发展。通过纯弯曲时梁的受力全过程的叙述，可见以梁截面的边缘屈服弯矩 M_e 为最小，全塑性弯矩 M_p 为最大，弹塑性弯矩 M 则介乎两者之间，即 $M_e < M < M_p$。若记 M 为 $f_y \gamma W$，也即 $f_y W < f_y \gamma W < f_y W_p$，则 $W < \gamma W < \eta W$ 或 $1.0 < \gamma < \eta$，γ 称为截面塑性发展系数。

参阅图 6-6d)，可见截面上塑性发展深度 μh 愈大，γ 也愈大。当全截面发展塑性时，$\gamma = \eta$。《设计规范》取塑性发展总深度不大于截面高度的 1/4，通过对净截面弹性截面模量（简称净截面模量）W_n 乘以一个小于截面形状系数 η 的截面塑性发展系数 γ 来实现。

我国《设计规范》中规定：在主平面内受弯的实腹构件，其抗弯强度应按下式计算：

$$\frac{M_x}{\gamma_x W_{nx}} + \frac{M_y}{\gamma_y W_{ny}} \leqslant f \tag{6-5a}$$

式中：M_x、M_y——同一截面处绕 x 轴和 y 轴的弯矩（对工字形截面：x 轴为强轴，y 轴为弱轴）；

W_{nx}、W_{ny}——对 x 轴和 y 轴的净截面模量；

γ_x、γ_y——截面塑性发展系数；

f——钢材的抗弯强度设计值。

抗弯强度计算公式(6-5a)的应用需注意：M_x、M_y 应是考虑荷载分项系数后的弯矩设计值，而 f 则是考虑抗力分项系数后的抗弯强度设计值。

对于不需要计算疲劳的在主平面受弯的梁，在单向受弯时，即当 $M_y = 0$ 时，式(6-5a)改成：

88

$$\frac{M_x}{\gamma_x W_{nx}} \leqslant f \tag{6-5b}$$

在双向受弯时,应用式(6-5a)。

②需要计算疲劳的梁有塑性深入的截面,塑性区钢材易发生硬化,促使疲劳断裂提前发生,应按弹性工作阶段进行计算。仍按式(6-5a)和(6-5b)计算,但取 $\gamma_x = \gamma_y = 1.0$。

③固端梁、连续梁等超静定梁《设计规范》中还规定对不直接承受动力荷载的固端梁、连续梁等超静定梁,可采用塑性设计,容许截面上的应力状态进入塑性阶段,如图 6-6e)所示。此时该截面处形成了可以转动的塑性铰,在超静定梁内即可产生内力重分布,直到梁段形成机构,梁即进入承载能力极限状态。在直接承受动力荷载时,和在静定梁的设计中,我国《设计规范》规定不采用塑性设计。限于篇幅,本章涉及的梁的内容,都不是指塑性设计。

(3)截面塑性发展系数取值。

《设计规范》对截面塑性发展系数的取值有所规定,见附表1-9。

规定的主要考虑是限制截面上塑性变形发展的深度使 $\mu h \leqslant h/8$,见图 6-6d),以免使梁产生过大的塑性变形而影响使用。附表 1-14 中的规定实际上可归纳为如下 3 条:

①对截面由平翼缘板的一侧,取 $\gamma = 1.05$;

②对无翼缘板的一侧,取 $\gamma = 1.20$;

③对圆管边缘,取 $\gamma = 1.15$。

如图 6-7 所示的几个截面,不必查附表 1-14,利用上述(1)和(2)两条,就很易得到其 γ 值,见图中数字。

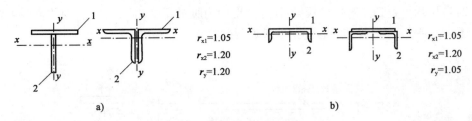

图 6-7　截面塑性发展系数示例

2. 梁的抗剪强度

通常梁即承受弯矩 M,同时又承受剪力 V。钢梁的截面常为工字形、箱形或槽形,组成这些截面的板件的高厚比或宽厚比较大,可视为薄壁截面。薄壁截面上弯曲剪应力的分布可用剪力流来描述,即假定剪应力大小沿壁厚为均匀分布,剪应力的方向与板壁中心线相一致,形成剪力流,如图 6-8 所示。

根据开口薄壁构件理论,可以计算得到截面上任一点在剪力 V 作用下的剪应力,也就得到了我国《设计规范》中对在主平面内受弯的实腹构件的抗剪强度应按下式计算,计算公式为:

$$\tau = \frac{VS}{I t_w} \leqslant f_v \tag{6-6}$$

式中:V——计算截面沿腹板平面作用的剪力;

S——计算剪应力处以上(下)毛截面对中和轴的面积矩;

I——梁的毛截面抵抗惯性矩；

t_w——腹板厚度；

f_v——钢材的抗剪强度设计值，见附表1-1。

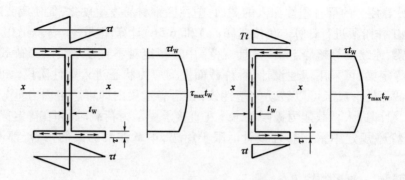

图6-8 工字形截面和槽形截面上的剪力流

当梁的抗剪强度不足时，最有效的办法是增大腹板的面积，但腹板高度一般由梁的刚度条件和构造要求确定，故设计时常采用加大腹板厚度的办法来提高抗剪承载力。

3. 梁的局部承压强度

（1）腹板计算高度。

先说明一下腹板计算高度的定义。对轧制型钢梁：计算高度是指腹板与上、下两翼缘相接处两内弧起点间的距离（图6-9）；如以 h_0 代表计算高度；h 代表梁的全高；t 代表型钢梁翼缘的"平均"厚度；r 代表腹板与翼缘相交处的圆弧半径；则 $h_0 = h - 2(t+r)$，式中的 t 和 r 在型钢表（附表2-4）中均可查到。对焊接板梁：计算高度即为腹板高度，即 $h_0 = h_w$。对用高强度螺栓连接的板梁：h_0 是上、下翼缘与腹板连接的最近两螺栓线间的距离。

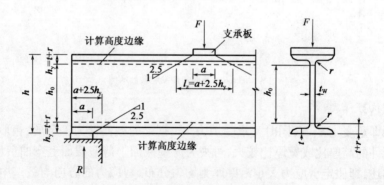

图6-9 型钢梁在集中荷载作用下腹板计算高度

（2）局部承压强度计算。

当梁的翼缘受有沿腹板平面作用并指向腹板的集中荷载，且该荷载处又未设置支承加劲肋时，邻近荷载作用处的腹板计算高度边缘将受到较大的局部承压应力。为了避免该处腹板产生局部屈服，我国《设计规范》要求按下式验算该处的承压强度（图6-9）。

$$\sigma_c = \frac{\psi F}{l_z t_w} \leqslant f \tag{6-7}$$

式中:F——集中荷载,对动力荷载应乘以动力系数;

ψ——用于重级工作制吊车梁时的集中荷载增大系数,取 $\psi=1.35$;对其他梁,$\psi=1.0$;

l_z——集中荷载在腹板计算高度上的假定分布长度,按下式计算:

$$l_z = a + 5h_y + 2h_R \tag{6-8}$$

式中:a——集中荷载沿梁跨度方向的支承长度,对吊车梁的轮压,可取 $a=50mm$;

h_y——梁顶面至所计算的腹板计算高度边缘的距离;

h_R——轨道的高度,当无轨道时,$h_R=0$。

当验算支座处腹板计算高度下边缘处的局部承压强度时,应取 $F=R$ 和 $\psi=1.0$。集中反力 R 的假定分布长度应根据支座的具体位置确定,如图 6-8 所示的支座布置,可取 $l_z = a + 2.5h_y$。

4. 梁在复杂应力状态下的强度计算

在连续板梁的支座处或简支板梁翼缘截面改变处,腹板计算高度边缘常同时受到较大的正应力、剪应力和局部压应力,或同时受到较大的正应力和剪应力(图 6-9),使该点处在复杂应力状态。为此应按下式验算该点的折算应力见式(6-9)。

$$\sqrt{\sigma^2 + \sigma_c^2 - \sigma\sigma_c + 3\tau^2} \leqslant \beta_1 f \tag{6-9}$$

式中:σ、τ、σ_c——分别为腹板计算高度同一点上同时产生的正应力、剪应力和局部压应力。

σ 和 σ_c 以拉应力为正值,压应力为负值。考虑到需验算折算应力的部位只是梁的局部区域,故公式(6-9)中引入了大于 1 的强度设计值增大系数 β_1。当 σ 与 σ_c 异号时,其塑性变形能力高于 σ 和 σ_c 同号时,故规定 β_1 的取值如下:

当 σ 与 σ_c 异号时,取 $\beta_1=1.20$;

当 σ 与 σ_c 同号或 $\sigma_c=0$ 时,取 $\beta_1=1.10$。

图 6-10 所示为某连续板梁的中间支座,在支座截面上负弯矩 M 和剪力 V 均是梁整跨上的最大值。在图中支座处腹板计算高度下边缘的 a 点,其正应力 σ 虽略小于边缘纤维处的 σ_{max},但 a 处 τ 值较大。在支座集中反力 R 作用下,a 点又有较大的局部压应力 σ_c,且 σ_c 和 σ 同属压应力,因而 a 点属上文所指同时受到较大正应力、剪应力和局部压应力而应验算折算应力的点。

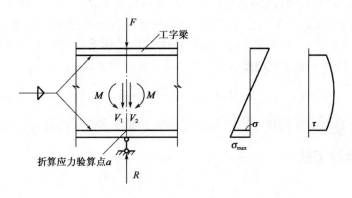

图 6-10 连续板梁中间支座处截面上 a 点的正应力和剪应力

二、梁的刚度

梁的刚度按正常使用极限状态下,荷载标准值引起的最大挠度来计算。梁的刚度不足将影响正常使用或外观。所谓正常使用系指设备的正常运行、装饰物与非结构构件不受损坏以及人的舒适感等。一般梁在动力影响下发生的振动亦可以通过限制梁的变形来控制。简支梁在各种荷载作用下的跨中最大挠度计算公式如下。

均布荷载:

$$\frac{v}{l} = \frac{5}{384} \frac{q_k l^3}{EI_x} \tag{6-10}$$

跨中一个集中荷载:

$$\frac{v}{l} = \frac{8}{384} \frac{p_k l^2}{EI_x} = \frac{1}{48} \frac{p_k l^2}{EI_x} \tag{6-11}$$

跨间等距离布置两个相等的集中荷载:

$$\frac{v}{l} = \frac{6.33 p_k l^2}{384 \ EI_x} \tag{6-12}$$

跨间等距离布置三个相等的集中荷载:

$$\frac{v}{l} = \frac{6.33 p_k l^2}{384 \ EI_x} \tag{6-13}$$

悬臂梁受均布荷载或自由端受集中荷载作用时,自由端最大挠度分别为:

$$\frac{v}{l} = \frac{1}{8} \frac{p_k l^3}{EI_x} \tag{6-14}$$

$$\frac{v}{l} = \frac{1}{3} \frac{p_k l^2}{EI_x} \tag{6-15}$$

式中:v——梁的最大挠度;

q_k——均布荷载标准值;

p_k——各个集中荷载标准值之和;

l——梁的跨度;

E——钢材的弹性模量($E = 2.06 \times 10^5 \text{N/m}^2$);

I_x——梁的毛截面惯性矩。

《设计规范》要求结构构件或体系变形不得损害结构正常使用功能。例如,如果楼盖梁或屋盖梁挠度太大,会引起居住者不适,或板面开裂;支承吊顶的梁挠度太大,会引起吊顶抹灰开裂脱落;吊车梁挠度太大,会影响吊车正常运行。因此设计钢梁除应保证各项强度要求之外,还应限制梁的最大挠度 v 或相对挠度 v/l 不超过规定容许值。

$$v \leqslant [v] \quad \text{或} \quad \frac{v}{l} \leqslant \left[\frac{v}{l} \right] \tag{6-16}$$

式中:$[v]$——梁的容许挠度,据附表 1-7 规定受弯构件挠度容许值确定。

三、梁的整体稳定性

1. 概述

钢梁最常用的截面是工字形(含 H 形),工字形截面的一个显著特点是两个主轴惯性矩相差极大,即 $I_x \gg I_y$(设 x 轴为其强轴,y 轴为其弱轴)。因此,当跨度中间无侧向支承的梁在其最大刚度平面内受荷载作用时,当荷载还不大,梁基本上在其最大刚度平面内弯曲,但当荷载大到一定数值后,梁将同时产生较大的侧向弯曲和扭转变形,最后很快地使梁丧失继续承载的能力。出现这种现象时,就称为梁丧失了整体稳定性,或称发生侧扭屈曲。

对于跨中无侧向支承的中等或较大跨度的梁,其丧失整体稳定性时的承载能力往往低于按其抗弯强度确定的承载能力。因此,这些梁的截面大小也就往往由整体稳定性所控制。

2. 梁的整体稳定性计算。

我国《设计规范》中对在最大刚度主平面内受弯的构件,整体稳定性应按下式计算:

$$\frac{M_x}{\varphi_b W_x} \leqslant f \tag{6-17}$$

式中:M_x——绕强轴作用的最大弯矩;

$\quad W_x$——按受压纤维确定的梁毛截面模量;

$\quad \varphi_b$——梁的整体稳定性系数。

这里再把《设计规范》中关于在两个主平面内受弯的工字形截面构件的整体稳定性验算公式列出如下:

$$\frac{M_x}{\varphi_b W_x} + \frac{M_y}{\gamma_y W_y} \leqslant f \tag{6-18}$$

对工字形截面(含 H 形钢)弱轴 y 轴弯曲时因不会有稳定问题而只需验算其抗弯强度。把对 x 轴的稳定和对 y 轴的强度两个验算公式相加即得(6-18)式,因而公式(6-18)不是一个理论公式(试验证明此式是可用的)。

(1)焊接工字形等截面(含 H 形钢)简支梁的整体稳定性系数

我国《设计规范》特给出如下的 φ_b 简化公式,使用于等截面焊接工字形和热轧 H 型钢简支梁的整体稳定系数的计算公式是:

$$\varphi_b = \beta_b \frac{4320}{\lambda_y^2} \cdot \frac{Ah}{W_x} \left[\sqrt{1 + \left(\frac{\lambda_y t_1}{4.4h} \right)^2} + \eta_b \right] \frac{235}{f_y} \tag{6-19}$$

式中:λ_y——梁在侧向支承间对截面弱轴 y 的长细比,即 $\lambda_y = l_1 / i_y$,l_1 是梁受压翼缘侧向支承点间的距离,i_y 为梁毛截面对 y 轴的回转半径;

$\quad A$——梁的毛截面面积;

h、t_1——梁截面的全高和受压翼缘的厚度;

$\quad \eta_b$——截面不对称影响系数:

对双轴对称工字形截面,$\eta_b = 0$;

加强受压翼缘时,$\eta_b = 0.8(2\alpha_b - 1)$;

加强受拉翼缘时,$\eta_b = 2\alpha_b - 1$,其中 $\alpha_b = I_1 / (I_1 + I_2)$,$I_1$ 和 I_2 分别为受压翼缘和受拉翼缘对 y 轴的惯性矩;

当为双轴对称时 $\alpha_b = 0.5$,加强受压翼缘时 $\alpha_b > 0.5$,加强受拉翼缘时 $\alpha_b < 0.5$;a_b 的范围是 $0 < \alpha_b < 1$。

上面说明的所有物理量,从 λ_y 直到 η_b 都只随梁的侧向无支长度和截面的形状、尺寸等而变化,可根据所给数据直接计算,与荷载无关。与荷载状况有关的只是 β_b,称为梁整体稳定的等效临界弯矩系数,见附表 1-10。

前述公式(6-19)是按弹性工作阶段导出的,当考虑残余应力影响时,可取比例极限 $f_P = 0.6 f_y$。

因此,当按公式(6-19)算得的 φ_b 值大于 0.60 时,梁已进入弹塑性工作阶段,根据理论与试验研究,应算出与 φ_b 相应的 φ_b' 来代替梁整体稳定计算式中的 φ_b 值(公式6-20)。

$$\varphi_b' = 1.07 - \frac{0.282}{\varphi_b} \leq 1.0 \qquad (6-20)$$

(2)双轴对称等截面悬臂梁(含 H 型钢)的整体稳定性系数

双轴对称等截面悬臂梁(含 H 型钢)的整体稳定性系数 φ_b 可按(6-19)计算,但由于是双轴对称工字形截面,故 $\eta_b = 0$,其系数 β_b 则应由附表1-12查取。需注意的是:①侧向长细比 $\lambda_i = l_1/i_y$ 中的 l_1 和 ξ 中的 l_1 都是指悬臂梁的悬臂长度;②当求得的 $\varphi_b > 0.6$ 时,也应按公式(6-20)换算成 φ_b' 代替 φ_b 值。

(3)轧制普通工字钢简支梁的整体稳定性系数

轧制普通工字钢的截面虽然也是工字形,但其翼缘厚度是变化的,不能把其翼缘板简化为矩形截面,此外,翼缘板与腹板交接处具有加厚的圆角。其 φ_b 如简单套用焊接工字形截面简支梁的 φ_b 公式求取,将引起较大的误差。为此《设计规范》中对轧制普通工字钢简支梁的 φ_b 直接给出了数值,如附表1-11所示,可按工字钢型号、荷载类型与作用点高度以及梁的侧向无支长度(即自由长度)直接查表得到 φ_b。当查得的 $\varphi_b > 0.60$ 时,也需按公式(6-20)换算成 φ_b' 代替原来的 φ_b。

(4)轧制普通槽钢简支梁的整体稳定性系数

《设计规范》中对轧制普通槽钢简支梁的整体稳定性系数,不论荷载形式及荷载作用点高度,规定均按下式计算:

$$\varphi_b = \frac{570bt}{l_1 h} \cdot \frac{235}{f_y} \qquad (6-21)$$

式中:h、b、t——分别为槽钢的截面高度、翼缘宽度和平均厚度由型钢表(附表2-5)中查得。

根据式(6-21)求得的 $\varphi_b > 0.60$ 时,也应按式(6-20)换算成 φ_b',代替 φ_b 值。

(5)受弯构件整体稳定性系数 φ_b 的近似计算

受弯构件整体稳定性系数 φ_b 主要用于梁的整体稳定计算,但也用于压弯构件弯矩作用平面外的稳定计算公式中。用于前者时,φ_b 必须按上面所介绍的《设计规范》规定公式计算;用于后者时,《设计规范》中特别给出了 φ_b 的近似计算公式如下:

①工字形截面。

双轴对称时(含 H 型钢):

$$\varphi_b = 1.07 - \frac{\lambda_y^2}{44000} \cdot \frac{f_y}{235} \qquad (6-22a)$$

单轴对称时:

$$\varphi_b = 1.07 - \frac{W_x}{(2\alpha_b + 0.1)Ah} \cdot \frac{\lambda_y^2}{14000} \cdot \frac{f_y}{235} \qquad (6-22b)$$

当按式(6-22a)和式(6-22b)算得的 $\varphi_b > 1.0$ 时,取 $\varphi_b = 1.0$。

②T 形截面(弯矩绕 x 轴作用在对称轴平面)。

a. 弯矩使翼缘受压时

双角钢 T 形截面:

$$\varphi_b = 1 - 0.0017\lambda_y\sqrt{\frac{f_y}{235}} \qquad (6-23)$$

两钢板焊接而成的 T 形截面和剖分 T 型钢：

$$\varphi_b = 1 - 0.0022\lambda_y\sqrt{\frac{f_y}{235}} \tag{6-24}$$

b.弯矩使翼缘受拉且腹板宽厚比不大于 $18\sqrt{\dfrac{235}{f_y}}$ 时

$$\varphi_b = 1 - 0.0005\lambda_y\sqrt{\frac{f_y}{235}} \tag{6-25}$$

所有按上述公式求得的 $\varphi_b > 0.6$ 时，都不必按公式(6-20)换算成 φ_b'(因在导出上述公式时,已考虑这种换算,这里的 φ_b 实际已是 φ_b')。

3.影响钢梁整体稳定性的主要因素

由钢梁整体稳定性临界弯矩公式可以看到影响临界弯矩大小的因素有：

(1)梁侧向无支长度或受压翼缘侧向支承点的间距越小,则整体稳定性能越好,临界弯矩值越高。

(2)梁截面的尺寸,包括各种惯性矩。惯性矩 I_y、I_t 和 I_ω 越大,则梁的整体稳定性能就越好,特别是梁的受压翼缘宽度 b_1 的加大,可大大提高梁的整体稳定性能。

(3)梁端支座对截面的约束。支座如能提供对截面 y 轴的转动约束,梁的整体稳定性能可大大提高。

(4)梁所受荷载类型。

(5)沿梁截面高度方向的荷载作用点位置。作用点位置不同,临界弯矩也因之而异。荷载作用于梁的上翼缘时,临界弯矩将降低;荷载作用于下翼缘时,临界弯矩将提高。当荷载作用在梁的上翼缘时,荷载对梁截面的转动有加大作用,因而降低梁的稳定性能;反之,则提高梁的稳定性能。

4.可不计算梁的整体稳定性情况

(1)当梁上有铺板(钢筋混凝土板和钢板)密铺在梁的受压翼缘上并与其牢固相连、能阻止梁受压翼缘的侧向位移时,可不计算梁的整体稳定性。

这里必须注意的是要达到铺板能阻止梁受压翼缘发生侧向位移,其一,铺板自身必须具备一定的刚度;其二,铺板必须与钢梁牢固相连,否则就达不到预期的目的。

(2)H 型钢或等截面工字形简支梁受压翼缘的自由长度 l_1 与其宽度 b_1 之比不超过附表 1-6 所规定的数值时。

四、梁的局部稳定

为了增加板梁截面的惯性矩,选用板梁截面尺寸时常需加大其截面各板件的宽厚比或高厚比。例如当已确定所需工字形截面翼缘板的截面积 $A_f = bt$、具体选用 b 与 t 时,采用 b/t 比值较大,则所得截面的 I_y 也就较大。又如,增加腹板高度对增大惯性矩 I_x 的影响远较增加腹板厚度为显著。增大板梁的板件高(宽)厚比显然可得到较经济的梁截面,但同时却又带来另一个问题,即各板件有可能先行局部失去稳定性。轧制型钢梁,由于轧制条件限制,梁的翼缘和腹板的厚度都较大,因而没有局部稳定性问题,而在板梁的设计中却必须考虑及此。梁丧失局部稳定性的后果虽然没有丧失整体稳定性会导致梁立即失去承载能力那样严重,但丧失局部稳定性会改变梁的受力状况、降低梁的整体稳定性和刚度,因而对局部稳定性问题仍必须认真对待。

对工字形截面焊接组合梁组成板件的局部稳定性问题的处理方法,目前我们采用以下三种方式:

(1)对翼缘板,采用限制其宽厚比以保证不使翼缘板局部失稳。

(2)对直接承受动力荷载的吊车梁或其他不考虑腹板屈曲后强度的组合梁,在其腹板配置加劲肋,把腹板分成若干区格,对各区格计算其稳定性,保证不使局部失稳。对吊车梁之所以不考虑腹板屈曲后强度,是防止多次反复屈曲可能导致腹板出现疲劳裂纹。

(3)对承受静力荷载和间接承受动力荷载的组合梁,容许腹板局部失稳,考虑腹板的屈曲后强度,计算腹板局部屈曲后梁截面的抗弯和抗剪承载力。

1. 翼缘板的容许宽厚比

工字形截面组合梁的受压翼缘板可看作为在板平面均匀受压的两块三边支承、一边自由的矩形板条,其纵向的一条边与腹板相连,由于腹板的厚度常小于翼缘板的厚度,腹板对翼缘板的转动约束甚小,该边可视作为简支边。两条横向支承边可看作简支于支承加劲肋或横向加劲肋的顶部。板条的平面尺寸为 $a \times b_1$,a 是腹板横向加劲肋的间距,b_1 是受压翼缘板自由外伸宽度。

我国《设计规范》中对焊接构件取:$b_1 = \dfrac{b - t_w}{2}$。即 b_1 为腹板面至翼缘边缘的距离。具体设计时通常也可偏安全地取 b_1 为翼缘板宽度 b 的一半。

我国《设计规范》中确定考虑塑性变形发展时受压翼缘自由外伸宽度 b_1 与厚度 t 比值的近似限值如下:

$$\frac{b_1}{t} \leqslant \sqrt{\frac{3}{4}} \left(15 \sqrt{\frac{235}{f_y}} \right) = 13 \sqrt{\frac{235}{f_y}} \qquad (6\text{-}26)$$

对箱形截面梁受压翼缘板在两腹板间的宽度 b_0 与其厚度 t 之比,我国《设计规范》规定为:

$$\frac{b_0}{t} \leqslant 40 \sqrt{\frac{235}{f_y}} \qquad (6\text{-}27)$$

此式的来源与前述工字形截面受压翼缘自由外伸宽度与厚度比的公式相似。但此时翼缘板为四边简支纵向均匀受压,屈曲系数 $K = 4$,同时规范中并未像对工字形截面那样区分按弹性设计或考虑塑性变形在截面上的发展(即不区分采用 $\gamma_x = 1.0$ 或 $\gamma_x = 1.05$),得:

$$\frac{b_0}{t} \leqslant \sqrt{\frac{0.5 \times 4 \times \pi^2 \times 206 \times 10^3}{12(1 - 0.3^2) \times 235}} = 40 \sqrt{\frac{235}{f_y}}$$

2. 工字形截面(含 H 形截面)腹板的加劲肋布置

前已言及,对不考虑腹板屈曲后强度的工字形截面焊接梁,为了保证腹板不失去局部稳定性,应在腹板上设置加劲肋。最常用的加劲肋设置方法是采用两块矩形钢板条分别焊接于腹板的两侧,如图6-11c)所示。根据腹板的高厚比 h_0/t_w 大小(h_0 为腹板的计算高度)和所受荷载的情况,腹板加劲肋有四种:支承加劲肋、横向加劲肋、纵向加劲肋和短加劲肋,如图 6-11 所示。支承加劲肋用于承受固定集中荷载(如梁端支座反力),它和横向加劲肋在板梁中常均需设置。纵向加劲肋和短加劲肋则并非所有板梁中均有,在后面将作详细介绍。

因梁的用途不同和被加劲肋分割的腹板各区格位置不同,各腹板区格所受的荷载也就互异。为了验算各腹板区格的局部稳定性,应先求取在各种单独荷载作用下各区格保持稳定的临界应力,然后利用各种应力同时作用下的临界条件验算各区格的局部稳定性。

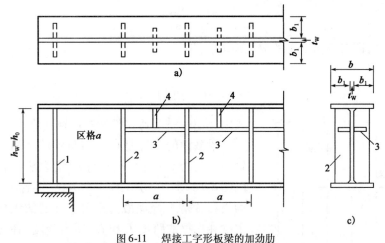

图 6-11　焊接工字形板梁的加劲肋
1-支承加劲肋;2-横向加劲肋;3-纵向加劲肋;4-短加劲肋

五、型钢梁的截面设计

型钢梁包括有热轧 H 型钢、热轧普通工字钢和热轧普通槽钢等制成的梁。这些型钢都有规定的国家标准,其尺寸和截面特性都可按标准查取,因此其设计步骤比较简单。在结构布置就绪后即可根据梁的抗弯强度和整体稳定性求得其必需的截面模量 W_x,根据刚度求得其必需的截面惯性矩 I_x,然后按需要的 W_x 和 I_x 从型钢表(附录 2)中试选合适的截面,最后就选取的截面进行强度、整体稳定性和刚度(挠度)验算。热轧型钢的组成板件宽厚比不大,常无局部稳定性问题。

抗弯强度需要的截面模量为:

$$W_x \geqslant \frac{M_x}{\gamma_x f} \tag{6-28}$$

整体稳定性需要的截面模量为:

$$W_x \geqslant \frac{M_x}{\varphi_b f} \tag{6-29}$$

式中:M_x——梁所承受的最大弯矩设计值。

两者中选其较大值。式(6-29)中的整体稳定性系数 φ_b 需预先假定,因而由其求出的 W_x 是一个估算值,不是一个确切的需要值。

梁的刚度要求就是限制其在荷载标准值作用下的挠度不超过容许值。《设计规范》中对各种用途的钢梁规定了容许挠度。梁的挠度可按材料力学中的公式计算。例如:满跨均布荷载作用下简支梁的最大挠度为:

$$v = \frac{5}{384} \cdot \frac{q_k l^4}{EI_x} = \frac{5}{48} \cdot \frac{M_{xk} l^2}{EI_x} \tag{6-30}$$

跨度中点一个集中荷载作用下简支梁的最大挠度为:

$$v = \frac{1}{48} \cdot \frac{q_k l^3}{EI_x} = \frac{1}{12} \cdot \frac{M_{xk} l^2}{EI_x} \tag{6-31}$$

在较复杂的荷载作用下,如在均布荷载和多个集中荷载共同作用下,简支梁的最大挠度可近似地按下式计算:

$$v = \frac{1}{10} \cdot \frac{M_{xk} l^2}{EI_x}$$ (6-32)

由这些公式,即可求出需要的惯性矩 I_x。即:

$$I_x \geqslant \frac{1}{10} \cdot \frac{M_{xk} l^2}{E[v]}$$ (6-33)

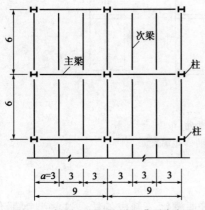

图6-12 例题6-1所示厂房工作平台布置
(尺寸单位:m)

式中:$[v]$——受弯构件的容许挠度值。

梁截面的设计是在结构布置就绪后进行。结构布置适当与否对整个结构设计是否经济合理起主导作用。以图6-12所示厂房工作平台为例,可看出其平面柱网和梁格布置是否合理最为重要。柱网的纵横尺寸确定了主梁和次梁的跨度 L 和 l。增大跨度,在一定的平台面积下可减少柱子和基础的数目,增大平面空间,但同时也必增大了梁的截面尺寸,这就有一个经济性和适用性的问题。因此型钢梁的设计不但是具体选用梁的截面尺寸,还应包括良好的结构布置,这就需要必要的设计经验积累和方案比较。下面单就型钢梁的截面设计举例说明。

[**例题 6-1**] 某工作平台的布置如图6-12所示。平台板为预制钢筋混凝土板,焊接于次梁。已知平台永久荷载标准值(包括平台板自重)$q_{Gk} = 4kN/m^2$,平台可变荷载标准值 $q_{Qk} = 8kN/m^2$(为静力荷载)。钢材为 Q235B。试设计此工作平台次梁和主梁的截面。

解 (1)次梁(跨度 $l = 6m$ 的两端简支梁)设计。

①荷载及内力(暂不计次梁自重)。

荷载标准值:

$$q_k = (q_{Gk} + q_{Qk}) \cdot a = (4 + 8) \times 3 = 36(kN/m)$$

荷载设计值:

$$q = (1.2 q_{Gk} + 1.3 q_{Qk}) \cdot a$$
$$= (1.2 \times 4 + 1.3 \times 8) \times 3 = 45.6(kN/m)$$

最大弯矩标准值:

$$M_{xk} = \frac{1}{8} q_k l^2 = \frac{1}{8} \times 36 \times 6^2 = 162(kN \cdot m)$$

最大弯矩设计值:

$$M_x = \frac{1}{8} q l^2 = \frac{1}{8} \times 45.6 \times 6^2 = 205.2(kN \cdot m)$$

最大剪力设计值:

$$V = \frac{1}{2} q l = \frac{1}{2} \times 45.6 \times 6 = 136.8(kN)$$

②试选截面。

设次梁自重引起的弯矩为 $0.02M_x$(估计值)。次梁上铺钢筋混凝土平台板并与之相焊接,故对次梁不必计算整体稳定性。截面将由抗弯强度确定。

需要的截面模量为：

$$W_x \geq \frac{M_x}{\gamma_x f} = \frac{1.02 \times 205.2 \times 10^6}{1.05 \times 215} \times 10^{-3} = 927.1\,(\text{cm}^3)$$

均布荷载下简支梁的挠度条件为：

$$\frac{5}{48} \cdot \frac{M_{xk} l^2}{EI_x} \leq [v] = \frac{l}{250}。$$

需要的惯性矩为：

$$I_x \geq \frac{5 \times 250}{48E} \cdot M_{xk} l = \frac{5 \times 250}{48 \times 206 \times 10^3}(1.02 \times 162 \times 10^6) \times 6000 \times 10^{-4} = 12533\,(\text{cm}^4)$$

次梁截面常采用热轧普通工字钢，按需要的 W_x 和 I_x 查附表2-4，得最轻的热轧普通工字钢为 I40a，供给截面特性为：

$$W_x = 1090\text{cm}^3 \quad I_x = 21700\text{cm}^4 \gg 12533\text{cm}^4$$

$$S_x = 636\text{cm}^3 \quad t_w = 10.5\text{mm} \quad t = 16.5\text{mm}$$

自重：

$$g = 67.60 \times 9.81 = 663\,(\text{N/m}) = 0.663\,(\text{kN/m})$$

③截面验算（计入次梁自重）。

弯矩设计值：

$$M_x = 205.2 + \frac{1}{8}(1.2 \times 0.663) \times 6^2 = 208.8\,(\text{kN} \cdot \text{m})$$

剪力设计值：

$$V = 136.8 + \frac{1}{2}(1.2 \times 0.663) \times 6 = 139.2\,(\text{kN})$$

抗弯强度：

$$\frac{M_x}{\gamma_x W_x} = \frac{208.8 \times 10^6}{1.05 \times 1090 \times 10^3} = 182.4\,(\text{N/mm}^2) < f = 205\,(\text{N/mm}^2)$$

抗剪强度：

$$\tau = \frac{VS_x}{I_x t_w} = \frac{(139.2 \times 10^3)(636 \times 10^3)}{21700 \times 10^4 \times 10.5} = 38.9\,(\text{N/mm}^2) \ll f_v = 125\,(\text{N/mm}^2)$$

因供给的 $I_x = 21700\text{cm}^4 \gg 12533\text{cm}^4$（需要值），挠度条件必然满足，不再验算。

上述计算中因所选普通工字钢翼缘厚度 $t > 16\text{mm}$，故取 $f = 205\text{N/mm}^2$。因腹板厚 $t_w < 16\text{mm}$，故取 $f_v = 125\ \text{N/mm}^2$。

（2）中间列主梁设计。

①内力计算。

中间主梁为跨度 $L = 9\text{m}$ 的简支梁。承受由两侧次梁传来的集中荷载（反力），各作用在跨度的三分点处。

集中荷载（次梁传来的反力）：

$$P_k = q_k l = 36 \times 6 = 216\,(\text{kN})$$

$$P = ql = 45.6 \times 6 = 273.6\,(\text{kN})$$

弯矩：

$$M_{xk} = \frac{1}{3}P_k L = \frac{1}{3} \times 216 \times 9 = 648\,(\text{kN} \cdot \text{m})$$

$$M = \frac{1}{3}PL = \frac{1}{3} \times 273.6 \times 9 = 820.8(\text{kN} \cdot \text{m})$$

剪力: $$V = P = 273.6(\text{kN})$$

②试选截面。

$$W_x \geqslant \frac{M_x}{\gamma_x f} = \frac{1.02 \times 820.8 \times 10^6}{1.05 \times 205 \times 10^3} = 3890(\text{cm}^3)$$

$$I_x \geqslant \frac{1}{10} \frac{M_{xk}L^2}{E[v]} = \frac{1}{10} \frac{1\,400 \times 648 \times 1.02 \times 10^6}{206 \times 10^3 \times 10^4} \times 9000 = 115510(\text{cm}^4)$$

以上二式中取主梁自重影响系数为 1.02，$\left[\dfrac{v}{L}\right] = 1/400$。由附表 2-6 选用热轧 H 型钢为 HM600 $\times$ 300 $\times$ 12 $\times$ 20（中翼缘 H 型钢），截面特性为：

$$W_x = 4020(\text{cm}^3)，I_x = 11800(\text{cm}^4)$$

自重 $g = 151 \times 9.81 \times 10^{-3} = 1.48(\text{kN/m})$

截面实际高度为：$h = 588(\text{mm})$。

③截面验算。

弯矩标准值：$M_{xk} = 648 + \dfrac{1}{8} \times 1.48 \times 9^2 = 663(\text{kN} \cdot \text{m})$

弯矩设计值：$M_x = 820.8 + \dfrac{1}{8} \times 1.48 \times 1.2 \times 9^2 = 838.8(\text{kN} \cdot \text{m})$

剪力设计值：$V = 273.6 + \dfrac{1}{2} \times 1.48 \times 1.2 \times 9 = 281.6(\text{kN})$

抗弯强度：$\dfrac{M_x}{\gamma_x W_x} = \dfrac{838.8 \times 10^6}{1.05 \times 4020 \times 10^3} = 198.7(\text{N/mm}^2) < f = 205(\text{N/mm}^2)$

因 $\dfrac{l_1}{b_1} = \dfrac{3 \times 10^3}{300} = 10 < 16$（附表 1-8），不需验算整体稳定性。

抗剪强度：$\tau = \dfrac{V}{ht} = \dfrac{281.6 \times 10^3}{588 \times 12} = 39.9(\text{N/mm}^2) \ll f_v = 125(\text{N/mm}^2)$

挠度：$\dfrac{v}{L} = \dfrac{1}{10} \cdot \dfrac{M_{xk}L}{EI_x} = \dfrac{1}{10} \cdot \dfrac{663 \times 10^6 \times 9000}{206 \times 10^3 \times 118000 \times 10^4} = \dfrac{1}{407} < \left[\dfrac{v}{L}\right] = \dfrac{1}{400}$。

符合规范要求。

第三节　梁腹板加劲肋的设计

在上一节中已介绍了腹板区格在各种受力状态下的屈曲临界应力和保持局部稳定的条件。前面还介绍过，我国《设计规范》对翼缘板的局部稳定是依靠限制其宽厚比来保证，而对不考虑腹板屈曲后强度的梁的腹板局部稳定则是依靠设置各种加劲肋来保证。本节将对我国《设计规范》中关于腹板加劲肋的设计进行说明。

一、腹板加劲肋的设置

《设计规范》对腹板加劲肋的配置规定为：

(1) 当 $h_0/t_w \leqslant 80\sqrt{235/f_y}$ 时，对有局部压应力（即 $\sigma_c \neq 0$）的梁，应按构造要求配置横向加

劲肋;但对无局部压应力(即 $\sigma_c = 0$)的梁,可不配置加劲肋。

(2)当 $h_0/t_w > 80\sqrt{235/f_y}$ 时,应配置横向加劲肋;其中,当 $h_0/t_w > 170\sqrt{235/f_y}$(受压翼缘扭转受到约束时)或 $h_0/t_w > 150\sqrt{235/f_y}$(受压翼缘扭转未受到约束时)时,或按计算需要时,应在弯曲应力较大区格的受压区配置纵向加劲肋。对局部压应力 σ_c 很大的梁,必要时尚应在受压区配置短加劲肋。此处 h_0 为腹板的计算高度;对单轴对称梁,当确定是否需要配置纵向加劲肋时,h_0 应为腹板受压区高度 h_c 的 2 倍;t_w 为腹板的厚度。任何情况下 h_0/t_w 均不应超过 250。

(3)梁的支座处和上翼缘受有较大固定集中荷载处,宜设置支承加劲肋。

以上三点对四种加劲肋的设置均作了明确的规定。腹板局部稳定的保证是首先根据上述规定配置加劲肋,把整块腹板分成若干区格,然后对每块区格进行稳定验算,不满足要求时应重新布置或改变加劲肋间距再进行稳定计算。这里要注意:横向加劲肋间距 a 的改变将影响腹板区格的剪切临界应力 τ_{cr} 和承压临界应力 σ_{cr},但不影响弯曲临界应力 σ_{cr}(请由 λ_s、λ_c 和 λ_b 的公式思考,何故?)因此为了提高腹板区格在剪切和局部承压作用下的局部稳定性我们可以缩小横向加劲肋的间距,但不能用缩小横向加劲肋的间距来提高区格在弯曲应力作用下的稳定性。当弯曲应力作用下区格稳定性不足时,只能依靠在区格受压区设置纵向加劲肋来解决。短加劲肋的设置固然可以提高局部压应力作用下的临界应力,但增加制造工作量和影响腹板的工作条件,因而只宜在局部压应力 σ_c 很大的梁中采用。

当腹板的高厚比 h_0/t_w 满足一定要求时,腹板不需配置横向加劲肋。此时板梁两端支座处的支承加劲肋间距 a 就等于梁的跨度,通常可取 $a/h_0 = 10$,抗剪屈曲系数 $K \approx 5.34$。由剪切临界应力公式知当 $\lambda_s = 0.8$ 时,$\tau_{cr} = f_v$,得:

$$\lambda_s = \frac{h_0/t_w}{41\sqrt{5.34}}\sqrt{\frac{f_y}{235}} \leqslant 0.8 \tag{6-34}$$

解得:

$$\frac{h_0}{t_w} \leqslant 0.8 \times 41\sqrt{5.34}\sqrt{\frac{235}{f_y}} = 76\sqrt{\frac{235}{f_y}} \approx 80\sqrt{\frac{235}{f_y}} \tag{6-35}$$

说明若满足上述条件,不设横向加劲肋时腹板剪应力在到达抗剪强度设计值 f_v 以前不会发生剪切屈曲。这就是上述《设计规范》规定第一点的依据。美国《钢结构建筑设计规范》(ANS1-AISC-360-05)中规定当 $h_0/t_w \leqslant 2.45\sqrt{E/f_y} = 72.5\sqrt{235/f_y}$ 时,板梁的腹板可不设横向加劲肋,此规定较我国《设计规范》的规定略严。

根据上述同样的推导,当腹板区格承受弯曲应力时,若 $\lambda_b \leqslant 0.85$ 则 $\sigma_{cr} = f$;再由公式(6-34)可分别解得:

受压翼缘扭转受到约束时

$$\frac{h_0}{t_w} \leqslant 0.85 \times 177\sqrt{\frac{235}{f_y}} = 150\sqrt{\frac{235}{f_y}} \tag{6-36}$$

受压翼缘扭转不受到约束时

$$\frac{h_0}{t_w} \leqslant 0.85 \times 153\sqrt{\frac{235}{f_y}} = 130\sqrt{\frac{235}{f_y}} \tag{6-37}$$

若满足上述 h_0/t_w 的条件,腹板不设纵向加劲肋,当腹板上边缘的弯曲应力在到达钢材抗弯强度设计值 f 时不会发生因弯曲屈曲而失稳。这就是前面介绍《设计规范》规定第二点的根据。但要注意到《设计规范》中的 h_0/t_w 限值是 $170\sqrt{235/f_y}$ 和 $150\sqrt{235/f_y}$,而不是 $150\sqrt{235/f_y}$

和 $130\sqrt{235/f_y}$。这是因为考虑到需验算腹板局部稳定的梁常是吊车梁,吊车梁在竖向轮压作用下的腹板弯曲压应力在设计时通常控制在$(0.8\sim0.85)f$,因而把需设置纵向加劲肋的 h_0/t_w 限值提高了。为了照顾到不是吊车梁的情况,上述《设计规范》规定的第二点中对设置纵向加劲肋的条件还加了一句"或根据计算需要时"。此时的 h_0/t_w 限值就可能低于 $170\sqrt{235/f_y}$ 或 $150\sqrt{235/f_y}$。

《设计规范》规定任何情况下腹板的 h_0/t_w 均不应超过250,这是为了避免产生过大的焊接翘曲变形。因而这个限值与钢材的牌号无关。

二、腹板中间加劲肋的计算和构造要求

腹板中间加劲肋是指专为加强腹板局部稳定性而设置的横向加劲肋、纵向加劲肋以及短加劲肋。中间加劲肋必须具有足够的弯曲刚度以满足腹板屈曲时加劲肋作为腹板的支承的要求,即加劲肋应使该处的腹板在屈曲时基本无出平面的位移。

(1)中间横向加劲肋通常宜在腹板两侧成对配置。除重级工作制吊车梁的加劲肋外,也可单侧配置。截面多数采用钢板,也可用角钢等型钢,见图6-13。钢材常采用Q235,高强度钢用于此处并不经济,因此不宜使用。

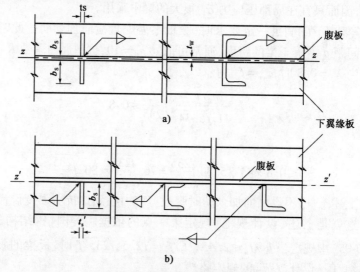

图6-13　腹板的中间横向加劲肋

(2)横向加劲肋的截面。我国《设计规范》规定,横向加劲肋用钢板两侧配置时,其宽度和厚度应按下列条件选用,见图6-13a)。

$$\left.\begin{aligned} b_s &\geqslant \frac{h_0}{30}+40(\text{mm}) \\ t_s &\geqslant \frac{b_s}{15} \end{aligned}\right\} \tag{6-38}$$

当为单侧配置时,见图6-13b)。

$$\left.\begin{aligned} b_s' &\geqslant 1.2\left(\frac{h_0}{30}+40\text{mm}\right) \\ t_s' &\geqslant \frac{b_s'}{15} \end{aligned}\right\} \tag{6-39}$$

这里采用 $b'_s = 1.2b_s$，为的是使与两侧配置时有基本相同的刚度。当采用型钢截面（轧制工字钢、槽钢和趾尖焊于腹板的角钢）时，型钢也应具有相应钢板加劲肋相同的惯性矩。在腹板两侧成对配置的加劲肋，其惯性矩应按梁腹板的中心线 z-z 轴进行计算。在腹板单侧配置的加劲肋，其惯性矩应按与加劲肋相连的腹板表面为轴线，见图 6-13b）中的 z'-z' 轴线进行计算（以下将讲述的对纵向加劲肋截面惯性矩的要求，其计算均同此规定）。

横向加劲肋的最小间距为 $0.5h_0$，最大间距为 $2h_0$（对无局部压应力的梁，当 $h_0/t_w \le 100$ 时可采用 $2.5h_0$）。

（3）同时采用横向加劲肋和纵向加劲肋时，在其相交处应切断纵向加劲肋。纵向加劲肋视作支承在横向加劲肋上。因此，横向加劲肋的尺寸除满足式（6-38）和式（6-39）要求外，还应满足下述惯性矩要求：

$$I_z \ge 3h_0t_w^3 \tag{6-40}$$

纵向加劲肋的惯性矩应符合下述要求：

当 $a/h_0 \le 0.85$ 时

$$I_y \ge 1.5h_0t_w^3 \tag{6-41a}$$

当 $a/h_0 > 0.85$ 时

$$I_y \ge \left(2.5 - 0.45\frac{a}{h_0}\right)\left(\frac{a}{h_0}\right)^2 h_0t_w^3 \tag{6-41b}$$

y 轴是板梁腹板竖向中线，如图 6-14a）所示。纵向加劲肋至腹板计算高度受压翼缘的距离应在 $h_c/2.5 \sim h_c/2$ 范围内。

（4）当采用短加劲肋时，短加劲肋的最小间距为 $0.75h_1$。短加劲肋的外伸宽度应取为横向加劲肋外伸宽度的 $0.7 \sim 1.0$ 倍，厚度不应小于短加劲肋外伸宽度的 1/15。

（5）焊接梁的横向加劲肋与翼缘板相接处应切角以避开梁的翼缘焊缝。当切成斜角时，其宽约为 $b_s/3$（但不大于 40mm），其高约 $b_s/2$（但不大于 60mm）如图 6-14b）所示，b_s 为加劲肋的宽度。

（6）横向加劲肋的端部与板梁受压翼缘须用角焊缝连接，如图 6-14 所示，以增加加劲肋的稳定性，同时还可增加对板梁受压翼缘的转动约束；与板梁受拉翼缘一般可不相焊接，且容许横向加劲肋在受拉翼缘处提前切断，如图 6-14a）所示。特别是在承受动力荷载的梁中，以防止受拉翼缘处的应力集中和增加疲劳强度。横向加劲肋与板梁腹板用角焊缝连接，其焊脚尺寸 h_f 按构造要求确定。

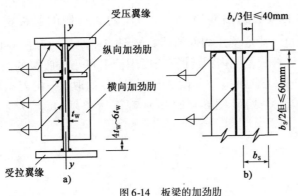

图 6-14 板梁的加劲肋

a）纵向加劲肋惯性矩轴线 y-y；b）横向加劲肋的切角

103

三、腹板的支承加劲肋

在板梁承受较大的固定集中荷载 N 处（包括梁的支座处），常需设置支承加劲肋以传递此集中荷载至梁的腹板。同时，支承加劲肋又具有加强腹板局部稳定性的中间横向加劲肋的作用，因此，对横向加劲肋的截面尺寸要求，在设计支承加劲肋时仍要遵守。此外，支承加劲肋必须在腹板两侧成对配置，不应单侧配置。图 6-15 所示为支承加劲肋的设置。

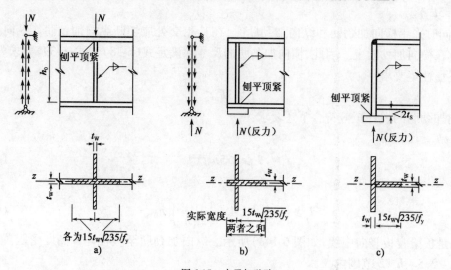

图 6-15　支承加劲肋
a)中间支承加劲肋；b)、c)支座支承加劲肋

支承加劲肋截面的计算主要包含两项内容：

(1)按承受集中荷载或支座反力的轴心受压构件计算其在腹板平面外的稳定性。

(2)按所承受集中荷载或支座反力进行加劲肋端部承压截面或连接的计算：如端部为刨平顶紧时，应计算其端部承压应力并在施工图纸上注明刨平顶紧的部位；如端部为焊接时，应计算其焊缝应力。此外，还需计算加劲肋与腹板的角焊缝连接，但通常算得的焊脚尺寸很小，往往由构造要求 h_{fmin} 控制。

1. 按轴心受压构件计算腹板平面外的稳定性

当支承加劲肋在腹板平面外屈曲时，必带动部分腹板一起屈曲。因而支承加劲肋的截面除加劲肋本身截面外还可计入与其相邻的部分腹板的截面，我国《设计规范》规定，取加劲肋每侧 $15t_w\sqrt{235/f_y}$ 范围内的腹板如图 6-15 所示，当加劲肋一侧的腹板实际宽度小于 $15t_w\sqrt{235/f_y}$ 时，则用此实际宽度。中心受压构件的计算简图如图 6-15a)和图 6-15b)所示，在集中力 N 作用下，其反力分布于杆长范围内，其计算长度理论上可小于腹板的高度 h_0，我国《设计规范》中规定取为 h_0 偏安全(ISO 规范和美国 AISC 规范中均取 $l_0 = 0.75h_0$)。求稳定系数 φ 时，图 6-15a)所示截面为 b 类截面，图 6-15c)所示截面属单轴对称，为 c 类截面。验算条件为：

$$\frac{N}{\varphi A_s} \leqslant f \tag{6-42}$$

2. 端部承压应力的计算

验算条件为：

$$\frac{N}{A_{ce}} \leq f_{ce} \tag{6-43}$$

在计算加劲肋端面承压面积 A_{ce} 时要考虑加劲肋端面的切角[如同图6-15b)的上端]。钢材的端面承压强度设计值 f_{ce}(见附表1-1),其值是根据钢材抗拉强度标准值 f_u 除以抗力分项系数 γ_R 得出。因此,钢材的 f_{ce} 远大于 f,例如Q235是钢的 $f = 215\text{N/mm}^2$,而其 $f_{ce} = 325\text{N/mm}^2$,增大了约50%。

3.支承加劲肋与钢梁腹板的角焊缝连接

计算公式为:

$$\frac{N}{0.7 h_f \sum l_w} \leq f_f^w \tag{6-44}$$

焊脚尺寸 h_f 应满足构造要求: $h_f \geq h_{fmin} = 1.5\sqrt{t}$,$t$ 为加劲肋厚度与腹板厚度两者中的较大值。在确定每条焊缝长度 l_w 时,要扣除加劲肋端部的切角长度。因焊缝所受内力可看作沿焊缝全场均布,故不必考虑 l_w 是否大于限值 $60 h_f$。

第四节　梁的拼接

构件因钢材的长度或宽度不够而需接长或加宽,因而在钢结构制造厂进行拼接的称为工厂拼接。因构件的运输条件或吊装条件限制,需将构件分段制作,即运到工地后在地面拼接或吊至高空在高空进行拼接的,统称为工地拼接。所有钢结构构件包括梁、轴心拉杆和压杆、拉弯构件和压弯构件等均有拼接问题。本节介绍梁的拼接,但所述拼接的设计原则也同样适用于其他构件。拼接的构造和设置因构件类型、制造条件、运输及吊装条件等不同而多种多样。但下列设计原则是有普遍意义的。

(1)构件各组成板件都必须有各自的拼接件和拼接连接,使传力均匀和直接。例如工字形截面的梁或柱,在拼接时,其翼缘板和腹板都须有各自的拼接。又如角钢两个边都须有各边的拼接,或直接用角钢拼接角钢。

(2)构件各组成板件的拼接,当为工厂拼接时宜根据钢材的供应情况错开分散在各截面处,如图6-16a)所示;而在工地拼接时,为了便于分段运输或分段吊装,拼接宜集中在一个截面处或一个截面的附近处,如图6-16b)、c)所示。

(3)拼接设计的内容包括:拼接位置的确定、拼接件的配置及截面尺寸的选定、拼接连接的布置及计算等。拼接设计中一种方法是按原截面的最大强度进行,使拼接与原截面等强;另一种方法是按拼接所在截面的实际最大内力设计值进行。设计人员可根据具体情况选用其中的一种。一般情况下,工厂拼接常按等强度设计,可便于在制造时根据材料的具体情况而移动拼接位置;重要的工地拼接也常用等强度设计,如重要的轴心受力构件,特别是受拉构件的拼接更是如此。

(4)拼接设计应力求便于制造和安装。例如高空的拼接常因不便于焊接而采用高强度螺栓连接;所有工地拼接当采用焊接连接时,都应考虑安装定位的措施如设置定位的安装螺栓或定位的零件等,以保证焊接时的位置正确。

图6-16为梁的拼接示例。其中图6-16a)所示为翼缘板和腹板拼接分散在不同截面处、采用对接焊缝的工厂拼接。这种拼接最为经济,除焊缝外不需要其他拼接件,不但节省钢材,而且传力也最直接。当对接焊缝的质量符合《钢结构工程施工质量验收规范》(GB 50205—

2001)中的一、二级要求时,拼接与原截面等强。当焊缝质量等级为三级时,则其抗弯强度不与原截面等强,焊缝位置必须置于受力较小的截面处。对接斜焊缝当焊缝与作用力的夹角 $\theta=45°$ 时(我国《设计规范》规定符合 $\tan\theta \leqslant 1.5$ 时)可认为与焊件等强。在翼缘板的拼接中必要时可以采用斜焊缝,如图 6-16a)中的下翼缘板拼接。在腹板拼接中则因斜焊缝浪费钢材而不宜采用。为了避免焊缝密集而使钢材性能受到影响,拼接焊缝的位置应避开加劲肋一定距离,一般此距离大于腹板厚度的 10 倍。

图 6-16b)为一工地拼接示例。翼缘板采用坡口在上的对接焊缝连接。考虑到在工地便于拼装,腹板拼接采用两面设拼接板的高强度螺栓摩擦型连接。由于工地对接焊缝其质量一般为三级,《设计规范》中规定焊缝抗拉强度设计值只有钢材强度设计值的 85%,故拼接缝宜设在弯矩不是最大的截面处。这种拼接的计算,只需计算腹板的拼接连接和所需的拼接板。腹板拼接除承受该截面上的全部剪力外,还应同时承担按截面惯性矩比例所分担的弯矩。

板梁的工地拼接也可全部采用对接焊接,此时,设计中要考虑工地拼装时各焊件的定位和各焊缝的焊接程序。考虑到工地焊接质量难于保证以及拼装困难,常采用高强度螺栓摩擦型连接的工地拼接,如图 6-16c)所示,主要用于较重要或承受动力荷载的板梁。

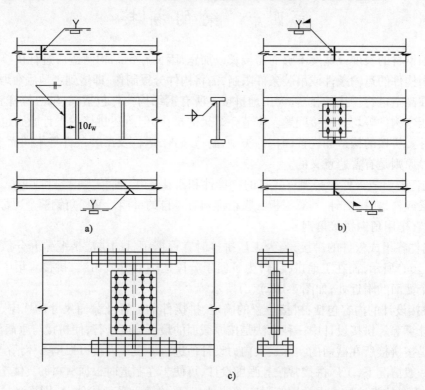

图 6-16 板梁拼接示例

a)工厂焊接拼接;b)翼缘焊接、腹板高强度螺栓摩擦型连接的工地拼接;c)高强度螺栓摩擦型连接的工地拼接

第五节 次梁与主梁的连接

在工厂的工作平台和多层或高层建筑的楼面系中,经常出现次梁与主梁的连接,且这种连接又都在工地高空安装时进行。连接的设计除应符合梁的计算假定外,还应力求构造简单、便

于制造和安装。最简单的次梁与主梁连接是把次梁直接支承在主梁的顶面上,构成叠接。由于叠接将增加楼面系的结构高度而减小楼面下的建筑净空,加之连接的刚度和整个楼面交叉梁系的刚度又都较小,因此即使其构造简单,仍不宜采用。最常用的连接方式是将次梁连于主梁的两侧,称为侧面连接,如图6-17所示。次梁的顶面可以与主梁顶面相平,也可略高于或略低于主梁顶面,根据铺设楼面板的要求而定。连接可以采用普通(C级)螺栓连接、高强度螺栓连接或焊缝连接。选用时应考虑的因素较多,例如:经济因素、施工和安装的技术力量与设备条件、梁所受荷载的性质(静力荷载或动力荷载)等。普通螺栓连接在高空安装中最为方便,因而也最为经济,但只宜用于所受荷载不大时。直接承受动力荷载的楼面系或工作平台则宜采用高强度螺栓摩擦型连接,以增加连接的疲劳强度。焊缝连接的构造最为简单且传力直接,因此应用也较多,但高空焊接特别是焊接竖向焊缝的立焊对焊工的技术要求较高。

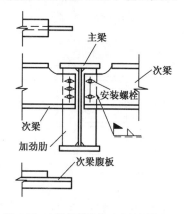

图6-17　次梁简单连接于主梁的横向加劲肋上

次梁可以按简支梁或连续梁计算,因此次梁与主梁的连接也分成两类。一类连接是只传递次梁的竖向反力,称为简单连接;另一类连接是除传递次梁的竖向反力外,还应同时传递次梁梁端的弯矩,称为抗弯矩连接或刚性连接。任何简单连接实际上都对连接的转动有一定的约束,亦即连接除传递竖向反力外,或多或少都能传递一定的弯矩,但在计算中对此略去不计。连接的形式多种多样,下面对次梁与主梁的侧面连接举例说明。

一、简单连接

图6-17所示为最常用的一种连接形式,次梁连于主梁的横向加劲肋上。图中主梁左侧所示为用普通C级螺栓连接时的构造;右侧所示为当次梁荷载较大而改用角焊缝连接时的构造,此时图上的螺栓为安装定位和临时支承需用,传力计算中不予计入。当次梁与主梁为如图6-17所示的平位连接时,次梁梁端上部要割去部分上翼缘和腹板,梁端下部要割去半个翼缘板。为了考虑连接并非完全简支,宜按次梁支座反力V的$1.20 \sim 1.30$倍,即按$(1.20 \sim 1.30)$ V计算所需连接螺栓数目或所需焊缝尺寸。螺栓的承载力设计值取取按孔壁承压和栓杆单剪求得的较小值。角焊缝的强度设计值中应考虑因高空立焊焊接条件较差而采用折减系数0.90。由于次梁端部需切去一部分截面,当用螺栓连接时还应按矩形净截面的最大剪应力验算次梁端部的抗剪强度,即应满足:

$$\tau_{max} = 1.5 \frac{V}{A_{wn}} \leqslant f_v \tag{6-45}$$

式中:A_{wn}——扣除螺栓孔截面后的次梁腹板净截面面积。

对图6-17左边的连接,还应验算次梁腹板的块状剪拉破坏。

图6-18所示为用连接件(连接钢板或连接角钢)的次梁与主梁简单连接。此时若楼面板铺设条件容许次梁采用低位连接时,可避免在次梁端部进行切割,如图6-18a)所示。当次梁用平位连接时,也只需对次梁端部的上部进行切割,如图6-18b)所示。图6-18a)、b)所示的直接均采用两只连接角钢作为连接件,在工厂制造时,将连接角钢用螺栓或焊缝与次梁相连(次梁端部应缩进连接角钢外伸边表面10mm),在安装时才用螺栓或焊缝与主梁腹板相连。从节

省材料和便于施焊考虑,工厂连接宜用焊接,工地连接宜用螺栓。连接件也可改用一块竖向短钢板,此时应将连接钢板在工厂中焊接于主梁腹板,而在安装时将次梁用螺栓与连接钢板相连,如图 6-18c)所示。

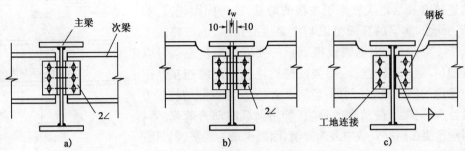

图 6-18 用连接件的次梁与主梁简单连接
a)低位连接;b)、c)平位连接

二、抗弯矩连接

图 6-19 所示为次梁与主梁的抗弯矩连接示例,连接需传递次梁端部的竖向反力 V 和弯矩 M。可将 M 化作一力偶 $H \cdot h$,h 为次梁上、下翼缘形心间的距离。次梁上翼缘中的拉力 H 由

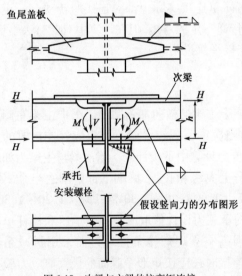

图 6-19 次梁与主梁的抗弯矩连接

盖板承受,根据 H 力的大小确定所需盖板的截面积,盖板与每一次梁用三面围焊的工地角焊缝连接,按 H 力可算出所需焊缝的 h_f 和 l_w。主梁两边的盖板平面为鱼尾形,故称为鱼尾板,它可使焊缝受力均匀和处于俯焊的焊接位置。主梁腹板两侧于工厂制造时即各焊接一承托(短牛腿),承托的水平板宽度应大于次梁的翼缘板,次梁置于承托上面,用工地角焊缝(俯焊)相连,此工地角焊缝应承受次梁下翼缘板传来的水平压力 H。此外也可采用对接焊缝与主梁腹板相连。竖向反力 V 的作用点位置可假设处于自承托水平板外边缘算起的 1/3 支承长度处。承托可采用由两块钢板组成的 T 形截面,荷载小时也可采用角焊。图 6-19 中所有工厂焊缝均未示出,使工地焊缝更显清晰。

第六节 梁 的 支 座

在非框架结构中,钢梁常有支承在混凝土或砌体支柱或墙身上,此时钢梁所受的荷载常不很大,因而其截面主要是轧制的普通工字钢或轧制的 H 型钢。本节主要介绍适用于上述情况的平板支座和弧形支座的设计要点。

一、平板支座

图 6-20 所示轧制型钢梁(包括普通工字钢和 H 型钢梁)的平板支座简图,梁端底部焊一尺寸为一 $t \times a \times B$ 的钢板作为支座,支承于砌体或混凝土柱或墙上。由于型钢梁的腹板高厚

比较小,在满足腹板计算高度下边缘的承压强度条件下,型钢梁端部常可不设置支承加劲肋。此时平板支座的设计可按下述步骤进行。

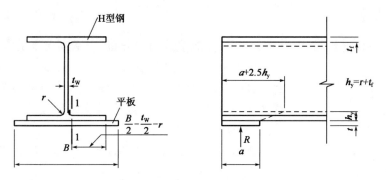

图 6-20 轧制型钢梁的平板支座

（1）平板应有足够的面积将梁端支座压力 R 传给混凝土或砌体。通常假定平板下的压应力为均匀分布,因而得:

$$A = a \cdot B \geqslant \frac{R}{f_c} \tag{6-46}$$

式中:R——梁端反力的设计值;

f_c——混凝土或砌体的抗压强度设计值。

（2）根据钢梁腹板计算高度下边缘的局部承压强度确定平板的最小宽度 a,即:

由 $\dfrac{R}{(a+2.5h_y)t_w} \leqslant f$ 和 $h_y = t_f + r$ 得:

$$a \geqslant \frac{R}{ft_w} - 2.5h_y \tag{6-47}$$

此时还需注意,平板的宽度 a 不宜过大,以避免平板下的压应力在支座内侧不致形成过大的不均匀分布。经验数字为:

$$a \leqslant \frac{h}{3} + 100(\text{mm}) \tag{6-48}$$

式中:h——梁截面高度。

（3）平板的厚度 t 应根据支座反力对平板产生的弯矩进行计算。控制截面可取在图 6-20 的 1-1 位置。

弯矩:

$$M = \frac{1}{2} \cdot \frac{R}{B}\left(\frac{B-t_w}{2} - r\right)^2 \tag{6-49}$$

板厚:

$$t = \sqrt{\frac{4M}{af}} \tag{6-50}$$

此处取 1-1 截面作为控制截面,是考虑到在底板反力作用下,因 H 型钢梁的下翼缘宽度较大而有可能向上弯曲。在求板厚度的公式（6-50）中则取了板的全塑性截面模量 $\frac{1}{4}ta^2$。当梁为普通工字钢时,由于翼缘宽度较窄而不易上弯,控制截面可取在梁的翼缘趾尖处,截面模量

宜取弹性截面模量 $\frac{1}{6}at^2$。

二、弧形支座

为了改善支座底板下的压力分布情况，使能接近均匀分布，当钢梁支座反力较大时，可改用弧形支座，即把支座底板表面制成圆弧形，如图 6-21 所示。此时，理论上梁底面与支座为线接触。当梁端轴线发生角位移，梁的支座反力 R 可始终通过支座底板的中心线而使底板下面的压应力为均匀分布。

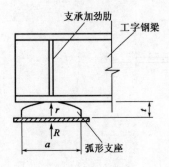

图 6-21 弧形支座

弧形支座尺寸（长、宽和厚）的计算方法可参照上述平板支座，但要注意下列几点：

（1）弧形支座与钢梁在支承面的宽度理论上为零，为了不使钢梁腹板计算高度下端截面上的局部压应力超过容许值，钢梁端部应设置支承加劲肋。因此弧形支座底板宽度 a 不必受公式（6-47）和公式（6-48）的限制。

（2）弧形支座底板厚度 t 仍应根据支座反力对底板产生的弯矩计算，但此时板中弯矩为：

$$M = \frac{1}{2} \frac{R}{a} \left(\frac{a}{2} \right)^2 = \frac{1}{8} Ra \tag{6-51}$$

（3）确定弧形支座上表面的曲率半径 r。我国《设计规范》中规定支座反力 R 应满足以下公式：

$$R \leqslant 40 dl f^2 / E \tag{6-52}$$

式中：d——弧形表面接触点曲率半径 r 的 2 倍；

l——弧形表面与梁底面的接触长度。

显然，由公式（6-52）可求出弧形表面的曲率半径 r。

公式（6-52）来自弹性理论中著名的赫兹（Hertz）公式。赫兹公式导出了弧形表面在与梁底平面接触处的接触应力为：

$$\sigma_0 = 0.418 \sqrt{\frac{R_k E}{rl}} \tag{6-53}$$

在接触处，支座板中受力点实际上是受到旁边各方面的挤压而形成空间同号受力状态，因而强度特别高。根据试验和理论分析，支座板在接触处的应力可高达 $3f_y$ 而不发生永久变形。

因此由 $\sigma_0 = 0.418 \sqrt{\dfrac{R_k E}{rl}} \leqslant 3f_y$ 可解得：

$$R_k \leqslant \frac{1}{2} \frac{dl}{E} \left(\frac{3f_y}{0.418} \right)^2 \tag{6-54}$$

式中：R_k——梁反力的标准值。如取平均荷载系数 $\gamma_Q = 1.3$，即 $R = 1.3R_k$，再取 $f_y = 1.1f$，代入式（6-54），即得：

$$R \leqslant \frac{1.3}{2} \cdot \frac{dl}{E} \left(\frac{3f_y}{0.418} \right)^2 = 40 dl f^2 / E \tag{6-55}$$

习 题

一、填空题

1. 在工字形截面梁弯矩.剪力都比较大的截面强度验算中,要验算_____,还要验算_____。

2. 型钢梁中应用最多的是_____和_____,型钢梁的设计一般应满足_____、_____和_____的要求。

3. 梁的最大可能高度一般由_____控制,而梁的最小高度通常是由梁的_____要求决定的。

4. 梁的正应力计算公式为:$\dfrac{M_x}{\gamma_x W_{nx}} \leqslant f$,式中:$\gamma_x$ 是_____,W_{nx} 是_____。

5. 在不改变梁的截面规格.荷载作用形式和位置的前提下,提高梁整体稳定性的最有效措施是_____,且必须设在钢梁的_____翼缘。

6. 承受向下均布荷载作用的简支梁,当荷载作用位置在梁的_____翼缘时,梁整体稳定性较高。

7. 梁的整体稳定系数 φ_b 大于 0.6 时,需用 φ_b' 代替 φ_b,它表明此时梁已经进入_____阶段,这时梁的整体稳定系数应采用_____。

8. 梁整体稳定判别式 l_1/b_1 中,l_1 是_____,b_1 是_____。

9. 影响钢梁整体稳定的主要因素有_____、_____、_____、_____和_____五项。

10. 支承加劲肋应验算的内容是_____、_____、_____三项。

11. 焊接组合工字梁,翼缘的局部稳定常采用_____的方法来保证,而腹板的局部稳定则常采用_____的方法来解决。

12. 理论分析和试验研究均表明,梁的腹板局部屈曲仍能继续承受增加的荷载,这部分增加的承载力称为腹板的_____。

13. 吊车梁腹板两侧的横肋一般不与受拉翼缘焊接,原因是为了防止焊接处产生_____破坏。

14. 改变梁的截面时,要使截面的变化比较平缓,以防截面突变而引起严重的_____现象。

15. 梁的拼接有_____和_____两种。

16. 次梁和主梁按照连接的相对位置来说,主、次梁的铰接连接可分为_____两种。

二、选择题

1. 验算组合梁刚度时,荷载需取用_____。
   A. 标准值　　　　B. 设计值　　　　C. 组合值　　　　D. 最大值

2. 计算梁的_____时,应用净截面的几何参数。
   A. 正应力　　　　B. 剪应力　　　　C. 整体稳定　　　　D. 局部稳定

3. 计算直接承受动力荷载的工字形截面梁抗弯强度时,γ_x 取值为_____。
   A. 1.0　　　　B. 1.05　　　　C. 1.15　　　　D. 1.2

4. 某焊接工字形截面梁,翼缘板宽 250mm,厚 18mm,高 600mm,厚 10mm,钢材为 Q235,受弯计算时钢材的强度应为_____。

111

A. $f = 235\text{N}/\text{mm}^2$ B. $f = 215\text{N}/\text{mm}^2$ C. $f = 205\text{N}/\text{mm}^2$ D. $f = 125\text{N}/\text{mm}^2$

5. 某焊接工字形截面梁,翼缘板宽 250mm、厚 10mm、腹板高 200mm、厚 6mm。该梁承受静荷载,钢材为 Q345,该截面绕强轴 x 轴的截面塑性发展系数 γ_x 为_____。

     A. 1.05   B. 1.0   C. 1.2   D. 1.17

6. 以下验算内容中为梁的正常使用极限状态验算的是_____。

     A. 梁的抗弯强度验算   B. 梁的受剪强度验算

     C. 梁的稳定计算   D. 梁的挠度计算

7. 梁受固定集中荷载作用,当局部压力不能满足要求时,采用_____是较合理的措施。

     A. 加厚翼缘   B. 在集中荷载作用处设支承加劲肋

     C. 增加横向加劲肋的数量   D. 加厚腹板

8. 钢梁强度验算公式 $\sigma = \dfrac{M_x}{\gamma_x W_{nx}}$ 中的系数 γ_x _____。

     A. 与钢材强度有关   B. 是极限弯矩与边缘屈服弯矩之比

     C. 表示截面部分进入塑性   D. 与梁所受荷载有关

9. 单向弯曲梁的正应力计算公式中 γ_x 为塑性发展系数,对于承受静力荷载且梁受压翼缘的自由外伸宽度与厚度之比小于等于_____时才能考虑塑性发展的利用。

     A. $15\sqrt{\dfrac{235}{f_y}}$ B. $9\sqrt{\dfrac{235}{f_y}}$

     C. $(10 + 0.1\lambda)\sqrt{\dfrac{235}{f_y}}$ D. $13\sqrt{235/f_y}$

10. 简支梁符合_____时,可不必验算梁的整体稳定性。

     A. 有钢筋混凝土板密铺在梁受压翼缘上,并与其牢固连接,能阻止受压翼缘的侧向位移时

     B. 有钢筋混凝土板密铺在梁受拉翼缘上,并与其牢固连接,能阻止受拉翼缘的侧向位移时

     C. 除了梁端设置侧向支承点外,且在跨中有一个侧向支承点时

     D. 除了梁端设置侧向支承点外,且在跨中有两个以上侧向支承点时

11. 有一竖直向下均布荷载作用的两端简支工字形钢梁,关于荷载作用位置对其整体稳定性的影响,叙述正确的是_____。

     A. 当均布荷载作用于上翼缘位置时稳定承载力较高

     B. 当均布荷载作用于中和轴位置时稳定承载力较高

     C. 当均布荷载作用于下翼缘位置时稳定承载力较高

     D. 荷载作用位置于稳定承载力无关

12. 受均布荷载作用的工字形截面悬臂梁,为了提高其整体稳定承载力,需要在梁的侧向加设支撑,此支撑应加在梁的_____。

     A. 上翼缘处   B. 下翼缘处

     C. 中和轴处   D. 距上翼缘 $h_0/4 \sim h_0/5$ 的腹板处

13. 下列梁中不必验算整体稳定的是_____。

     A. 焊接工字形截面   B. 箱形截面梁

     C. 型钢梁   D. 有刚性铺板的梁

14. 梁的受压翼缘侧向支承点的间距和截面尺寸都不改变,且跨内的最大弯矩相等,则临界弯矩最低的是_____。

    A. 受多个集中荷载作用的梁　　　　　B. 受均布荷载作用的梁

    C. 受纯弯矩作用的梁　　　　　　　　D. 受跨中一个集中荷载作用的梁

15. 为了提高梁的整体稳定性,以下措施中最经济有效的为_____。

    A. 增大截面　　　　　　　　　　　　B. 增加侧向支撑点

    C. 设置横向加劲肋　　　　　　　　　D. 改变荷载作用的位置

16. 梁的最大高度是由_____控制的。

    A. 强度　　　　　B. 建筑要求　　　　　C. 刚度　　　　　　　D. 集体稳定

17. 如图 6-22 所示工字形截面的一个简支钢梁,承受竖直向下均布荷载作用,因整体稳定要求,需在跨中设侧向支点,其位置以_____为最佳方案。

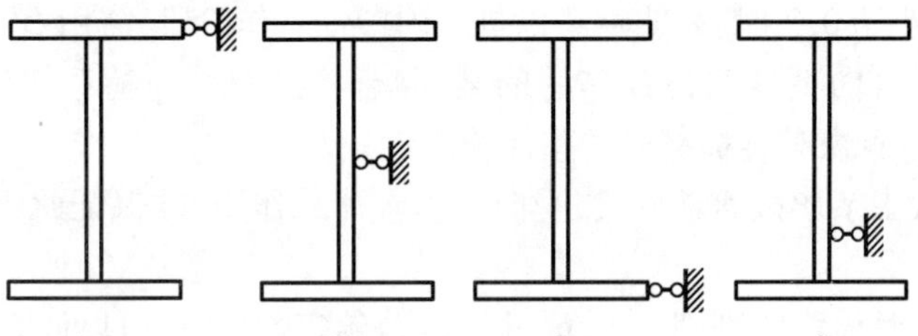

图 6-22　第 17 题图示

18. 以下措施中对提高工字形截面的整体稳定性作用最小的是_____。

    A. 增加腹板厚度　　　　　　　　　　B. 约束梁端扭转

    C. 设置平面外支承　　　　　　　　　D. 加宽梁翼缘

19. 梁的经济高度是指_____。

    A. 用钢梁最小时的梁截面高度

    B. 强度与稳定承载力相等时的截面高度

    C. 挠度等于规范限制时的截面高度

    D. 腹板与翼缘用钢量相等时的截面高度

20. 双轴对称的工字形截面简支梁,跨中有一向下的集中荷载作用于腹板平面内,作用点位于_____位置时稳定性最好。

    A. 形心　　　　　　B. 下翼缘　　　　　C. 上翼缘　　　　　　D. 形心与上翼缘之间

21. 规定梁受压翼缘的自由外伸宽度与厚度之比 $b_1/t \leqslant 15\sqrt{235/f_y}$ 是为了保证翼缘板的_____。

    A. 受剪强度　　　　　　　　　　　　B. 抗弯强度

    C. 整体稳定　　　　　　　　　　　　D. 局部稳定

22. 防止梁腹板发生局部失稳时,常采用加劲措施,这是为了_____。

    A. 增加梁截面的惯性矩　　　　　　　B. 增加截面面积

    C. 改变构件的应力分布状态　　　　　D. 改变边界约束板件的宽厚度

23. 在简支钢梁桥中,当跨中已设有横向加劲,但腹板在弯矩作用下局部稳定仍不满足时,需再采取_____措施。

    A. 横向加劲加密

B. 纵向加劲,且设置在腹板上半部的

C. 纵向加劲,且设置在腹板下半部的

D. 加厚腹板

三、判断题

( )1. 计算直接承受动力荷载的工字形截面梁抗弯强度时,γ_x 取值为 1.2。

( )2. 计算静力作用下的工字形梁抗弯强度时,当梁的受压翼缘外伸宽度与厚度比不大于 $15\sqrt{\frac{235}{f_y}}$ 时,可取 $\gamma_x = 1.05$。

( )3. 单向受弯梁从弯曲变形状态突然转变为弯扭变形状态时的现象称为梁整体失稳。

( )4. 某 Q235 钢制作的梁,其腹板高厚比为 $h_0/t_w = 140$。为不使腹板发生局部失稳,应设置横向加劲肋。

( )5. 当 φ_b 小于 0.7 时,表明钢梁已进入弹塑性工作阶段,需用 φ'_b 代替 φ_b。

( )6. 承受竖直向下均布荷载作用的某两端简支钢梁,与荷载作用于梁的上翼缘相比,荷载作用于梁的下翼缘时会提高梁的整体稳定性。

( )7. 一焊接工字形截面悬臂梁,受向下垂直荷载作用,欲保证此梁的整体稳定,侧向支撑应加在梁的上翼缘。

( )8. 当梁的整体稳定判别式 l_1/b_1 小于规范给定数值时,可以认为其整体稳定不必验算,也就是说在 $\dfrac{M_x}{\varphi_b W_x}$ 中,可以取 φ_b 为 1.0。

( )9. 为了提高荷载作用在上翼缘的简支工字形梁整体稳定性,可在梁的受压翼缘处加侧向支撑,以减小梁出平面外的计算长度。

( )10. 对其他条件均相同的简支梁,其整体稳定性最差的荷载形式是满跨均布荷载作用。

( )11. 焊接工字形梁的腹板高厚比 $h_0/t_w > 170\sqrt{235/f_y}$ 时,为保证腹板不发生局部失稳,应只设置纵向加劲肋。

( )12. 钢梁在集中荷载作用下,若局部承压强度不满足要求时,应采取的措施是设置纵向加劲肋。

( )13. 梁的工地拼接位置应该设置在弯矩较小处。

四、计算题

1. 如图 6-23 所示工字形截面简支梁,钢材 Q235($f = 215\text{N/mm}^2$, $f_v = 125\text{N/mm}^2$),许用挠跨比 $[v/l] = 1/250$,不计结构自重,截面不发展塑性,荷载分项系数取 1.3,当稳定和折算应力都满足要求时,求该钢梁能承受的最大均布荷载设计值 q。

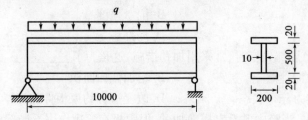

图 6-23 工字形简支梁(尺寸单位:mm)

2. 如图 6-24 所示工字形截面悬臂梁,承受静力均布荷载设计值 $q = 55\text{N/mm}$,钢梁截面特

性 $I_x = 2.95 \times 10^8 \, \text{mm}^4$, $S_x = 6.63 \times 10^5 \, \text{mm}^3$, 截面无削弱, 计算时忽略自重, 钢材为 Q235B($f =$ 215N/mm², $f_v = 125$N/mm²), $\gamma_x = 1.05$, 试验算此梁的强度是否满足要求。

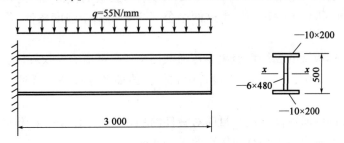

图 6-24　工字形悬臂梁(尺寸单位:mm)

3. 一平台梁格如图 6-25 所示, 平台铺板刚性连接于次梁上, 钢材为 Q235($f = 215$N/mm², $f_v = 125$N/mm²), 平台上作用有永久荷载标准值为 4.5kN/m², 可变荷载标准值为 15kN/m², 无动力荷载作用, 试选工字钢次梁截面。

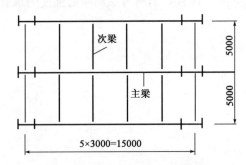

图 6-25　平台梁格(尺寸单位:mm)

4. 如图 6-26 所示楼盖梁跨度 4.8m, 采用焊接工字形截面($I_x = 9.511 \times 10^7 \, \text{mm}^4$, $W_x = 6.3 \times 10^5 \, \text{mm}^3$, $S_x = 3.488 \times 10^5 \, \text{mm}^3$), 承受的均布荷载为恒载标准值(包括自重)8kN/m + 活载标准值 q_k, $\gamma_G = 1.2$, $\gamma_Q = 1.4$, 楼盖可保证梁的侧向稳定性, 钢材为 Q235BF($f = 215$N/mm², $f_v = 125$N/mm²), $\gamma_x = 1.05$, 容许挠度 $[v] = l/250$, 试计算活载 q_k 的最大值。

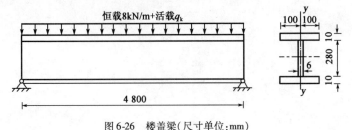

图 6-26　楼盖梁(尺寸单位:mm)

五、简答题

1. 梁的强度破坏和失去整体稳定破坏有何不同? 梁失去整体稳定与失去局部稳定又有何不同? 采用高强度低合金结构钢对提高梁的稳定性有无益处? 何故?

2. 为了提高梁的整体稳定性, 设计时可采用哪些措施? 以何者为最有效?

3. 通常所谓"简支"钢梁实际上应是"夹支"钢梁, 亦即在梁两端要求采取措施防止端部截面发生绕梁纵轴线的转动, 何故? 为什么对混凝土梁没有这个要求?

4. 我国《钢结构设计规范》(GB 50017—2003)中对工字形截面钢梁的局部稳定性是如何

分别考虑的？为什么要针对不同板件和不同荷载采取不同规定？

5. 我国《钢结构设计规范》(GB 50017—2003)中对腹板的横向加劲肋的截面尺寸要求：$b_s \geqslant h_0/30 + 40(\text{mm})$ 和 $t_s \geqslant b_s/15$。思考这两个公式主要是基于强度条件、稳定条件还是刚度条件？

6. 工字形截面钢板梁的翼缘焊缝主要传递截面中的哪种应力？这种应力是如何产生的？

7. 屋面钢檩条设计中，对檩条常需设置中间拉条或檩条支撑杆。这种拉条或檩条支撑杆起什么作用？

8. 什么叫作板件的通用高厚比？目前对板件的稳定问题，通常都采用通用高厚比来表述其稳定临界应力。这种表达方法有何优点？

9. 工字形截面钢板梁中的腹板张力场是如何产生的？张力场的作用可提高梁截面的何种承载力？应如何保证张力场作用不受破坏？

10. 在验算工字形截面钢板梁腹板区格的局部稳定性时，常采用该区格的平均剪力和平均弯矩作为该区格上的作用，何故？在验算钢梁考虑屈曲后强度的承载力时，是否也采用平均剪力和平均弯矩？何故？

下篇　钢结构设计

第七章　钢结构平台

第一节　钢结构平台的组成

一、平台结构的应用范围及特点

平台结构常用于工业厂房和民用建筑中。石油、化工、冶金、电力类等厂房中的设备支承平台、操作平台、检修平台和走道平台，民用建筑中因房屋层高较大而增设的楼盖结构等均为平台结构。图 7-1 为某仓库采用的钢平台结构。平台结构因灵活方便，故使用范围非常广泛。

二、平台结构组成

平台结构通常由梁、柱、铺板以及梯子、栏杆组成，见图 7-2。为了保证平台结构的整体稳定，通过布置柱间支撑，并与柱、梁及铺板一起组成稳定的结构体系。当梁、柱连接为刚性连接时，可不设置柱间支撑，或当梁、柱连接为铰接但柱间设置非承重墙体时，亦可不设置柱间支撑。

图 7-1　某仓库内部加层

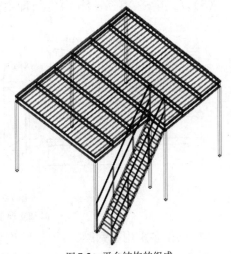

图 7-2　平台结构的组成

三、平台结构形式

平台结构根据其使用功能的不同有多种不同的结构形式，一般的操作平台采用最多的是由梁、柱组成的刚架形式，见图 7-3a）。刚架中梁、柱连接节点有刚接与铰接，为了便于安全施工，通常将梁、柱连接节点以及柱脚设计成铰接，这样平台梁即为简支梁，平台柱即为轴心受压柱。当平台板上荷载及平台梁跨度较大时，梁、柱连接节点也可采用刚接，以充分利用梁的截面强度,减少梁的高度。对于宽度较小的走道平台则采用三角支架的形式,见图7-3b),直接搁置在厂房柱上,这种形式的平台构造简单,安装方便。

四、平台结构布置的一般要求

平台结构的设计应满足生产工艺要求和使用要求,保证其所需的空间及高度,尽量利用原有结构或构筑物作为支承,以减少平台结构的构件,同时保证平台的侧向刚度。对有刚度要求和荷载较大的平台则应采用独立布置方式。

独立平台的平面布置应考虑柱网及梁格布置合理。纵向及横向刚度可靠、均匀,构件的传力直接明确、类型统一,以及节点构造简化。力求做到经济合理,便于施工等基本要求。

1. 柱网布置

柱网布置应满足:生产工艺和使用功能的要求;结构和构件的要求;经济和技术的要求。为了保证结构的纵向和横向刚度,柱网布置时应尽可能地将所有的平台柱布置在同一条轴线上,同时应尽可能地采用统一的柱距,以减少结构构件的类型,便于制造和安装。

2. 梁格布置

梁格是由次梁和主梁纵横排列而成的平面体系,用于直接承受平台上的荷载。梁格的布置应与其跨度相适应。当梁的跨度较大时,其间距也宜增大。充分利用铺板的允许跨度,合理布置梁柱,以求取得较好的经济效果。

根据梁的排列方式,梁格有下列典型的形式:

(1)单向梁格:仅有一个方向的梁,见图7-3b),适用于梁跨度较小或荷载不大的情况。

(2)双向梁格:有两种不同体系的梁,即主梁和次梁,见图7-3a),次梁支承于主梁上。

(3)复式梁格:有三种体系的梁,即主梁、横次梁和纵次梁,见图7-3a)。

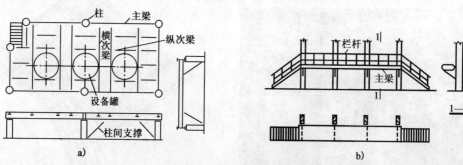

图7-3　平台结构布置图

a)独立操作平台;b)安全走道平台

单向梁格多采用型钢梁,适用于跨度较小的情况。双向梁格和复式梁格布置,由于采用主、次梁布置方法,可以有效地将梁的跨度控制在合理的范围内,适用于梁跨度较大的情况。采用何种梁格形式,应根据平台使用功能,平台上的荷载大小及柱网尺寸等进行选择,在可能条件下,平台的梁格应尽量直接支承在厂房柱、大型设备或其他结构上,以达到经济的目的。

3. 梁、柱构件截面选用

为了便于制造,使构件简单,平台结构的主梁、次梁和柱,一般应优先采用热轧型钢。对于梁构件,以采用热轧工字钢和H型钢最为经济。当梁的受力或跨度较大以致采用型钢梁不能

120

满足构件的承载能力和刚度要求时,通常采用组合工字形截面(特殊情况下也可采用组合箱形截面)焊接梁。

4. 柱间支撑的布置

独立平台的主梁与柱铰接时,必须布置纵向和横向柱间支撑,以承受水平荷载和保持整体稳定。支撑宜布置在柱列中部,如因生产工艺和使用条件限制时也可布置在边部。

5. 铺板布置

铺板形式按材料可分为钢铺板、钢与钢筋混凝土组合板[图7-4a)]、混凝土预制板等。按生产工艺要求可分为固定的和可拆卸的。铺板应尽可能通过连接件与钢梁共同工作(组合梁)最为有利。平台结构常用的钢铺板有花纹钢板[图7-4b)]、压型钢板与混凝土组合板[图7-4c)]和蓖条式铺板[图7-4d)、e)]。

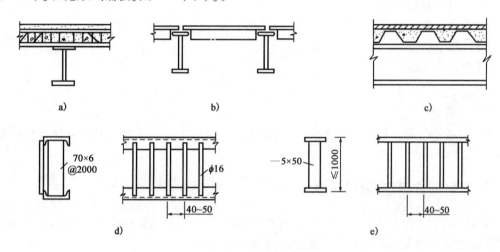

图7-4 平台铺板形式

纯钢铺板的防火和噪声问题,混凝土预制板的整体性差,使用受限制。目前工程上最常使用的铺板类型为压型钢板与混凝土组合板。还有一种新型结构——钢筋桁架楼承板,如图7-5所示,近年来得到推广使用。

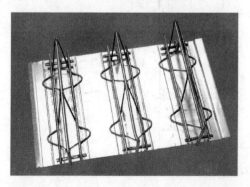

图7-5 钢筋桁架楼承板

平台钢铺板应置于梁上并与梁牢固连接以增加平台的整体稳定性,钢铺板与梁的连接一般均采用焊接。钢铺板的跨度(一般取板的净跨)l_0 不宜大于 $(120 \sim 150)t$(t 为板厚),板的挠度不宜大于 $l_0/150$。

第二节　钢结构平台设计

一、项目概况

某工作平台如图 7-6 所示,平台尺寸为 18m×12m,高程 5.0m,平台板为型钢混凝土组合平板,焊接于次梁。平台板自重 3.2kN/m²,平台承受可变荷载 8.5kN/m²,平台上无动荷载。设计任务:

(1)结构选材。

(2)平台形式确定,梁柱布置。

(3)平台梁截面设计。

(4)平台柱截面设计。

(5)柱脚节点设计。

(6)绘制施工图。

二、选材

考虑工程造价和结构稳定性要求,选用碳素结构钢 Q235B。则抗拉、抗压和抗弯强度设计值为:$f = 215N/mm^2$。

三、平台形式确定,梁柱布置

结构平面尺寸为 18m×12m,两个方向的尺寸均较大,故采用双向梁格,主梁上设置次梁,次梁上铺设压型钢板与混凝土组合式楼板,如图 7-6 所示。

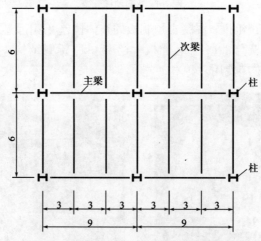

图 7-6　钢结构平台布置图(尺寸单位:m)

注意:若钢柱采用 H 型钢截面,截面的强轴、弱轴方向应该如何布置?

四、平台梁设计

根据梁的跨度与受力,可把梁划分为次梁和主梁。

122

1. 次梁设计

任取次梁,根据荷载分配,受荷面积为次梁两侧,即图 7-7 中所示面积。则次梁简化为跨度 $l=6\text{m}$,受均布荷载的简支梁。

(1)荷载计算。

①荷载标准值。

$$q_k = (q_{Gk} + q_{Qk})a = (3.2 + 8.5) \times 3 = 35.10(\text{kN/m})$$
（阴影部分的面荷载转化为次梁上的线荷载）

②荷载设计值。

$$q = (1.2q_{Gk} + 1.3q_{Qk})a = (1.2 \times 3.2 + 1.3 \times 8.5) \times 3$$
$$= 44.67(\text{kN/m})$$

（可变荷载分项系数取 1.3,永久荷载分项系数取 1.2）

(2)内力计算。

简支梁最大弯矩设计值出现在梁中:

$$M_x = \frac{1}{8}ql^2 = \frac{1}{8} \times 44.67 \times 6^2$$

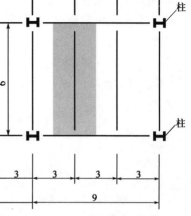

图 7-7 次梁受荷面积示意图(尺寸单位:m)

$$= 201.02(\text{kN} \cdot \text{m})（简支梁受均布荷载作用）$$

最大剪力设计值出现在梁端:

$$V = \frac{1}{2}ql = \frac{1}{2} \times 44.67 \times 6 = 134.01(\text{kN})$$

(3)试选截面。

需要的净截面模量为:

$$W_{nx} \geqslant \frac{M_x}{\gamma_x f} = \frac{201.02 \times 10^6}{1.05 \times 215 \times 10^3} = 890.45(\text{cm}^3)$$

依据所需的净截面模量 W_{nx},在热轧 H 型钢里选取 HN400 × 200 × 7 × 11,则 $W_x = 1010\text{cm}^3$, $I_x = 20000\text{cm}^4$,自重 56.7kg/m。（读者可试选一下 HW、HM,并与 HN 的结果进行对比）

$$S_x = b \cdot t_f \cdot \left(\frac{h}{2} - \frac{t_f}{2}\right) + \left(\frac{h}{2} - t_f\right) \cdot t_w \cdot \frac{1}{2}\left(\frac{h}{2} - t_f\right)$$
（对称截面）
$$= 200 \times 11 \times \left(\frac{400}{2} - \frac{11}{2}\right) + \left(\frac{400}{2} - 11\right) \times 7 \times \frac{1}{2}\left(\frac{400}{2} - 11\right) = 552923.5(\text{mm}^3)$$

(4)截面验算(考虑自重影响)。

弯矩:

$$M_x = 201.02 + \frac{1}{8} \times 0.567 \times 1.2 \times 6^2 = 204.08(\text{kN} \cdot \text{m})$$

（自重 56.7kg/m,换算成自重荷载为 0.567kN/m）

剪力:

$$V = 134.01 + \frac{1}{2} \times 0.567 \times 1.2 \times 6 = 136.05(\text{kN})$$

①抗弯。

$$\sigma \geqslant \frac{M_x}{\gamma_x W_x} = \frac{204.08 \times 10^6}{1.05 \times 1010 \times 10^3} = 192.44(\text{N/mm}^2) < f = 215(\text{N/mm}^2),满足。$$

②抗剪。

$$\sigma \geqslant \frac{M_x}{\gamma_x W_x} = \frac{204.08 \times 10^6}{1.05 \times 1010 \times 10^3} = 192.44(\text{N/mm}^2) < f = 215(\text{N/mm}^2),\text{满足。}$$

③局部承压强度。

简支梁上无集中荷载,不须验算此项。

④折算应力。

本项目为简支梁,承受均布荷载,没有某一截面同时承受较大的正应力、剪应力和局部压应力,不需进行此项验算。

⑤挠度。

$$v = \frac{5q_x l^4}{384EI_x} = \frac{5 \times (35.10 + 0.567)6^4 \times 10^{12}}{384 \times 206 \times 20000 \times 10^7}$$

$$= 14.6(\text{mm}) < [v] = \frac{l}{250} = \frac{6000}{250} = 24(\text{mm}),\text{满足。}$$

（钢材的弹性模量 $E = 206 \times 10^3 \text{N/mm}^2$,次梁的容许挠度 $[v] = l/250$）

⑥整体稳定性。

平台上有铺板密铺在梁的受压翼缘上并与其牢固相连,能阻止梁受压翼缘的侧向位移,不需要进行此项验算。

（5）结论。

次梁选取截面为 HN400 × 200 × 7 × 11,且通过各项验算,符合规范要求。

2. 主梁设计

（1）荷载计算。

主梁跨度 $L = 9\text{m}$,简支梁,承受次梁传递下来的集中荷载 P,和主梁自重 q（均布荷载）,计算简图见图 7-8。

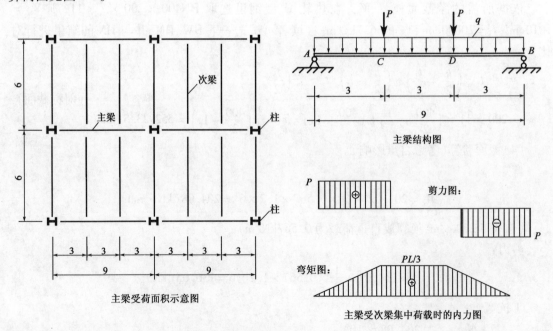

图 7-8　主梁计算简图（尺寸单位:m）

124

①荷载标准值。

$P_k = q_k l = (35.10 + 0.567) \times 6 = 214.00(kN)$（次梁传来的集中荷载 + 次梁的自重）

②荷载设计值。

$$P = ql = (44.67 + 1.2 \times 0.567) \times 6 = 272.10(kN)$$

（2）内力计算。

最大弯矩标准值出现在梁中段：

$$M_{xk} = \frac{1}{3} P_k l = \frac{1}{3} \times 214.00 \times 9 = 642.00(kN \cdot m)$$

简支梁最大弯矩设计值出现在梁中段：

$$M_x = \frac{1}{3} PL = \frac{1}{3} \times 272.10 \times 9 = 816.3(kN \cdot m)$$（简支梁受两个集中荷载作用）

最大剪力设计值出现在梁端：

$$V = P = 272.10(kN)$$

（3）试选截面。

需要的净截面模量为：

$$W_{nx} \geqslant \frac{M_x}{\gamma_x f} = \frac{816.3 \times 10^6}{1.05 \times 205} \times 10^{-3} = 3792(cm^3)$$（钢材厚度大于 16mm 时, 强度折减为 $205N/mm^2$）

依据所需的净截面模量 W_{nx}, 在热轧 H 型钢里选取 HM600 × 300 × 12 × 20, 则 $W_x = 4020cm^3$, $I_x = 118000cm^4$, 自重 151kg/m。（HN 类型中没有经济的截面可选）

（4）截面验算（考虑自重影响）。

弯矩标准值：

$$M_{kx} = 642.00 + \frac{1}{8} \times 1.51 \times 9^2 = 657.29(kN \cdot m)$$

（自重 151kg/m, 换算成自重荷载为 1.51kN/m。为均布荷载, 产生的弯矩与集中荷载的弯矩叠加）

弯矩设计值：

$$M_x = 816.3 + \frac{1}{8} \times 1.51 \times 1.2 \times 9^2 = 834.65(kN \cdot m)$$

剪力：

$$V = 272.10 + \frac{1}{2} \times 1.51 \times 1.2 \times 9 = 280.25(kN)$$

①抗弯强度：

$$\frac{M_x}{\gamma_x W_x} = \frac{834.65 \times 10^6}{1.05 \times 4020 \times 10^3} = 197.74(N/mm^2) < f = 205(N/mm^2), 满足。$$

②抗剪强度：

$$\tau = \frac{V}{h t_w} = \frac{280.25 \times 10^3}{588 \times 12} = 39.72(N/mm^2) < f_v = 125(N/mm^2), 满足。$$

③挠度：

$$\frac{v}{L} = \frac{1}{10} \cdot \frac{M_{xk} L}{EI_x} = \frac{1}{10} \cdot \frac{657.29 \times 10^6 \times 9000^2}{206 \times 10^3 \times 118000 \times 10^4} = 21.9(mm) < [v] = \frac{l}{400} = 22.5(mm), 满足。$$

（钢材的弹性模量 $E = 206 \times 10^3 \, \text{N/mm}^2$，主梁的容许挠度 $[v] = l/400$）

④整体稳定性：

因 $\dfrac{l_1}{b_1} = \dfrac{3000}{300} = 10 < 16$，不需验算整体稳定性。

（主梁上布置次梁，间距3m，为主梁的有效支撑，故 $l_1 = 3000 \text{mm}$；受压翼缘板的宽度 $b_1 = 300 \text{mm}$）

（5）结论。

主梁选取截面为 $HM600 \times 300 \times 12 \times 20$，且通过各项验算，符合规范要求。

（6）设计经验。

根据经验，简支梁截面验算时，若抗弯强度不够，则应加大 H 型钢截面翼缘厚度；若抗剪强度不够，则应加大 H 型钢腹板厚度；刚度验算通不过，则应加大截面高度。实际工程中，如果工程的规模较大，往往采用焊接 H 型钢，设计师通过调整截面各部分的几何尺寸，使得用材最省，结构自重最轻。

五、平台柱截面设计

（1）荷载计算。

如图7-9所示，整个结构中的柱可分为中柱与边柱两种类型，现取中柱进行设计计算。图中阴影部分为柱的受荷面积：$6 \times 9 = 54 \, (\text{m}^2)$。

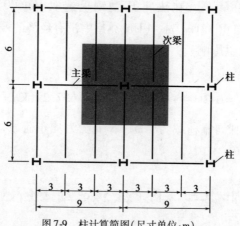

图7-9　柱计算简图（尺寸单位：m）

①荷载标准值。

a. 楼面自重 + 楼面活荷载：$(3.2 + 8.5) \times 54 = 631.8 \, (\text{kN})$

b. 主梁自重：$1.51 \times 9 = 13.59 \, (\text{kN})$

c. 次梁自重：$0.567 \times 6 = 3.40 \, (\text{kN})$

合计：$631.8 + 13.59 + 3.40 = 648.79 \, (\text{kN})$

②荷载设计值。

$(3.2 \times 1.2 + 8.5 \times 1.3) \times 54 = 804.06 \, (\text{kN})$（可变荷载分项系数取1.3）

$1.51 \times 1.2 \times 9 = 16.308 \, (\text{kN})$（永久荷载分项系数取1.2）

$0.567 \times 1.2 \times 6 = 4.08 \, (\text{kN})$（永久荷载分项系数取1.2）

合计：$804.06 + 16.308 + 4.08 = 824.45 \, (\text{kN})$

（2）内力分析。

计算长度系数 $\mu = 1.0$（柱顶柱脚皆为铰支，设计偏于安全）

计算长度：$l_0 = \mu l = 1.0 \times 5.0 = 5.0(m)$（柱的几何长度为柱高5.0m）

轴心受力，$N = 824.45(kN)$（荷载设计值）

（3）预估截面。

假定 $\lambda = 100$（$[\lambda] = 150$，对构件计算长度在6m左右，轴心压力设计值 $N \leqslant 1500kN$ 时，可假定 $\lambda = 80 \sim 100$；$N = 3000 \sim 3500kN$ 时，可假定 $\lambda = 60 \sim 70$。压力 N 越大，则构件宜更"矮胖"，因而长细比 λ 宜小一些。这些数字在一般情况下是如此，但并不绝对）

$$i_{ny} = \frac{l_{0y}}{\lambda_y} = \frac{500}{100} = 5(cm)$$

根据所需的 i_{ny} 查附表2-6，选取 HW250 × 250 × 9 × 14，则：

自重 72.4kg/m，$A = 92.18cm^2$，$i_x = 10.8cm$，$i_y = 6.29cm$。

（4）截面验算。

①强度。

考虑自重后的集中荷载：$824.45 + 0.724 \times 1.2 \times 5 = 828.79(kN)$（柱自重72.4kg/m，则自重荷载为0.724kN/m，柱高5m，永久荷载分项系数1.2）。

$$\sigma = \frac{N}{A} = \frac{828.79 \times 10^3}{9218} = 89.91(N/mm^2) < f = 215(N/mm^2) 符合规范要求。$$

（一般情况下，若截面无削弱，可不验算此项内容）。

②刚度。

$$\lambda_x = \frac{l_0}{i_x} = \frac{500}{10.8} = 46 < [\lambda] = 150$$

$$\lambda_y = \frac{l_0}{i_y} = \frac{500}{6.29} = 79 < [\lambda] = 150$$

符合规范要求。

③整体稳定性。

柱截面为 HW250 × 250 × 9 × 14，$b/h = 1.0 > 0.8$，则对 x 轴与 y 轴都属于 b 类截面。根据 $\lambda_x \sqrt{\frac{f_y}{235}} = 46$，查表（附表1-17），$\varphi_x = 0.874$，根据 $\lambda_y \sqrt{\frac{f_y}{235}} = 79$，查表（附表1-17），$\varphi_y = 0.694$。

$$\sigma_x = \frac{N}{\varphi_x A} = \frac{828.79 \times 10^3}{0.874 \times 9218} = 102.87(N/mm^2) < f = 215(N/mm^2) 故符合规范要求。$$

$$\sigma_y = \frac{N}{\varphi_y A} = \frac{828.79 \times 10^3}{0.694 \times 9218} = 129.55(N/mm^2) < f = 215(N/mm^2) 故符合规范要求。$$

④局部稳定性。

a. 翼缘自由外伸宽厚比。

$$\frac{b}{t} = \frac{(250 - 9)/2}{14} = 8.6 < (10 + 0.1\lambda)\sqrt{\frac{235}{f_y}} = 10 + 0.1 \times 79 = 17.9$$

符合规范要求。（式中的 λ 是构件两方向长细比的较大值；当 $\lambda < 30$ 时，取 $\lambda = 30$；当 $\lambda > 100$ 时，取 $\lambda = 100$）

b. 腹板高厚比。

$$\frac{h_0}{t_w} = \frac{250 - 2 \times 14}{19} = 24.7 < (25 + 0.5\lambda)\sqrt{\frac{235}{f_y}} = 25 + 0.5 \times 79 = 64.5$$

符合规范要求。

（5）结论。

柱选取截面为 HW250×250×9×14，且通过各项验算，符合规范要求。

六、柱脚节点设计

（1）荷载计算。

轴心受压柱承受的轴心荷载：$N = 828.79\text{kN}$（已包括柱自重 72.4kg/m）

（2）节点板面积。

选 2 个 M20 锚栓，则底板栓孔面直径 $d = 40\text{mm}$

$$A_o = 2 \times \pi r^2 = 2 \times 3.14 \times 20 \times 20 = 2512(\text{mm}^2)$$

底板面积

$$A = \frac{N}{f_{cc}} + A_o = \frac{828.79 \times 10^3}{9.6} + 2512 = 88844.3(\text{mm}^2)$$

（通过此项计算，可保证柱脚底板下的基底压力不会将下面的混凝土压碎）

根据柱截面 HW250×250×9×14，选择正方形底板，故：

$$B = L = \sqrt{A} = \sqrt{88844.3} = 298.1(\text{mm})$$

按构造要求选 350×350，见图 7-10。（每边沿柱最外端向外放宽 50mm）

$$A = 122500\text{mm}^2 > 88844.3\text{mm}^2$$

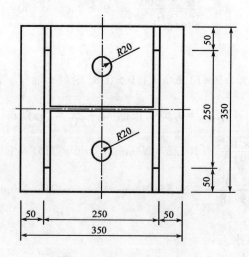

图 7-10　底板构造（尺寸单位：mm）

（3）计算底板厚度。

底板受荷区域示意见图 7-11。

①底板反力。

$$q = \frac{N}{BL - A_o} = \frac{828790}{350 \times 350 - 2512} = 6.9(\text{N/mm}^2) < f_{cc} = 9.6(\text{N/mm}^2)$$

128

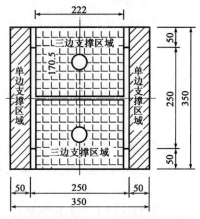

图 7-11 底板受荷示意图(尺寸单位:mm)

底板反力小于下方混凝土抗压强度,安全。

②板底弯矩。

a. 单边支撑区域板底弯矩

$$M_1 = \frac{1}{2}qc^2 = \frac{1}{2} \times 6.9 \times 50^2 = 8.625 \times 10^3 (\text{N} \cdot \text{mm}) (c \text{ 为悬臂长度}, c = 50\text{mm})$$

b. 三边支撑区域板底弯矩,最大弯矩位于自由边的中央:

$$\frac{b_1}{a_1} = \frac{170.5}{222} = 0.8 \quad 查表 3\text{-}4 得 \beta = 0.092$$

$M_3 = \beta q a_1^2 = 0.092 \times 6.9 \times 222^2 = 31.3 \times 10^3 (\text{N} \cdot \text{mm}) (a_1 \text{ 为自由边的长度}, \beta \text{ 为弯矩系}$
数,取决于垂直于自由边的长度 b_1 和自由边 a_1 的比值,见表 3-4)。

c. 板底弯矩。

比较 M_1 和 M_3,选择最大者作为底板承受的最大弯矩 $M_{\max}$,用它来计算底板的厚度。

③底板厚度。

$$t = \sqrt{\frac{6M}{f}} = \sqrt{\frac{6 \times 31.3 \times 10^3}{205}} = 30.3(\text{mm})$$

采用底板厚度 $t = 32\text{mm}$。

④结论。

柱脚底板选取,板的尺寸为 $350\text{mm} \times 350\text{mm}$,厚度为 32mm,通过各项验算,符合规范要求。

(4)焊缝计算。

焊缝长度:

$$250 \times 4 + (250 - 9) \times 2 = 1482(\text{mm})$$

$$h_f \geqslant \frac{N}{\sum t_w f_f^w \beta_f} = \frac{828790}{0.7 \times 1482 \times 160 \times 1.22} = 4.09(\text{mm})$$

按构造要求,取 $h_f = 6\text{mm}$。

七、柱头设计

按构造要求选取螺栓,详见施工图。

八、绘制施工图

见附录3。

习 题

一、简答题

1. 实际的钢结构工程中,为何大量采用 H 型钢而较少采用工字钢?二者区别是什么?

2. 钢梁的合理跨距为多少?为什么实际工程设计时都要采取减小柱距或加次梁的办法将梁的跨度减小?

3. 在本项目中,钢柱的计算长度系数选择 1.0 的依据是什么?

4. 边柱受荷面积只有中柱的 1/4,为什么不采用减小截面面积,减少用钢量的办法进行设计?

5. 钢柱设计时,可采取什么办法进行弱轴方向加强,保证整个结构的稳定性?

二、课程任务设计

本章课程设计任务书,参见附录4。

第八章 钢屋架设计

第一节 屋架的组成和形式

屋架是主要由轴心受力构件(拉杆和压杆)组成的平面桁架,当屋盖跨度较大采用实腹式受弯构件将造成多费钢材和自重较大时,就需采用屋架。工程结构中的大部分屋架常可按平面桁架考虑,其内力可借助于平面力系的平衡条件求解。

一、屋盖结构的组成

在单层工业由厂房和民用房屋建筑(大型超市、体育场馆、展览厅等)中,其屋盖系统常采用钢结构,钢屋盖结构主要屋面板、檩条、屋架、托架和支撑等构件组成,如图 8-1 所示。对通风和采光有特别要求的建筑,屋盖结构中还常设置天窗架。

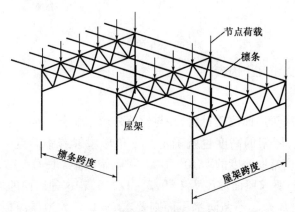

图 8-1 屋盖体系及屋架受力图

在图 8-1 中,屋面荷载由屋面板直接承担,然后由屋面板传给檩条,檩条再以集中力形式传给屋架。屋架搁置在组成房屋结构的柱子上。屋架的跨度和间距取决于柱网布置,而柱网布置则取决于建筑物的使用功能和经济要求。当柱网间距较大,超出屋面板长度时,应设置柱间托架以支承中间屋架,中间屋架的荷载通过托架传给柱。

屋架与屋架之间应布置支撑,以增强屋架的侧向刚度,传递水平荷载和保证屋盖体系的整体稳定。因此屋盖支撑是屋盖结构中不可缺少的重要组成部分。

二、屋架的形式和主要尺寸

根据用途和跨度不同,屋架可有不同的外形。图 8-2 所示为常用的几种屋架外形及其腹杆布置。图 8-2a) ~ c)为三角形屋架,通常用于屋面材料要求的屋面坡度较陡的有檩体系屋盖。图 8-2a)为人字式屋架,其上、下弦杆可任意分割布置节点,腹杆数量少,但斜杆有受拉和受压的可能;图 8-2b)为芬克式屋架,其特点是短腹杆受压,长腹杆受拉,受力合理,同时整个屋架在运输时可很方便地分为左、右两个半屋架,在工地通过中间一根下弦杆和竖杆连在一起,是三角形屋架中常用的经济形式。图 8-2d)所示为梭形屋架,由三角形屋架变化而来,可用于需保持较平屋面坡度但又需加大屋架高度的情况。图 8-2e)所示为梯形屋架,可用于屋面坡度较平坦时;图 8-2f)、g)所示为折角形屋架和人字形屋架,均由梯形屋架变化而来,可减小屋架在跨中的高度。图 8-2h)所示为平行弦屋架,可用于各种坡度的屋面,不仅可用作屋架,也可用于屋盖中的各种支撑桁架、屋架的托架等。梯形和平行弦屋架等基本上都采用带竖杆的人字式腹杆体系,同一节间两斜杆长度相同,具有弦杆及腹杆分别等长、节点形式少等特点。

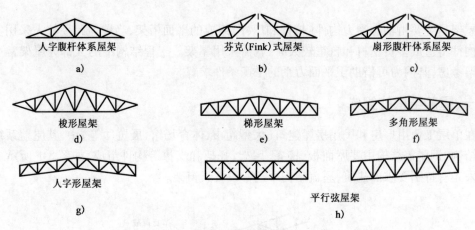

人字腹杆体系屋架
a)

芬克(Fink)式屋架
b)

扇形腹杆体系屋架
c)

梭形屋架
d)

梯形屋架
e)

多角形屋架
f)

人字形屋架
g)

平行弦屋架
h)

图 8-2　屋架的形式

屋架的选型需考虑以下几个因素。

1. 满足使用要求

屋架的坡度主要取决于屋面覆盖材料,并与建筑外形相配合。对三角形屋架,当屋架的跨度和屋面坡度一旦确定,屋架的高度也就确定。三角形屋架跨中高度一般为跨度的 1/6 ~ 1/4;梯形屋架的跨中高度常取跨度的 1/10 ~ 1/8,端部高度通常取 1.5 ~ 2.5m。波形石棉瓦、瓦楞铁或短尺压型钢板,要求屋面坡度为 $i = 1/3 ~ 1/2.5$,若这种屋面的坡度过小,易造成漏水,因此常需选用三角形屋架。油毡防水屋面则要求 $i = 1/8$;大型屋面板或长尺压型钢板屋面,则可用于屋面坡度为 $i = 1/30 ~ 1/8$ 时,因而常选用梯形屋架和平行弦屋架。

屋架中的腹杆主要用以联系上、下弦杆构成节点并传递节点荷载,其布置应考虑屋面板材规格、檩距尺寸或大型屋面板的尺寸和布置、天窗架的布置以及悬挂屋架上的设备吊点位置等。应尽可能使荷载都作用在节点上,从而使桁架的弦杆都是轴心受力构件;同时尽可能使荷载传递至支座的路线最短,以减少腹杆的总长度和节点数目;对非人字形的腹杆体系,应使长腹杆受拉,短腹杆受压,对人字形腹杆体系,宜使斜腹杆的倾角在 35° ~ 55° 范围内,目的是减小腹杆的截面积。

屋架端部连接方式的选择是满足厂房结构刚度要求的关键之一。三角形屋架坡度较陡,支座节点构造只能与柱形成铰接,梯形屋架具有足够的高度与柱形成铰接或刚接。平行弦屋架可用于各种坡度,其端部可以铰接也可以刚接。

2. 受力合理

屋架在屋面荷载作用下,其计算模型为一格构式受弯构件承受横向荷载作用,其上、下弦杆主要承受桁架截面上的弯矩,而腹杆则主要承受桁架截面上的剪力。两端简支的受弯构件在满跨均布荷载作用下弯矩图形为一抛物线,因此屋架的外形若接近于抛物线形,则弦杆各节间中的内力最为均匀,充分发挥材料的作用。三角形屋架外形与抛物线形差别较大,因而其弦杆各节间的内力很不均匀,屋架端部节间的内力最大,因弦杆截面常按整根弦杆的最大内力选用,故跨度较大时选用三角形屋架是不经济的,其常用跨度宜在27m以下。简支梯形屋架外形较接近抛物线形,弦杆各节间内力较为均匀,加之刚度也较三角形屋架为好,常用跨度可达36m左右。平行弦屋架弦杆内力不及梯形屋架均匀,但其腹杆长度一致,杆件类型少,节点构造统一,便于制造。

3.综合经济效果好

在考虑钢材品种质量提供保证的情况下,结合建设速度、运输条件、新技术、新结构采用等,以期获得高质量的综合经济效果好的屋架。

三、屋面

1.屋面材料类型

在单层厂房中,屋面结构的自重在整个单厂结构荷载中通常占有较大的比例。因此,为尽可能减小承重构件的截面尺寸,在选择屋面材料时通常采用轻质高强、防水、保温和隔热性能好,构造简单,施工方便,并能工业化生产的建筑材料。

目前我国常用的屋面材料主要有下列几种:

(1)预应力混凝土大型屋面板。这种屋面板广泛用于无檩体系屋盖,设计时一般采用标准尺寸1.5m×6m的屋面板,对于板跨为6m的厂房,屋面板可以直接铺设在屋架上。施工速度较快,屋面刚度大,抗腐蚀能力强,但受热易变形,不宜用于高温车间。

(2)石棉瓦。这种屋面瓦自重力0.2kN/m²左右,具有自重轻,施工简便的特点,是一种传统屋面材料。但由于这种材料脆性大,易破裂,现在一般常用于简易库棚和临时建筑。

(3)压型钢板。一般采用彩色钢板、镀锌钢板或冷轧薄钢板经辊压冷弯而成。其基本厚度为0.6~1.6mm(一般用0.6~1.0mm),自重力0.10~0.18kN/m²。由于它具有自重轻、施工简便、美观耐用、抗震防火等特点,现广泛应用于钢结构建筑工程中。使用时采用《冷弯薄壁型钢结构技术规范》(GB 50018—2002),一般适用于平坡的梯形屋架和门式刚架。

(4)钢丝网水泥波形瓦。这种屋面瓦自重力0.45~0.50kN/m²。生产设备简单,施工方便,技术经济指标好,其质量和耐久性能满足一般工业房屋的使用要求。

(5)加气混凝土屋面板。这种屋面板自重力0.7~1.0kN/m²,是一种兼承重、保温和构造等多项功能的轻质多孔板。这种板工业化程度高,表面平整,可直接在板面上铺设防水材料,施工便利。

(6)黏土瓦。这种屋面瓦自重力0.55kN/m²左右,是一种传统屋面材料。由于取材、运输、施工都比较方便,适应性强。多用于机械化施工要求不高的工程项目。

(7)GRC板。GRC板是一种采用玻璃纤维增强的水泥板,目前市场上的GRC板有两种产品:一种是GRC复合板,其面板为玻璃纤维与水泥砂浆的复合板,由于板本身不隔热(或保温),尚需在面板上另设隔热、找平及防水层。另一种是GRC复合夹芯板,是将隔热层贴于面板下面或在上下面板的中间,使板具有隔热作用,使用时只需在面板上部设防水层。

2.压型钢板的截面形式和构造要求

压型钢板按表面涂层情况可分为镀锌板、彩涂板和镀铝锌板,其中彩涂板适用于有色彩要求的屋面和墙面,其应用最为普遍。按波形的不同可分为高波板(波高 75～130mm)、中波板(波高 40～70mm)与低波板(波高 14～28mm)。

当采用压型钢板作为屋面板时,可以按照其荷载、钢板厚度、支承条件、最大允许檩距选择合适截面。常用的几种截面形式如表 8-1 所示。

常用屋面板的压型钢板截面形式 表 8-1

序　号	型　号	截面形状	适用情况
1	YX51－380－760(角弛Ⅱ)		屋面板
2	YX114－333－666		大檩距屋面板
3	YX130－300－600		大檩距工业厂房屋面板
4	YX35－190－760		屋面板
5	YX35－125－750		墙面板
6	YX75－175－600(AP740)		屋面板

压型钢板长度方向的搭接端必须与支承构件如檩条、墙梁等有可靠的连接,搭接部位应设置防水密封胶带,搭接长度不宜小于下列限值:

波高≥70mm 的高波屋面压型钢板为 350mm。

波高＜70mm 的低波屋面压型钢板,屋面坡度≤1/10 时为 250mm;屋面坡度＞1/10 时为 200mm。

墙面压型钢板为 120mm。

屋面压型钢板侧向可采用搭接式、扣合式或咬合式等连接方式。当侧向采用搭接式连接时,一般搭接一波,特殊要求时可搭接两波。搭接处用连接件紧固,连接件应设置在波峰上,连接件应采用带有防水密封胶垫的自攻螺栓。对于高波压型钢板,连接件间距一般为 700 ~ 800mm;对于低波压型钢板,连接件间距一般为 300 ~ 400mm。当侧向采用扣合式或咬合式连接时,应在檩条上设置与压型钢板波形相配套的专门固定支座,固定支座与檩条用自攻螺钉或射钉连接,压型钢板搁置在固定支座上。两片压型钢板的侧边应确保在风吸力等因素作用下的扣合或咬合连接可靠。

墙面压型钢板之间的侧向连接宜采用搭接连接,通常搭接一个波峰,板与板的连接件可设在波峰,亦可设在波谷。连接件宜采用带有防水密封胶垫的自攻螺钉。

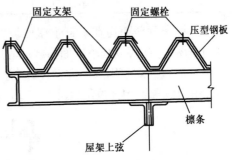

图 8-3　固定支架连接

铺设高波压型钢板屋面时,应在檩条上设置固定支架,檩条上翼缘宽度应比固定支架宽度大 10mm。固定支架用自攻螺钉或射钉与檩条连接,每波设置一个。低波压型钢板可不设固定支架,宜在波峰处采用带有防水密封胶垫的自攻螺钉或射钉与檩条连接,连接件可每波或隔波设置一个,但每块低波压型钢板不得小于 3 个连接件。

屋面无紧固件外露板或高波板在檩条上固定时,应设置专门的固定支架,如图 8-3 所示,檩条上翼缘宽度应不小于固定支架宽度加 10mm。

四、檩条

1.檩条的形式与尺寸

实腹式檩条包括热轧型钢、焊接轻型型钢和冷弯薄壁型钢。其截面形式如图 8-4 所示。

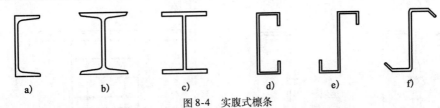

图 8-4　实腹式檩条

常用作檩条的热轧型钢有工字钢和槽钢,如图 8-4a)、b)所示,其中又分普通和轻型两种。普通型钢檩条因板稍薄,但改进仍不理想。因此热轧型钢檩条目前在工程中应用不太广泛。

高频焊接轻型 H 型钢是一种轻型型钢,如图 8-4 c)所示,具有腹板薄,抗弯刚度好,两主轴方向的惯性比较接近等优点,目前常用作跨度大于 6m、荷载较大的屋面檩条。

冷弯薄壁型钢由于其截面主平面 x 轴的刚度大,用作檩条时挠度小,用钢量省,制作和安装方便,目前在轻型屋面系统工程中已普遍采用。图 8-4d)所示为卷边槽钢(亦称 C 形钢)檩条适用于屋面坡度 $i \leqslant 1/3$ 的情况。斜卷边工形钢存放时还可叠层堆放,占地少。冷弯薄壁型钢檩条跨度不宜超过 6m。

实腹式檩条的截面高度一般取其跨度的 1/50 ~ 1/35,截面宽度由根据截面高度所选的型钢规格确定。檩条的容许挠度见表 8-2。

2.檩条布置、连接与构造

(1)为使屋架上的弦杆不产生弯矩,檩条宜位于屋架上弦节点处。当采用内天沟时,边檩应尽量靠近天沟。

檩条的容许挠度限值	表 8-2
仅支承压型钢板屋面(承受活荷载或雪荷载)	$l/150$
有吊顶	$l/240$
有吊顶且抹灰	$l/360$

（2）檩条的截面均宜垂直于屋面坡度。对槽形钢和 Z 形钢檩条，宜将上翼缘肢尖（或卷边）朝向屋脊方向，以减小屋面荷载偏心所引起的扭矩。

（3）屋脊处应采用双檩方案，沿屋脊两侧各布置一道檩条。屋脊檩条应在跨度 1/3 处用槽钢、角钢或圆钢相互拉结，如图 8-5 所示。

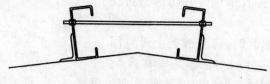

图 8-5　脊檩方案（双檩）

压型钢板、瓦楞铁和石棉瓦应与檩条可靠连接，以保证屋面能起阻止檩条侧向失稳和扭转的作用，这对一般不需验算整体稳定性的檩条尤为重要。

檩条与压型钢板屋面的连接，宜采用带橡胶垫圈的自攻螺钉。

3. 檩条与屋架的连接

檩条端部与屋架的连接应能阻止檩条端部截面的扭转，以增强其整体稳定性。

檩条可通过檩托与屋架连接，檩托可用角钢和钢板做成，檩条与檩托的连接螺栓不应少于两个，并沿檩条变度方向布置。设置檩托的目的是为了阻止檩条在支座处发生扭转变形和倾覆，见图 8-6。

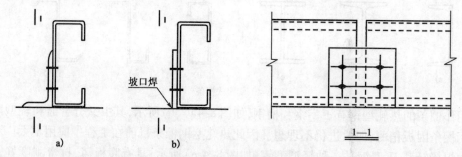

图 8-6　实腹式檩条端部连接

4. 檩条的拉条和撑杆

（1）拉条的设置。

当檩条跨度大于 4m 时，应在檩条间跨中心点设置拉条。当檩条跨度大于 6m 时，应在檩条跨度三分点处各设置一道拉条。拉条的作用是为了给檩条提供侧向支承，减小檩条沿屋面坡度方向的跨度，减小檩条在施工和使用阶段的侧向变形和扭转。拉条作为檩条在 x 轴方向的中间支点，此中间支点的力需要传至刚度较大的构件。为此，需要在屋脊或檐口处设置斜拉条和刚性撑杆。当檩条采用卷边槽钢时，横向力指向下方，斜拉条和撑杆应设置在屋脊处，如图 8-7a）、b）所示。当檩条为 Z 形钢而横向荷载指向上方时，斜拉条和撑杆应布置在屋檐处，如图 8-7c）所示。

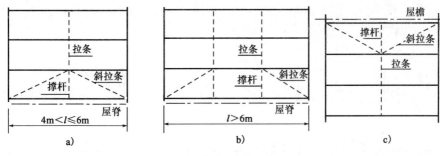

图 8-7　拉条和撑杆的布置

当风吸力超过屋面永久荷载时,Z 形钢檩条的斜拉条需要设置在屋脊处,而卷边槽钢檩条则需设在屋檐处。因此,为了兼顾两种情况,在风荷载大的地区可采用两个处理方法:

①在屋檐和屋脊处均设置斜拉条。

②把横拉条和斜拉条都做成可以既承受拉力又承受压力的刚性杆。

（2）撑杆的设置。

檩条撑杆的作用主要是限制屋檐或屋脊处边檩向上或向下两个方向的侧向弯曲,撑杆的长细比按压杆要求 $\lambda \leqslant 200$,可采用钢管、方管或角钢做成。目前也有采用钢管内设拉条的做法,它的构造简单,撑杆处应同时设置斜拉条。

（3）拉条和撑杆的连接。

拉条和撑杆与檩条的连接见图 8-8。斜拉条与檩条腹板的连接处一般应予弯折,弯折的直段长度不宜过大,以免受力后发生局部弯曲。斜拉条弯折点距腹板边距宜为 10 ~ 15mm。如条件许可,斜拉条也可不弯折,此时则需要通过斜垫板或角钢与檩条连接。

斜拉条与屋架的连接,可在屋架上焊一短角钢与斜拉条用螺母连接,如图 8-9 所示。

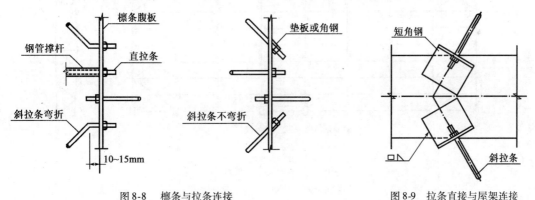

图 8-8　檩条与拉条连接　　　　　　图 8-9　拉条直接与屋架连接

五、屋盖支撑

平面屋架在其本身平面内,由于弦杆与腹杆构成了三角形的几何不变铰接体系而具有较大的刚度,但在屋架平面外,当在屋架端部两屋架间未设垂直支撑桁架时,若仅有檩条或系杆的联系,屋架相互间是几何可变的,在侧向力作用下屋架会倾斜,仅当设了垂直支撑桁架和系杆,才能保持各个屋架在平面外的几何稳定性,如图 8-10a）所示。图 8-10b）为屋架上弦平面图,当仅有檩条联系时,屋架上弦杆因受压而失稳时,整个上弦会屈曲成一个"半波"。如果在房屋两端的柱间内设置上弦横向支撑桁架,则水平支撑桁架的节点成为屋架上弦的侧向支撑点,屋架上弦将屈曲成多个"半波",从而提高了上弦杆的稳定性和承载能力。由此可见,平面桁架如未设置支撑系统，将不能发挥它的承重作用。下面将对屋架支撑的种类、作用和布置方法等分别做出说明。

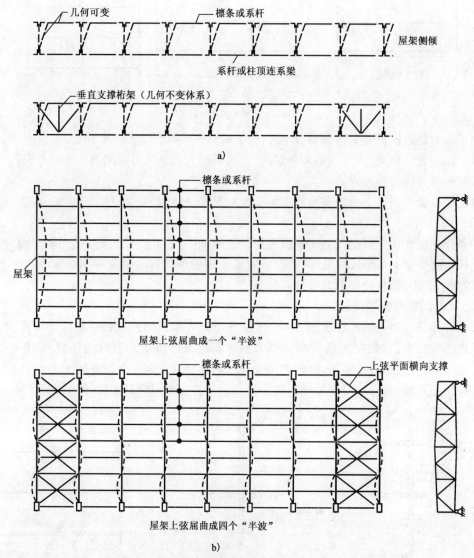

图 8-10　　屋架未设支撑时的变形情况

a)屋架的端视图；b)屋架上弦平面图

图 8-10 为支承于间距为 6m 的钢筋混凝土柱柱顶的梯形屋架的支撑布置示例。

屋架(包括天窗架)的支撑系统包含下列四类。

1. 横向支撑

根据其位于屋架的上弦平面或下弦平面，又可分为上弦横向支撑和下弦横向支撑两种，图8-11a)、b)所示分别为上弦平面横向支撑和下弦平面横向支撑。横向支撑由相邻两屋架的弦杆(上弦杆或下弦杆)和特设的纵向压杆(系杆)与交叉斜杆组成，是一个水平放置的桁架，两端的支座是柱或垂直支撑。横向支撑的作用是保证弦杆的侧向稳定性，传递作用在房屋山墙上的纵向水平风荷载。

一般情况下，屋架的上弦平面横向支撑都必须设置(除非采用刚性屋面，如钢筋混凝土，

138

大型屋面板且与屋架牢固相连并有保证时,刚性屋面板可代替上弦平面横向支撑)。屋架下弦杆为拉杆无稳定性问题,因此当房屋的跨度和高度较小(例如跨度小于18m)且室内无悬挂吊车时,可不设下弦平面横向支撑,此时下弦杆中某些节点可借设置纵向柔性系杆通过垂直支撑与上弦横向支撑的一些节点相连,使其也成为几何不动点,以减小下弦杆在屋架平面外的计算长度。

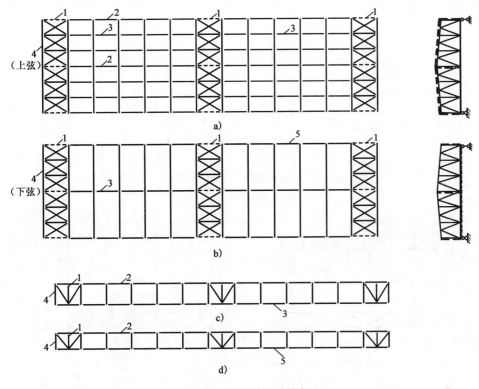

图 8-11 梯形屋架的支撑布置

a)上弦平面横向支撑;b)下弦平面横向支撑;c)屋脊处垂直支撑;d)支座处垂直支撑

1-垂直支撑;2-刚性系杆;3-柔性系杆;4-屋架;5-柱顶联系梁

横向支撑一般应设置在房屋两端或温度伸缩缝区段两端的第一个柱间内,且上、下弦平面支撑必须设在相同的两个屋架之间。当房屋两端不设置屋架而以山墙承重时,或屋架上有纵向天窗而天窗只延伸到房屋端部或温度区段端部的第二个柱间时,横向支撑应缩进到第二个柱间内,在第一个柱间内与横向支撑节点相连处设置相应的刚性系杆(图 8-12)。为了增加屋盖的刚性,两道横向支撑的间距不宜超过 60m。因此当房屋长度较大,两端的横向支撑间距大于 60m 时,还应增设横向支撑。如图 8-12 中的中间横向支撑。

横向支撑架节间的划分应根据屋架的腹杆布置而定,支撑的节点必须设在屋架的节点处,通常取支撑的节间长度为屋架节间长度的 2 倍。由于上、下弦节点位置不同,故上、下弦横向支撑可以有不同的节间划分。

2. 纵向支撑

设于屋架的上弦或下弦平面,布置在沿柱列的各屋架端部节间部位,如图 8-13 所示。其作用是与横向支撑一起形成水平刚性盘,增加房屋的整体刚度;当房屋为工业厂房并设有吊车时,在吊车横向制动力作用下使框架起空间作用,可减小受荷较大的框架所受的水平荷载和产生的水平变形;当有托架时,可保证托架的侧向稳定。

纵向支撑仅当房屋的跨度和高度较大,或房屋为厂房并设有壁行吊车或有较大振动设备因而对房屋的整体刚度要求较高时设置。纵向支撑通常设在屋架的下弦平面,对三角形屋架也可设在上弦平面。为增加托架的侧向稳定而设置的纵向支撑可只在局部柱间内设置,但需在托架所在柱间两侧各延伸一个柱间,如图8-13b)所示。

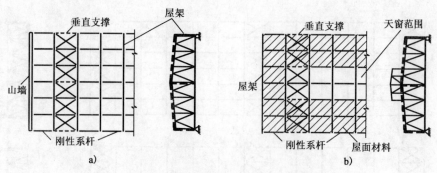

图8-12　上弦平面横向支撑缩进时的布置

a)端部设置山墙时;b)天窗未到尽端时

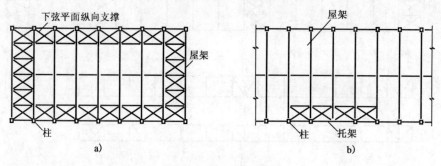

图8-13　纵向支撑的设置

3.垂直支撑

垂直支撑位于两屋架端部或跨间某处的竖向平面或斜向平面内,其作用是:

(1)保持屋架侧向的几何稳定性。

(2)下弦无横向支撑时,作为下弦系杆的支点。

(3)传递山墙所受纵向风荷载等至屋架支柱。

(4)保证吊装屋架时的稳定和安全。

垂直支撑在任何屋盖系统内一般都需设置。垂直支撑设在有横向支撑的同一柱间的屋架上,不设垂直支撑的其他屋架上、下弦相应点间设纵向系杆与之相连,见图8-11c)和图8-11d)。

对跨度 $L \leqslant 30\text{m}$ 的梯形屋架,通常只在跨度中点和屋架两端设置垂直支撑。跨度 $L \leqslant 24\text{m}$ 的三角形屋架,可只在跨度中点竖直平面内设置一道垂直支撑。当跨度大于上述情况时,则需适当增加垂直支撑的数量,设置类型如图8-14所示。

垂直支撑是一个平行弦桁架,高度 h 由与其连接处的屋架高度确定。如图8-15所示为其一般形式,当 $h \leqslant 2.5\text{m}$ 时,可采用图8-15a)、b)的形式;当 $h > 2.5\text{m}$ 时,可采用图8-15c)的形式。

4.系杆

系杆是在横向水平支撑或垂直支撑的节点处,沿房屋纵向通长设置的杆件。根据其是否能抵抗轴心压力而分成刚性系杆和柔性系杆两种。未设横向支撑的其他屋架,其上、下弦杆的侧向稳定性由与横向支撑节点相连的系杆来保证,也即系杆可作为这些屋架上、下弦杆的侧向支撑点。

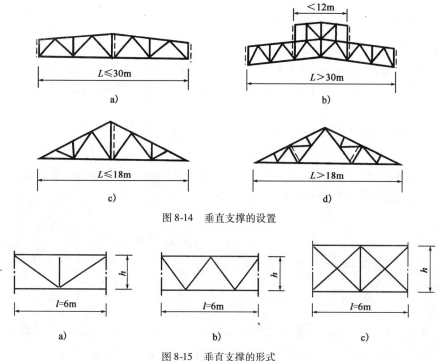

图 8-14　垂直支撑的设置

图 8-15　垂直支撑的形式
a)、b)用于 $h \leqslant 2.5\text{m}$ 时;c)用于 $h > 2.5\text{m}$ 时

为安装屋架时的方便与安全,屋脊处应设刚性系杆,当跨度较大时,屋架两端的系杆也可考虑为刚性系杆,当柱顶处有钢筋混凝土圈梁时可代替该处的刚性系杆,其他上弦节点处的系杆可为柔性系杆。在有檩体系屋盖中,屋架上弦平面的系杆可用檩条兼作,但对兼作刚性系杆的檩条应满足长细比 $\lambda \leqslant 200$ 的要求。当屋架上有天窗架时,天窗下的屋架上弦杆上无屋面构件,屋脊处仍需设置刚性系杆以保证上弦杆的侧向稳定。大型屋面板当满足支承长度 $\geqslant$ 60mm,且支承点与屋架至少三点焊接时,大型屋面板可作系杆用。弦杆是受拉构件,无稳定问题,因此在不设横向支撑的其他屋架下弦间仅需在垂直支撑所在位置处设置柔性系杆即可,但必须使下弦杆在屋架平面外的长细比满足规定要求,参阅图 8-11b),否则应增加与下弦横向支撑节点相连的系杆。

综上所述,屋盖支撑系统的作用可归纳为以下几点:

(1)保证屋盖的几何稳定性。

(2)保证屋盖结构在水平面内整体刚度和空间整体性。

(3)为弦杆提供侧向支承,减小弦杆平面外计算长度。

(4)保证结构安装时的稳定。

因此,支撑系统的合理布置和设计,对房屋的工程质量和安全、适用有极其重要的意义。

以上介绍的支撑的设置和布置都是按屋架和柱子的间距为 6m 考虑的。当采用长尺压型钢板作为屋面材料时,屋架的间距可取 12~18m。对扩大屋架间距后的屋盖支撑布置,应根据上述原则进行具体分析后确定。

141

第二节 屋架设计

一、项目概况

某车间跨度 30m，长度 102m，柱距 6m。车间内设有两台 20/5t 中级工作制起重机。计算温度高于 $-20℃$，地震设防烈度为 7 度。采用预制混凝土屋架板，屋面坡度为 $i = 1/10$，为不上人屋面。屋架简支于钢筋混凝土柱上，柱顶高程 10m，上柱截面为 400mm × 400mm，混凝土强度等级为 C20。

基本雪压为 $0.3kN/m^2$，基本风压为 $0.4kN/m^2$，积灰荷载为 $1.0kN/m^2$。

屋盖形式：无檩屋盖，平坡梯形屋架，由《建筑结构手册》中选取 30m 跨度的梯形屋架，则具体尺寸如图 8-16 所示。屋架计算跨度 $L_0 = L - 300mm = 29700mm$，端部高度取 $H_0 = 1990mm$，中部高度取 $H = 3490mm$。

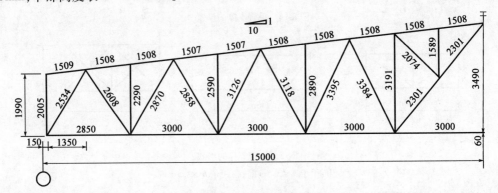

图 8-16　屋架几何尺寸(尺寸单位:mm)

跨度起拱按 $L/500$ 考虑。根据建造地区的计算温度和荷载性质，钢材选用 Q235B，焊条采用 E43 型，手工焊。

二、设计任务

(1)根据车间长度、屋架跨度和荷载情况，设置上、下弦杆横向水平支撑、垂直支撑和系杆，并绘制施工图。

(2)编制荷载计算书，绘制杆件内力图(提示:根据所给的单位荷载作用下的内力系数计算杆件内力)。

(3)屋架截面设计。

(4)屋架节点设计。

三、设计依据

(1)《建筑结构荷载规范》(GB 50009—2001)。

(2)《钢结构设计规范》(GB 50017—2003)。

(3)《钢结构工程施工质量验收规范》(GB 50205—2001)。

(4)《简明建筑结构设计手册》，中国建筑工业出版社。

四、支撑与系杆布置

根据项目的总体尺寸 30m×102.3m,布置横向支撑、垂直支撑,如图 8-17~图 8-20 所示。

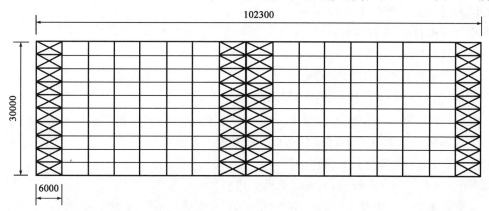

图 8-17　屋架上弦平面横向支撑(尺寸单位:mm)

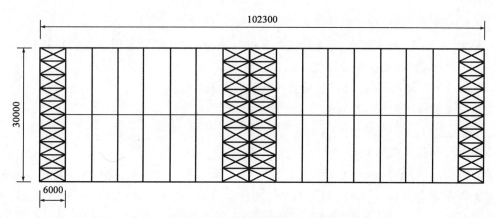

图 8-18　屋架下弦平面横向支撑(尺寸单位:mm)

图 8-19　屋脊处垂直支撑

图 8-20　柱顶处垂直支撑(尺寸单位:mm)

五、屋架内力计算

1. 屋架荷载计算

(1)永久荷载标准值(按屋面水平投影计算)。

卷材防水层:0.4(kN/m^2)

找平层:$0.02 \times 20 = 0.4(kN/m^2)$(20mm厚,细石混凝土重度按$20kN/m^3$计取)

80mm厚泡沫混凝土保温层:$0.08 \times 6 = 0.48(kN/m^2)$(泡沫混凝土重度按$6kN/m^3$计取)

预应力混凝土屋面板:$1.4(kN/m^2)$

屋架及支撑自重:$0.12 + 0.011L = 0.12 + 0.011 \times 30 = 0.45(kN/m^2)$

管道:$0.1(kN/m^2)$

永久荷载标准值$g_k = 3.23(kN/m^2)$

(2)活荷载标准值(按屋面水平投影计算)。

雪荷载标准值:$0.3 kN/m^2 \times 1 = 0.3(kN/m^2)$(按设计资料中给定的地区查荷载规范)

不上人屋面活荷载:$0.5(kN/m^2)$(查取荷载规范)

积灰荷载:$1.2 kN/m^2$(设计资料中给定)

风荷载:由于屋面自重较重,可不考虑风荷载的影响

活荷载标准值$g_q = 0.5 + 1.2 = 1.7(kN/m^2)$(雪荷载与不上人屋架活荷载取大者,即取$0.5kN/m^2$)

(3)永久荷载控制的荷载设计值。

$3.23 \times 1.35 = 4.36(kN/m^2)$(因荷载大于$3.0kN/m^2$,永久荷载分项系数取1.35)

(4)可变荷载控制的荷载设计值。

$1.7 \times 1.4 = 2.38(kN/m^2)$(可变荷载分项系数取1.4)

故永久荷载控制的荷载组合起控制作用。

(5)内力组合。

全跨永久荷载 + 全跨可变荷载(应选永久荷载还是可变荷载?)

节点荷载(设计值):$F = (3.23 \times 1.35 + 1.7 \times 1.4) \times 6 \times 1.5 = 60.66(kN)$[柱距为6m,故一榀屋架受荷宽度为6m,节点间距为1.5m,故每个节点的受荷面积为$6 \times 1.5 = 9.0m^2$,见图8-21a)]。

全跨永久荷载 + 半跨可变荷载

全跨节点永久荷载(设计值)$F_1 = 3.23 \times 1.35 \times 6 \times 1.5 = 39.24(kN)$

半跨节点可变荷载(设计值)$F_2 = 1.7 \times 1.4 \times 6 \times 1.5 = 21.42(kN)$

全跨屋架自重 + 半跨屋面板自重 + 半跨屋面施工荷载[取屋面活载大小,见图8-21b)]

全跨节点屋架自重(设计值)$F_3 = 0.45 \times 1.35 \times 6 \times 1.5 = 5.47(kN)$

半跨节点屋面板自重 + 半跨节点屋面施工荷载(设计值)[施工荷载即为屋面活荷载,见图8-21c)]

$F_4 = (1.4 \times 1.35 + 0.5 \times 1.4) \times 6 \times 1.5 = 23.31(kN)$

2.屋架内力计算

杆件内力计算见表8-3、表8-4。

屋 架 节 点 荷 载 表8-3

节点荷载	$F(kN)$	$F_1(kN)$	$F_2(kN)$	$F_3(kN)$	$F_4(kN)$
	60.66	39.24	21.42	5.74	23.31

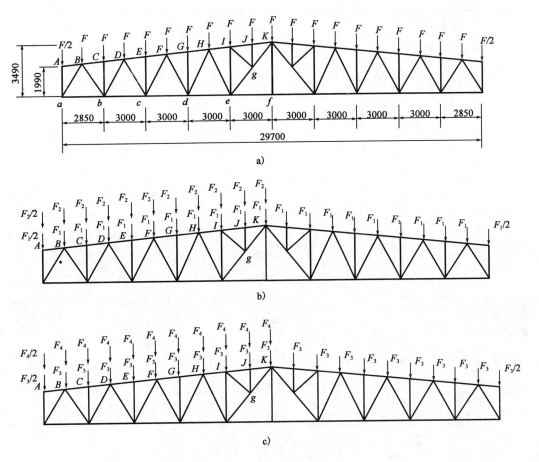

图 8-21 屋架内力计算简图

屋架杆件内力设计值　　　　　　　　　　　　　表 8-4

杆件名称		内 力 系 数			第一种荷载组合	第二种荷载组合		第三种荷载组合		杆件计算内力 (kN)
		全跨①	左半跨②	右半跨③	$F \times ①$	$F_1 \times ① + F_2 \times ②$	$F_1 \times ① + F_2 \times ③$	$F_2 \times ① + F_4 \times ②$	$F_3 \times ① + F_4 \times ③$	
上弦杆	AB	0.00	0.00	-0.01	0.00	0.00	-0.21	0.00	-0.23	-0.23
	BC, CD	-11.35	-8.49	-3.45	-688.49	-627.23	-519.27	-441.02	-142.50	-688.49
	DE, EF	-18.19	-13.08	-6.25	-1103.41	-993.95	-847.65	-694.52	-245.19	-1103.41
	FG, GH	-21.53	-14.62	-8.46	-1306.01	-1158.00	-1026.05	-801.96	-314.97	-1306.01
	HI	-22.36	-13.98	-10.25	-1356.36	-1176.86	-1096.96	-804.83	-361.24	-1356.36
	IJ, JK	-22.73	-14.39	-10.20	-1378.80	-1200.16	-1110.41	-822.31	-362.10	-1378.80
下弦杆	ab	6.33	4.84	1.83	383.98	352.06	287.59	248.41	77.28	383.98
	bc	15.36	11.30	4.98	931.74	844.77	709.40	592.41	200.10	931.74
	cd	20.21	14.14	7.43	1225.94	1095.92	952.19	762.50	283.74	1225.94
	de	22.12	14.44	9.39	1341.80	1177.29	1069.12	810.41	339.88	1341.80
	ef	21.23	11.68	11.68	1287.81	1083.25	1083.25	727.01	388.39	1287.81

145

杆件名称		内力系数			第一种荷载组合	第二种荷载组合		第三种荷载组合		杆件计算内力 (kN)
		全跨①	左半跨②	右半跨③	$F \times ①$	$F_1 \times ① + F_2 \times ②$	$F_1 \times ① + F_2 \times ③$	$F_2 \times ① + F_4 \times ②$	$F_3 \times ① + F_4 \times ③$	
斜腹杆	aB	−11.34	−8.66	−3.27	−687.88	−630.48	−515.03	−444.77	−138.25	−687.88
	Bb	8.81	6.47	2.87	534.41	484.29	407.18	339.53	115.09	534.41
	bD	−7.55	−5.23	−2.84	−457.98	−408.29	−357.09	−283.63	−107.50	−457.98
	Dc	5.39	3.39	2.44	326.96	284.12	263.77	194.47	86.36	326.96
	cF	−4.23	−2.25	−2.43	−256.59	−214.18	−218.04	−143.05	−79.78	−256.59
	Fd	2.62	0.88	2.13	158.93	121.66	148.43	76.63	63.98	158.93
	dH	−1.51	0.22	−2.12	−91.60	−54.54	−104.66	−27.22	−57.68	−104.66
	He	0.29	−1.25	1.89	17.59	−15.40	51.86	−22.93	45.64	51.86
	eg	1.53	3.40	−2.28	92.81	132.87	11.20	112.03	−44.78	132.87
	gk	2.16	4.07	−2.32	131.03	171.94	35.06	141.14	−42.26	171.94
	gI	0.49	0.54	−0.06	29.72	30.79	17.94	23.08	1.28	30.79
竖杆	Aa	−0.55	−0.54	0.00	−33.36	−33.15	−21.58	−24.37	−3.01	−33.36
	Cb, Ec	−1.00	−0.99	0.00	−60.66	−60.45	−39.24	−44.50	−5.47	−60.66
	Gd	−0.98	−0.98	0.00	−59.45	−59.45	−38.46	−43.84	−5.36	−59.45
	Jg	−0.85	−0.90	0.00	−51.56	−52.63	−33.35	−39.19	−4.65	−52.63
	Ie	−1.42	−1.43	0.00	−86.14	−86.35	−55.72	−63.75	−7.77	−86.35
	Kf	0.00	0.00	0.00	0.00	0.00	0.00	0.00	0.00	0.00

六、屋架杆件截面设计

由于此梯形屋架支座处腹杆最大内力为 $N_{aB} = -687.88\text{kN}$，据此值查表 8-5 得支座节点板厚 14mm，中间节点厚度为 12mm。

钢屋架节点板厚度选用表

表 8-5

端杆的最大内力设计值(kN)	Q235	≤160	161～300	301～500	501～700	701～950	951～1200	1201～1550	1551～2000
	Q345	≤240	241～360	361～570	571～780	781～1050	1051～1300	1301～1650	1651～2100
中间节点板厚度(mm)		6	8	10	12	14	16	18	20
支座节点板厚度(mm)		8	10	12	14	16	18	20	22

1. 上弦杆

最大受压构件为 IJ、JK。

轴心受压构件，$N_{IJ, JK} = -1378.80(\text{kN})$

（1）初选截面。

平面内：$l_{ox} = 1508(\text{mm})$

平面外：$l_{oy} = 3000(\text{mm})$

假定 $\lambda = 50$，$i_x = \dfrac{l_{0x}}{\lambda} = \dfrac{1508}{50} = 30.2(\text{mm}) = 3.02(\text{cm})$

查附表 2-3 选择:2 $\angle \times 180 \times 110 \times 14$,短边相并┑ ┏,$A = 38.97(\text{cm}^2) \times 2 = 77.94(\text{cm}^2)$,$i_x = 3.08(\text{cm})$,$i_y = 8.8(\text{cm})$

（2）验算。

①强度。

$$\delta = \frac{N}{A_n} = \frac{-1378.80 \times 10^3}{7794} = 176.9(\text{N/mm}^2) < [f] = 215(\text{N/mm}^2) \text{ 符合规范要求。}$$

②刚度。

$$\lambda_x = \frac{l_{0x}}{i_x} = \frac{1508}{30.8} = 49 < [\lambda] = 150, \text{符合规范要求。}$$

$$\lambda_y = \frac{l_{0y}}{i_y} = \frac{3000}{88} = 34 < [\lambda] = 150, \text{符合规范要求。}$$

③稳定性。

$$\frac{b_1}{t} = \frac{180}{14} = 12.86 \qquad 0.56 \frac{l_{oy}}{b_1} = 0.56 \times \frac{3000}{180} = 9.3$$

$$\lambda_{yz} = 3.7 \times \frac{b_1}{t}\left(1 + \frac{l_{oy}^2 t^2}{52.76 b_1^4}\right) = 3.7 \times 12.9 \times \left(1 + \frac{3000^2 \times 14^2}{52.7 \times 180^4}\right) = 49$$

b 类截面,查附表 1-20 得:

$$\varphi = 0.861$$

$$\frac{N}{\varphi A} = \frac{1378.80 \times 10^3}{0.861 \times 7794} = 205.5(\text{N/mm}^2) < [f] = 215(\text{N/mm}^2)$$

（3）结论。

经过验算 2 $\angle 180 \times 110 \times 14$,短边相并┑ ┏,符合规范要求。

2. 下弦杆

最大轴心受拉构件为 CD

选取 CD 段,轴心受拉,$N = 1341.80 \text{kN}$,计算长度:$l_{ox} = 3000(\text{mm})$,$l_{oy} = 14850(\text{mm})$。

（1）预估截面。

$$A = \frac{N}{f} = \frac{1341.80 \times 10^3}{215} = 6241(\text{mm}^2) = 62.4(\text{cm}^2) \qquad 62.4/2 = 31.2(\text{cm}^2)$$

选 2 $\angle 180 \times 110 \times 12$,短边相并 ⅃ ∟,$A = 33.71 \times 2 = 67.42(\text{cm}^2)$,$i_x = 3.1\text{cm}$,$i_y = 8.76\text{cm}$

（2）验算。

①强度。

$$\delta = \frac{N}{A} = \frac{1341.80 \times 10^3}{6742} = 199(\text{N/mm}^2) < f = 215(\text{N/mm}^2)$$

②刚度。

$$\lambda_x = \frac{l_{ox}}{i_x} = \frac{300}{3.1} = 97 < [\lambda] = 350$$

$$\lambda_y = \frac{l_{oy}}{i_y} = \frac{1485}{8.76} = 170 < [f] = 350$$

（3）结论。

选 2 $\angle 180 \times 110 \times 12$,短边相并 ⅃ ∟,通过各项验算,符合规范要求。

3. eg、gk 斜腹杆

按第二种荷载组合：

$$N_{gk} = 171.94\text{kN}$$
$$N_{eg} = 132.87\text{kN}$$

按第三种荷载组合：

$$N_{gk} = -42.26\text{kN}$$
$$N_{eg} = -44.78\text{kN}$$

计算长度：

$$平面内\ l_{ox} = l = 2301(\text{mm})$$

$$平面外\ l_{ox} = l_1\left(0.75 + 0.25\frac{N_2}{N_1}\right) = 4602\left(0.75 + 0.25\frac{42.26}{44.78}\right) = 4537(\text{mm})$$

（1）初选截面。

假定 $\lambda = 120$，则

$$i_x = \frac{l_{ox}}{\lambda_x} = \frac{230.1}{120} = 1.9，查附表 2-1，选角钢 2\ \angle 63 \times 8，A = 9.52 \times 2 = 19.04(\text{cm}^2)$$

$$i_x = 1.90(\text{cm})，i_y = 3.1(\text{cm})$$

（2）验算。

①刚度。

$$\lambda_x = \frac{l_{ox}}{i_x}\frac{230.1}{1.9} = 121 < [\lambda] = 150$$

$$\lambda_y = \frac{l_{ox}}{i_y} = \frac{453.7}{3.1} = 146 < [\lambda] = 150$$

②稳定性。

$$b = 63，t = 8$$

$$\frac{b}{t} = 7.875 < 0.58\frac{l_{ox}}{b} = 0.58 \times \frac{4537}{63} = 41.8$$

根据公式(5-10a)

$$\lambda_{yz} = \lambda_y\left(1 + \frac{0.475b^4}{l_{oy}^2 t^2}\right) = 129\left(1 + \frac{0.475 \times 63^4}{4537^2 \times 8^2}\right) = 129.7$$

是 b 类截面，查附表 1-17，$\varphi = 0.392$

$$\frac{N}{\varphi A} = \frac{44.78 \times 10^3}{0.392 \times 1904} = 60(\text{N/mm}^2) < f = 215(\text{N/mm}^2)$$

（3）结论。

经验算符合要求，故选用 2 $\angle 63 \times 8$。

4. 竖杆 eI

（1）初选截面。

$$N_{eI} = -86.35(\text{kN})，l_{ox} = l = 3191(\text{mm})，l_{oy} = l = 3191(\text{mm})$$

$$假定\ \lambda = 120，i_x = \frac{l_{0x}}{\lambda} = \frac{3191}{120} = 26.6(\text{mm}) = 2.6(\text{cm})$$

查附表 2-1，选 2 $\angle 70 \times 4$，$A = 5.57(\text{cm}^2) \times 2 = 11.14(\text{cm}^2)$，$i_x = 2.18(\text{cm})$，$i_y = 3.28(\text{cm})$

148

此截面角钢厚度过小,加工难度大,设计完成后需进行合并与优化。

(2)验算。

①强度。

$$\delta = \frac{N}{A} = \frac{86.35 \times 10^3}{1114} = 77.5(\text{N/mm}^2) < [f] = 215(\text{N/mm}^2)$$

$$\lambda_x = \frac{l_{ox}}{i_x} = \frac{319.1}{2.18} = 146 < [\lambda] = 150$$

②刚度。

$$\lambda_{oy} = \frac{l_{oy}}{i_y} = \frac{319.1}{3.28} = 97 < [\lambda] = 150$$

③稳定性。

$$b = 70, t = 4$$

$$\frac{b}{t} = \frac{70}{4} = 17.5 > 0.58 \times \frac{l_{oy}}{l} = 13.2, \lambda_y = 3.9 \times \frac{b}{t}\left(1 + \frac{l_{oy}^2 t^2}{18.6b^2}\right) = 24.9$$

是 b 类截面,查附表1-2,$\varphi = 0.953$

$$\frac{N}{\varphi A} = \frac{86.35 \times 10^3}{0.953 \times 1114} = 81(\text{N/mm}^2) < [f] = 215(\text{N/mm}^2)$$

(3)结论。

经验算符合要求,故竖杆选用 2 ∠70×4。

5. 一般腹杆

$$N_{aB} = -687.88(\text{kN}), N_{Bb} = 534.41(\text{kN})$$

Bb 受拉腹杆

$$N_{Bb} = 534.41\text{kN}, 计算长度: l = 2608(\text{mm}),$$

$$l_{ox} = 0.8l = 0.8 \times 2608(\text{mm}) = 2086.4(\text{mm}), l_{oy} = l = 2608(\text{mm})$$

(1)预估截面。

$$A = \frac{N}{f} = \frac{534.41 \times 10^3}{215} = 2485.6(\text{mm}^2) = 24.9(\text{cm}^2), 24.9(\text{cm}^2)/2 = 12.45(\text{cm}^2)$$

查附表2-3,选 2 ∠110×70×8,短边相并,┓ ┏

$$A = 13.94(\text{cm}^2) \times 2 = 27.88(\text{cm}^2), i_x = 1.98(\text{cm}), i_y = 5.49(\text{cm})$$

(2)验算。

(1)强度

$$\delta = \frac{N}{A} = \frac{534.41 \times 10^3}{2788} = 191.7(\text{N/mm}^2) < [f] = 215(\text{N/mm}^2)$$

②刚度

$$\lambda_x = \frac{l_{ox}}{i_x} = \frac{208.64}{1.98} = 105.4 < [\lambda] = 350$$

$$\lambda_y = \frac{l_{oy}}{i_y} = \frac{260.8}{5.49} = 47.5 < [\lambda] = 350$$

(3)结论。

经验算满足要求,故选用 2 ∠110×70×8。

6. aB 段受压腹杆

$$N_{aB} = 687.88(\text{kN})$$

（1）初选截面。

计算长度：$l = 2534(\text{mm})$，$l_{ox} = 2534(\text{mm}^2) = l_{oy}$

假定 $\lambda = 120$，$i_x = \dfrac{l_{ox}}{\lambda} = \dfrac{2534}{120} = 21.1(\text{mm}) = 2.1(\text{cm})$

查附表 2-3，选 2 $\angle 125 \times 80 \times 10$，短边相并，则

$A = 19.71(\text{cm}^2) \times 2 = 39.42(\text{cm}^2)$，$i_x = 2.26(\text{cm})$，$i_y = 6.19(\text{cm})$

（2）验算。

①强度。

$$\delta = \frac{N}{A} = \frac{687.88 \times 10^3}{3942} = 174.5(\text{N/mm}^2) < f = 215(\text{N/mm}^2)$$

②刚度。

$$\lambda_x = \frac{l_{ox}}{i_x} = \frac{253.4}{2.26} = 113 < [\lambda] = 150$$

$$\lambda_y = \frac{l_{oy}}{i_y} = \frac{253.4}{6.19} = 50 < [\lambda] = 150$$

③稳定性。

$$b = 125\text{mm}, t = 10\text{mm}, \frac{b}{t} = \frac{125}{12} = 12.5 > 0.56\frac{l_{oy}}{b} = 0.56\ \frac{2534}{125} = 11.3$$

根据公式（5-12）$\lambda_{yz} = 3.7\dfrac{b}{t}\left(1 + \dfrac{l_{oy}^2 t^2}{52.7 b^4}\right) = 3.7 \times \dfrac{125}{10}\left(1 + \dfrac{2534^2 \times 10^2}{52.7 \times 125^2}\right) = 45$

是 b 类截面，查附表 1-2，$\varphi = 0.861$。

$$\frac{N}{\varphi A} = \frac{687.88 \times 10^3}{0.861 \times 3942} = 205(\text{N/mm}^2) < f = 215(\text{N/mm}^2)$$

（3）结论。

经验算满足要求，故受压腹杆选用 2 $\angle 125 \times 80 \times 10$。

七、屋架截面归并

实际工程中，常以大截面代替小截面，进行杆件截面种类的合并。这样做，虽然存在一定程度的材料浪费，但大大简化了原材料采购与加工。根据实际情况，本项目采用上弦通长设置：2 $\angle 180 \times 110 \times 14$，下弦通长设置：2 $\angle 180 \times 110 \times 12$，腹杆根据具体杆件内力归并为 2 $\angle 63 \times 8$ 和 2 $\angle 125 \times 80 \times 10$ 两种。

八、钢屋架节点设计

1. 节点设计的一般要求

节点设计应做到构造合理、承载力可靠，制造、安装简便。节点设计时应注意以下要求：

（1）角钢屋架节点一般采用节点板，各交汇杆件都与节点板相连接，杆件的轴线应汇交于节点中心。

杆件的形心线理论上应与杆件的轴线重合,以免产生偏心受力而引起附加弯矩。但为了制造方便,通常将角钢肢背至形心线的距离取为5mm的倍数,以作为角钢的定位尺寸。当弦杆截面有改变时,为方便拼接和安装屋面构件,应使角钢的肢背平齐。此时,应取两形心线,以减少因两个角钢形心线错位而产生的偏心影响,如图8-22所示。当两侧形心线偏移的距离e不超过最大弦杆截面高度的5%时,可不考虑此偏心的影响。否则应根据交汇处各杆件的线刚度分配由于偏移所引起的附加弯矩。

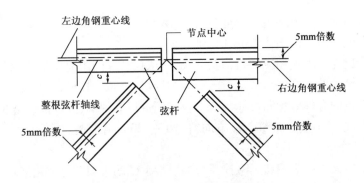

图8-22　节点处交汇杆件的轴线

　　(2)杆件与腹板或腹杆与腹杆之间的间隙c不宜小于15～20mm,以便施焊和避免焊缝过于密集而使钢材过热变脆。

　　(3)角钢的切断面一般应与其轴线垂直,如图8-23a)所示,但为了使节点紧凑,角钢端部斜切时,应按图8-23b)切肢尖,不应采用图8-23c)那样切肢背。

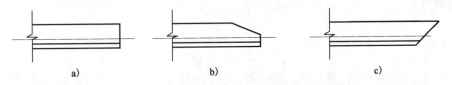

图8-23　角钢端部的切割
a)常用方式;b)允许方式;c)不允许方式

　　(4)节点板的形状应简单而规则,宜至少有两边平行,一般采用矩形、平行四边形和直角梯形等,以防止有凹角等产生应力集中。节点板边缘与杆件轴线的夹角不应小于15°,腹板与杆件的连接应尽量使焊缝中心受力,使之不出现连接的偏心弯矩。

　　节点板的平面尺寸,一般应根据杆件截面尺寸和腹板端部焊缝长度画出大样来确定,但考虑施工误差,平面尺寸可适当放大。长度和宽度宜为5mm的倍数,在满足传力要求的焊缝布置的前提下,节点板尺寸应尽量紧凑。

　　(5)节点板将腹杆的内力传给弦杆,节点板的厚度由支座斜腹杆的最大内力确定。Q235钢节点板厚度可参照表8-5选用。屋架支座节点板厚度宜比中间节点板增加2mm。

　　(6)大型屋面板的上弦杆,当支承处的集中荷载设计值超过表8-6的数值时,弦杆的伸出肢容易弯曲,应对其采用图8-24所示的做法予以加强。

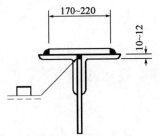

图8-24　节点加强(尺寸单位:mm)

角钢(或 T 形钢翼缘板)厚度(mm)	Q235 钢	8	10	12	14	16
	Q345 钢、Q390 钢	7	8	10	12	14
支承处总集中荷载设计值(kN)	—	25	40	55	75	100

2. 角钢屋架节点设计步骤

节点设计宜结合绘制屋架施工图进行,其步骤如下:

① 按正确角度绘出交汇于该点的各杆轴线。

② 按比例绘出与各轴线相应的角钢轮廓线,并依据杆件间距离 c 要求确定杆端位置。

③ 根据已计算出的各杆件与节点板的连接焊缝尺寸,布置焊缝,并绘于图上。

④ 确定节点板的合理形状和尺寸。节点板应框进所有焊缝,并在沿焊缝长度方向多留 $2h_f$ 以考虑施焊时的焊口,垂直于焊缝长度方向留出 $15 \sim 20mm$ 的焊缝位置。

(1)一般节点的设计。

一般节点是指无集中荷载和无悬挂荷载的屋架下弦的中间节点的构造形式。腹杆与弦杆或腹杆与腹杆边缘间的距离 c,在焊接屋架中不宜小于 $20mm$,相邻角焊缝焊趾净距不小于 $5mm$,各杆件端部位置按此要求确定。节点板应伸出弦杆肢背 $c_1 = 10 \sim 15mm$,以便施焊。

先绘出节点处几个杆件的轴线和外形;再根据各腹杆的内力按式(8-1a)、式(8-1b)计算各腹杆所需的焊缝长度,并可按作图比例确定节点的形状和尺寸。

腹杆与节点板的连接焊缝为:

肢背焊缝
$$l_{w1} = \frac{\alpha_1 N}{2 \times 0.7 h_{f1} f_f^w} \tag{8-1a}$$

肢尖焊缝
$$l_{w2} = \frac{\alpha_2 N}{2 \times 0.7 h_{f2} f_f^w} \tag{8-1b}$$

式中:l_{w1}、l_{w2}——所需焊缝计算长度,实际长度 $l = l_w + 2h_f$;

α_1、α_2——肢背、肢尖焊缝的内力系数,对长肢相并的不等边双角钢,分别取 0.65 和 0.35;对短肢相并的不等边双角钢,分别取 0.75 和 0.25;对等肢角钢分别取 0.7 和 0.3;

f_f^w——角焊缝强度设计值;

h_f——焊脚尺寸;

N——节点处切断杆件的内力。

弦杆与节点板的连接焊缝承受弦杆相邻节间内力之差 $\Delta N = N_2 - N_1$,其焊脚尺寸为:

肢背焊缝

$$h_{f1} \geqslant \frac{\alpha_1 \Delta N}{2 \times 0.7 l_w f_f^w} \tag{8-2a}$$

肢尖焊缝

$$h_{f2} \geqslant \frac{\alpha_2 \Delta N}{2 \times 0.7 l_w f_f^w} \tag{8-2b}$$

由于弦杆角钢一般连续,故弦杆与节点板的连接焊缝只承受弦杆相邻节间内力之差 $\Delta N = N_2 - N_1$。通常 ΔN 很小,实际的焊脚尺寸可由构造要求确定,并沿节点板全长满焊。

（2）有集中荷载作用的节点。

角钢肢背的槽焊缝只承受屋面集中荷载。槽焊缝强度计算公式为：

$$\sigma_f = \frac{P}{2 \times 0.7 h_{fl} l_w} \leq 0.8 f_f^w \tag{8-3}$$

式中：P——节点集中荷载（可取垂直屋面的分力）；

h_{fl}——焊脚尺寸（即缩进尺寸），槽焊缝可视为两条 $h_{fl} = 0.5t$ 的角焊缝（t 为节点板厚度）；

0.8——考虑槽焊缝质量变异性大的强度折减系数。

弦杆相邻节点的内力之差由角钢肢尖焊缝承受，计算时应考虑偏心力引起的弯矩 $M = \Delta Ne$（e 为角钢肢尖至弦杆轴线距离），按下式计算：

$$\sigma_f = \frac{6M}{2 \times 0.7 h_{f2} l_w^2} \tag{8-4}$$

$$\tau_f = \frac{\Delta N}{2 \times 0.7 h_{f2} l_w} \tag{8-5}$$

$$\sqrt{\left(\frac{\sigma_f}{\beta_f}\right)^2 + (\tau_f)^2} \leq f_f^w \tag{8-6}$$

3. 屋架节点设计

（1）腹杆杆端所需连接焊缝计算。

aB 杆：

$N = -687.88$（kN），按构造要求，取肢背焊缝的焊脚尺寸 $h_{fl} = 8$mm，肢尖焊缝的焊脚尺寸 $h_{f2} = 6$mm。

肢背：

$$l_1 = l_{w1} + 10 = \frac{\alpha_1 \Delta N}{2 \times 0.7 h_{fl} f_f^w} + 10 = \frac{0.75 \times 687.88 \times 10^3}{2 \times 0.7 \times 8 \times 160} + 10 = 297.90 (\text{mm})，取 300 (\text{mm})。$$

肢尖：

$$l_2 = l_{w2} + 10 = \frac{\alpha_2 \Delta N}{2 \times 0.7 h_{f2} f_f^w} + 10 = \frac{0.25 \times 687.88 \times 10^3}{2 \times 0.7 \times 6 \times 160} + 10 = 137.95 (\text{mm})，取 140 (\text{mm})。$$

l_{w1}、l_{w2} 均满足大于 $8h_f = 80$mm，小于 $60h_f = 600$mm，满足构造要求。

（2）节点焊缝验算。

①下弦节点 b

下弦与节点板的连接焊缝承受两节间的杆力差最大值在 b 节点处：$\Delta N = (931.74 - 383.98)$（kN）$= 547.76$（kN），按构造要求取焊脚尺寸 $h_f = 6$mm $> 1.5\sqrt{t} = 1.5 \times \sqrt{12} = 5.2$mm，满足要求。

一个角钢与节点板之间的焊缝长度为：

肢背

$$l_1 = l_{w1} + 10 = \frac{\alpha_1 \Delta N}{2 \times 0.7 h_{fl} f_f^w} + 10 = \frac{0.75 \times 547.76 \times 10^3}{2 \times 0.7 \times 8 \times 160} + 10 = 239.25 (\text{mm}) < 60 h_f$$

肢尖

$$l_2 = l_{w2} + 10 = \frac{\alpha_2 \Delta N}{2 \times 0.7 h_{f2} f_f^w} + 10 = \frac{0.25 \times 547.76 \times 10^3}{2 \times 0.7 \times 6 \times 160} + 10 = 111.89 (\text{mm}) > 8 h_f$$

下弦杆与节点板满焊,其实际长度 $l = 420\text{mm}$,大于所需长度,因此满足要求。

②上弦节点 B。

上弦节点,左右杆件内力最大的为 B 节点,$\Delta N = 688.49(\text{kN}) - 0.23(\text{kN}) = 688.26(\text{kN})$,与节点板的连接焊缝承受的荷载 $P = 60.66(\text{kN})$,上弦杆焊脚尺寸为 6mm。因采用大型屋面板,因此节点板可以伸出屋架上弦,按实际焊缝长度(节点板满焊)$l_{\text{w1}} = 400 - 10 = 390(\text{mm})$,按下列公式验算。

肢背焊缝

$$\sqrt{\left(\frac{P/2}{\beta_{\text{f}} \times 2 \times 0.7 h_{\text{f1}} l_{\text{w1}}}\right)^2 + \left(\frac{\alpha_1 \Delta N}{2 \times 0.7 h_{\text{f1}} l_{\text{w1}}}\right)^2}$$

$$= \sqrt{\left(\frac{60.66 \times 10^3/2}{1.22 \times 2 \times 0.7 \times 6 \times 390}\right)^2 + \left(\frac{0.75 \times 688.26 \times 10^3}{2 \times 0.7 \times 6 \times 390}\right)^2}$$

$$= 157.75(\text{N/mm}^2) < f_{\text{f}}^{\text{w}} = 160(\text{N/mm}^2)$$

满足要求。

肢尖焊缝

$$\sqrt{\left(\frac{P/2}{\beta_{\text{f}} \times 2 \times 0.7 h_{\text{f2}} l_{\text{w2}}}\right)^2 + \left(\frac{\alpha_2 \Delta N}{2 \times 0.7 h_{\text{f2}} l_{\text{w2}}}\right)^2}$$

$$= \sqrt{\left(\frac{60.66 \times 10^3/2}{1.22 \times 2 \times 0.7 \times 6 \times 390}\right)^2 + \left(\frac{0.25 \times 688.26 \times 10^3}{2 \times 0.7 \times 6 \times 390}\right)^2}$$

$$= 53.07(\text{N/mm}^2) < f_{\text{f}}^{\text{w}} = 160(\text{N/mm}^2)$$

满足要求。

习 题

一、简答题

1.在屋架设计中,应根据哪些原则选用不同的屋架外形(如三角形屋架或梯形屋架)?

2.在由平面屋架组成的屋盖系统中,常需设置各种支撑,试问支撑有哪几类? 各起什么作用? 应如何设置?

3.在单节点板的屋架中,其节点板厚度通常是如何确定的? 其根据是什么?

4.屋架杆件采用由双角钢组成的截面时,理论上什么时候该选用不等边角钢?

5.屋架的施工详图上应有哪些主要内容? 其图面应如何布置?

6.桁架节点处应标明哪些尺寸,各有何用途?

二、课程任务设计

本章课程设计任务书,参见附录5。

第九章 门 式 刚 架

第一节 门式刚架的形式及应用

门式刚架由于其构造简单,易于建造,用钢量省,且可利用的房屋空间较大,适应性强,在房屋钢结构中应用较多。其结构体系组成如图 9-1 所示。

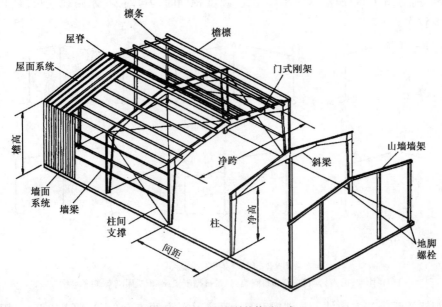

图 9-1 门式刚架结构体系组成

一、刚架特点

(1)采用轻型屋面,可减小梁柱截面及基础尺寸。

(2)在大跨度建筑中增设中间柱做成一个屋脊的多跨大双坡屋面,以避免内天沟积水。中间柱可采用钢管制作的上下铰接摇摆柱,占空间小。

(3)刚架侧向刚度可借檩条和墙梁的隔撑保证,以减少纵向刚性构件和减小翼缘宽度。

(4)跨度较大的刚架可采用改变腹板高度、厚度及翼缘宽度的变截面。

(5)刚架的腹板允许其部分失稳,利用其屈曲后的强度,即按有效宽度设计,可减小腹板厚度,不设或少设横向加劲肋。

(6)竖向荷载通常是设计的控制荷载,地震作用一般控制设计。但当风荷载较大或房屋较高时,风荷载的作用不应忽视。

(7)为使非地震区支撑做得轻便,可采用张紧的圆钢。

(8)结构构件可全部在工厂制作,工业化程度高。构件单元可根据运输条件划分,单元之

155

间在现场用螺栓连接,安装方便快速,土建施工量小。

二、门式刚架的形式

图 9-1 为门式刚架的常用形式。斜梁和柱常为刚接,柱底部多数做成铰接。如图 9-2a) 所示单跨刚架为例,柱底与基础铰接时为一次超静定,而与基础刚接时则为三次超静定,后者对地基质量要求较高,其柱脚构造也较复杂。因此仅当设有起重吊车的工业厂房要求房屋有较高的侧移刚度时才考虑采用柱脚为刚接。图 9-2b) 所示双坡多跨的刚架中,其中间柱常采用上、下端均为铰接构成只能承受轴心压力的摇摆柱,使中柱的节点构造简单。因此常用以替代图 9-2c) 所示的多坡多跨刚架。图 9-2b)、c) 两图所示多跨刚架相比较,后者屋面排水条件较不利,这也是图 9-2c) 所示形式的不足之处。图 9-2e) 所示双跨刚架的边跨为一半刚架,其斜梁铰支于主跨,半刚架与图 9-2b) 图所示摇摆柱相类似,本身均无抵抗侧力的能力。图 9-2f) 为一单坡刚架,与图 9-2a) 所示双坡刚架相比,跨度相同时,其屋面排水路线较长,且其中一个柱的高度也较大。

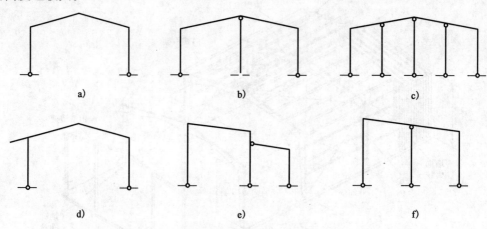

图 9-2 门式刚架的常用形式

a) 单跨刚架;b) 双跨刚架;c) 多跨刚架;d) 带挑檐刚架;e) 带毗屋刚架;f) 单坡刚架

门式刚架的两个基本构件——斜梁和柱,常采用实腹的工字形(H 形)截面,可用等截面构件,也可用变截面,如楔形柱和楔形梁。楔形柱的小头放在柱脚处,大头放在檐口处。楔形梁有用单楔形,也有用双楔形。图 9-3 所示为采用双楔形斜梁的单跨门式刚架简图。

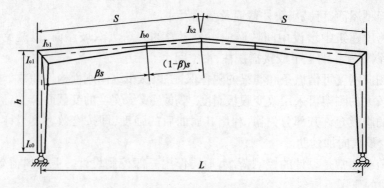

图 9-3 变截面工字形构件的门式刚架

屋面大多采用轻质的压型钢板一类材料,屋面坡度常用 $i = 1/8 \sim 1/20$(坡角为 7.13° ~

2.86°）。当采用的屋面坡度较小且跨度又较大时,设计中应校核结构发生变形后雨水顺利排泄的能力。

结构变形包括斜梁的挠度、支座的沉陷和构件的安装误差等。

三、适用范围

门式刚架一般适用于跨度 9～36m、柱距 6m、柱高 4.5～12m、设有起重量较小吊车的单层工业厂房或公共建筑(如超市、候车大厅等)。设置桥式吊车时,宜为起重量不超过 20t 的中、轻级工作制吊车。设置悬挂吊车时,起重量不宜大于 3t。目前国内单跨刚架的跨度已达到 72m。

四、建筑尺寸

跨度:取横向刚架本轴线间的距离。一般跨度为 9～36m,模数为 3m。

间距:即为柱网轴线在纵向的距离,宜为 6m,最大可为 12m。

檐口高度:取地坪至房屋外侧檩条上缘的高度。

最大高度:取地坪至屋盖顶部檩条上缘的高度。

宽度:取房屋墙梁外皮之间的距离。

长度:取房屋山墙墙梁外皮之间距离。

屋面坡度:宜为 1/20～1/8。

柱轴线位置:宜为柱下端截面中心。

五、现行规范

为了规范门式刚架轻型房屋钢结构的设计、制作和安装以确保工程质量和促进其进一步发展,我国于 1998 年制订和颁布了行业标准《门式刚架轻型房屋钢结构技术规程》(CECS 102：98),并经中国工程建设标准化协会于 1998 年 9 月批准,供工程建设设计、施工等单位使用。2003 年该规程的修订版(CECS 102：2002)颁布实施。规程的编制以国家标准为依据,包括《建筑结构荷载规范》(GB 50009—2012)、《钢结构设计规范》(GB 50017—2003)、《冷弯薄壁型钢结构技术规范》(GB 50018—2002)、《钢结构工程施工质量验收规范》(GB 50205—2001)等,针对门式刚架轻型房屋钢结构为对象结合具体情况和参照国内外有关成功经验,对该结构的设计、制作和安装、隔热和涂装等都做了详细的规定,因而该规程在国内已为工程界广泛采用。

第二节　门式刚架设计

PKPM 系列软件的 STS 模块能很好地完成门式刚架设计。下面在 2010 版操作平台上,以一具体工程实例讲解设计过程。

一、工程概况

某厂房位于北京郊区,该厂房长 91.5m,宽 54.5m,檐口高度 8.1m,女儿墙高 0.6m。屋面为双坡屋面,坡度 1：15,室内外高差 0.3m。厂房为三连跨,单跨跨度 18m,每跨有 2 台吊车,柱间距 6m。

本厂房的设计参数为:耐火等级为二级。

结构类型:门式刚架。

屋面材料:采用压型钢板轻钢屋面。

墙面材料:±0.000~1.200m 高度,采用页岩砖;1.2m 高度以上采用压型钢板。

主体结构钢材:采用 Q345B,焊接材料采用 E50 系列。

围护结构钢材:采用 Q235 冷弯薄壁型钢。

结构重要性:二类。

建筑物设计使用年限:50 年。

地震设防烈度:8 度,场地土类别Ⅱ类。

基本风压:0.45kN/m²。

基本雪压:0.40 kN/m²。

不上人屋面活荷载:0.5 kN/m²。

二、平面建模

1. 打开软件

PKPM 软件的 STS 模块提供了两种模式,一种是三维整体建模和分析;第二种是平面建模。初学者采用第二种模式。

双击桌面上的图标■,打开软件界面,选择【钢结构】模块,点选左侧窗口的【门式刚架】和右侧窗口的【门式刚架二维设计】,见图9-4。

图9-4　PKPM 软件 STS 模块打开界面

2. 建立工作目录

第一步:单击窗口右下方【改变目录】,建立设计过程文件的工作目录。

为每个模型建立独立的工作目录,便于比较与提高。

第二步:点击【应用(A)】后,进入【PKPM-PK 交互输入与优化计算】窗口,见图9-5。

第三步:单击【新建工程文件】,打开【输入文件名称】窗口,见图9-6。在窗口中输入文件

158

名称:gj-1。

第四步:点击【确定】打开【PKPM-PK 交互输入与优化计算】窗口,见图9-7。

注意区分与图9-5 的不同,窗口右侧出现了一列工具栏。整个设计过程,基本上按照此工具栏由上到下依次进行。

图9-5　PKPM-PK 交互输入与优化计算窗口

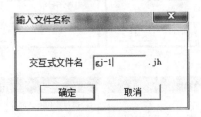

图9-6　输入文件名称窗口

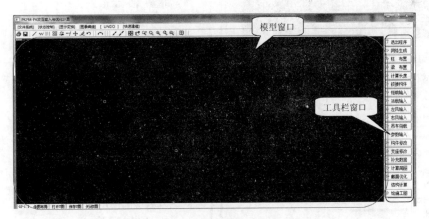

图9-7　PKPM-PK 交互输入与优化计算

3. 网格生成——建立轴网

轴网是建模的基础,所有构件必须在此基础图上布置。轴网的正确与否直接关系到结构模型的正确性。

第一步:单击图9-7 窗口右侧的【网格生成】→【快速建模】→【门式刚架】,打开【门式刚架快速建模】窗口,见图9-8a)。将总跨数改为3 后,预览窗口中的模型会自动变成3 跨。根据工程项目概况中的相关资料,填写好本窗口中的各项相关内容。

该窗口的四帧内容完全填写完成后,再点击确定,否则会退出该窗口的设置。

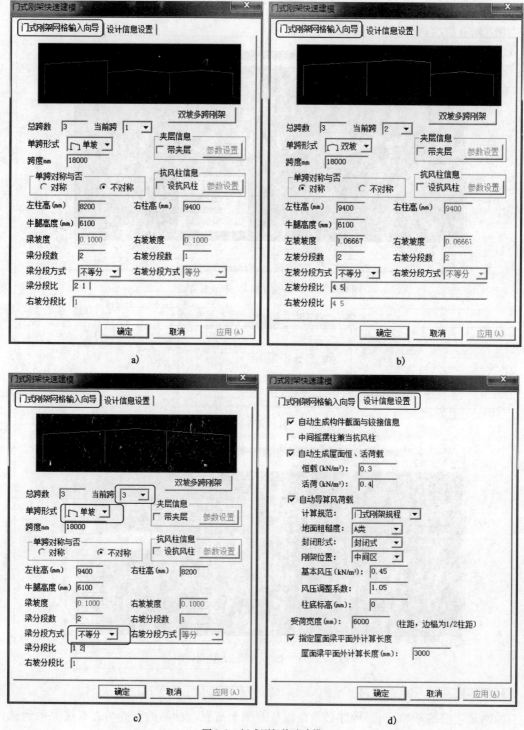

图9-8 门式刚架快速建模

a)左边跨设计参数;b)中间跨设计参数;c)右边跨设计参数;d)设计信息设置

图9-8a)窗口中的相关内容,根据设计资料填写。此表格有两帧内容,执行第一步~第三

步,填好第一帧【门式刚架网格输入向导】;第四步,再填第二帧【设计信息设置】。

第二步:填好此表后,单击【当前跨1】后的下拉菜单,换到第2跨,见图9-8b),按图中所示填好各项参数;

第三步:填好此表后,单击【当前跨2】后的下拉菜单,换到第3跨,见图9-8c),按图中所示填好各项参数;

第四步:单击窗口上部【设计信息设置】,见图9-8d),按图中所示填好各项参数。

恒载值:

0.8mm 厚压型钢板 + 100mm 保温棉 + 0.6mm 厚压型钢板合计:0.2kN/m²

檩条: 0.1kN/m²

共计: 0.3kN/m²

活载值:

屋面活荷载:0.5kN/m²,受荷载面积 18 × 6 = 108m² > 60m²,取0.3kN/m²

基本雪压:0.4kN/m²

以上两者取大值,即活荷载为0.4kN/m²。

4. 柱布置

本工程采用等截面焊接 H 型钢,柱截面选用 H300 × 280 × 8 × 12。此定义的截面,可以在【结构计算】后执行【截面优化】,进行优化。

(1)柱截面定义。

单击【柱布置】→【截面定义】,弹出【PK-STS 截面定义】窗口,如图9-9所示,此时有两种情况。

①若系统中已自带一个截面的数据,预览图见窗口右侧。单击【修改截面参数】,打开截面参数窗口,如图9-10。在此窗口中如图中数据修改好各项参数。或者单击【删除】,将自带截面删除后重新设置,同第②种情况。

图9-9 PK-STS 截面定义窗口

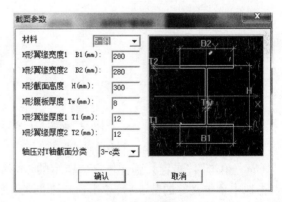

图9-10 截面参数窗口

②若系统中没有自带截面数据,或者已将自带截面数据删除,单击【增加】,打开图9-11所示的【请用光标选择柱截面类型】窗口。选择第一行第四个 H 型钢截面,点击后,打开窗口同图9-10。设置完成后单击【确认】,回到图9-9所示窗口,操作正确的话,窗口下部会出现刚设定好的截面,便于检查。

柱常用截面尺寸:

截面高度:300 ~ 700mm。

翼缘宽度:考虑市场上常用的材料规格,常用的截面宽度为:180mm、200mm、220mm、

250mm、260mm、270mm、280mm、300mm、320mm。

翼缘厚度:8mm、10mm、12mm、14mm。

腹板:厚度不宜小于6mm,否则易焊穿。高度范围一般为300~750mm,高厚比用到150比较合适。这样,制作中的焊接变形较小。

(2)布置柱。

第一步:删除系统自带的预定义截面信息。若系统中没有预定义的截面信息,则跳到第二步。若系统中有预定义的截面,将鼠标停在模型中的柱上,鼠标下就会显示该截面信息,如图9-12所示。点击主界面右侧工具栏中的【删除柱】,点选模型中的柱即可删除。

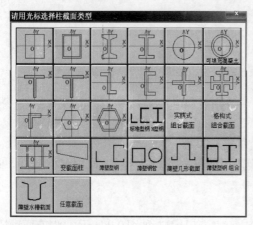

图9-11　截面类型　　　　　　　　　　图9-12　系统默认的柱截面信息

注意:因模型中有吊车、牛腿节点,故分上柱截面和下柱截面,故每根柱需上、下点选两次。删除预定义柱截面后的模型见图9-13。

图9-13　删除了柱预定义截面信息后的模型

第二步:左边柱布置。对边柱要考虑偏心的影响,程序中规定,左偏为正,右偏为负,单位为mm。单击【柱布置】,弹出图9-9所示的PK-STS截面定义窗口,在此窗口下部的截面库里点击选中预定义好的截面后,单击窗口下部的【确认】,模型窗口左下部弹出窗口如图9-14所示。左边柱布置,输入-150,见图9-14,回车,在模型中移动鼠标点选左边柱的上柱和下柱。单击鼠标右键,退出,左边柱设定完成。

图9-14　布置柱时偏心数值输入窗口

第三步:中柱布置。单击【柱布置】,弹出如图9-9所示的PK-STS截面定义窗口,在此窗口下部的截面库里点击选中预定义好的截面后,单击窗口下部的【确认】,模型窗口左下部弹出窗口如图9-14所示。中柱布置,输入0,与图9-14类似,但数值为0,回车,在模型中移动鼠标点选中柱的上柱和下柱。设置完成后,单击鼠标右键,退出,中柱设定完成。

第四步:右边柱布置。与第二、第三步类似,偏心值输入150。

第五步:柱截面信息检查。柱截面定义完成后,可将鼠标停在每个柱上,以检查布置是否正确,见图9-15。单击右侧工具栏最上侧【柱布置】,退回主菜单工具栏,完成柱布置。

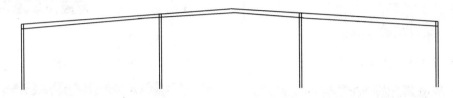

图9-15　柱布置完成

5.梁布置

左半坡梁截面尺寸分别为:$350 \times 180 \times 6 \times 10$、$(350 \sim 550) \times 180 \times 6 \times 10$、$(550 \sim 350) \times 180 \times 6 \times 10$、$350 \times 180 \times 6 \times 10$。初学者不会设定合理的截面,可按系统默认截面,在【结构计算】后执行【截面优化】,进行优化。

(1)梁截面定义。

第一步:删除系统预定义的截面。单击窗口右侧主工具栏中的【梁 布置】→【截面定义】,弹出【PK-STS截面定义】窗口,如图9-16或图9-17所示。

若系统中没有设定任何截面信息,如图9-17所示,跳到第二步。

若系统中设定有截面信息,如图9-16所示,在窗口部下的截面库里逐个选中预定义截面,逐个点击【删除】将系统中预定义的截面删除。

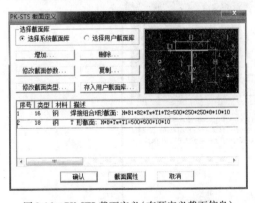

图9-16　PK-STS截面定义(有预定义截面信息)

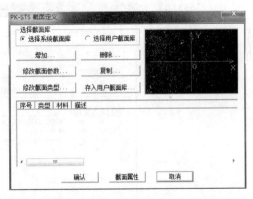

图9-17　PK-STS截面定义(无预定义截面信息)

第二步:$350 \times 180 \times 6 \times 10$截面定义。单击如图9-17所示窗口中的【增加】,打开截面类型窗口,如图9-18所示。选择第一行第四个,H型钢截面,即打开截面参数窗口,设置好各项数值,如图9-19所示,点击【确认】,回到如图9-20所示的【PK-STS截面定义】窗口。此时,窗口下部已显示出用户设定好的截面。

第三步,$(350 \sim 550) \times 180 \times 6 \times 10$截面定义。单击【增加】,选择第三行第一个,变截面梁,打开【变截面定义】窗口,按图9-21所示,输入各项参数。点击【确认】回到上级窗口。

第四步:$(550 \sim 350) \times 180 \times 6 \times 10$截面定义。同样的操作方法,截面左右高度交换位置即可。

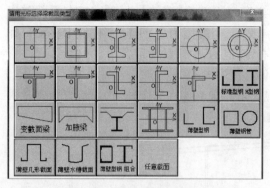

图 9-18　选择梁截面类型窗口

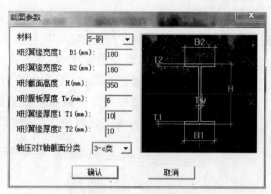

图 9-19　截面参数窗口

图 9-20　增加好第一段 H 型钢截面

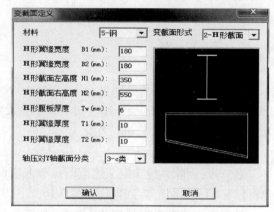

图 9-21　【变截面定义】窗口

三个截面定义完成后的窗口,如图 9-22 所示。

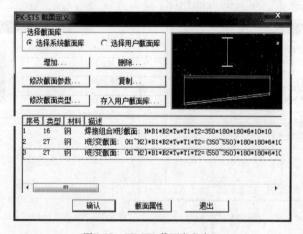

图 9-22　PK-STS 截面定义窗口

梁截面的各项几何参数可参考柱,在采用变截面时,要注意连接点的连续性,包括梁的高度与宽度都要一致,不能出现截面宽度与高度的突变。

(2)布置梁。

同【柱布置】一样,模型中可能已经预定义了截面,点击右侧工具栏中的【梁布置】→【删除梁】,点模型中的所有梁,即可删除。

与布置柱的操作一样,梁布置时注意截面的连续性。左边半坡,从左向右,依次布置 350 ×

$180 \times 6 \times 10$、$(350 \sim 550) \times 180 \times 6 \times 10$、$(550 \sim 350) \times 180 \times 6 \times 10$、$350 \times 180 \times 6 \times 10$，布置角度选 0，右边半坡镜向对称布置。布置完成后的模型如图 9-23 所示。

图 9-23　梁布置完成

6. 计算长度

单击右侧工具栏中的【计算长度】，弹出截面如图 9-24。

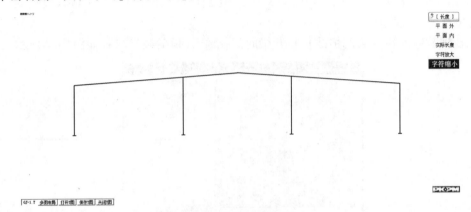

图 9-24　计算长度界面

单击【平面外】，弹出图 9-25 所示窗口。

图 9-25　平面外计算长度窗口

输入 3000，回车，选择模型中的梁，将所有梁的平面外长度修改为 3000。设置完成后的模型如图 9-26 所示。在每根构件旁边都显示了平面外计算长度，方便检核对检查。滚动鼠标即可以当前鼠标位置为中心实时缩放。

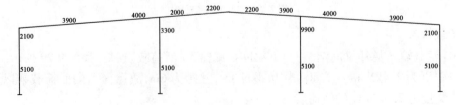

图 9-26　设置好平面外计算长度的模型

门式刚架设计中，平面内计算长度，程序默认为 -1，一般情况下不需要改动。平面外计算长度，程序默认为构件几何长度，需根据具体的构件约束情况进行修改。

165

梁的平面外计算长度取侧向隔撑之间的距离,一般为3m,本案例取3m。

柱的平面外计算长度取平面外支点的距离。本案例在牛腿处设置面外支撑,柱子在牛腿处有节点将柱子分成上、下两段,故柱子平面外长度取各段实际长度。程序设置中不需做修改。

7. 铰接构件

程序默认梁柱连接节点与柱脚节点都为刚接。本工程有吊车,故所有节点均采用刚接,不修改。

铰接构造比较简单,方便制作和安装,有条件时宜尽量采用。当构件自重较轻,柱高不大,柱底弯矩不大时,一般采用铰接。当有吊车且吊车吨位较大时,须采用刚接柱脚。多跨门式刚架中,中柱柱顶弯矩较小,常做成两端铰接的摇摆柱。

8. 屋面恒载输入

本节第3点网格生成时,已在如图9-8所示的【设计信息设置】窗口中输入过恒载与活载值,在此可进一步查改。

单击【恒载输入】→【梁间恒载】,打开梁间荷载输入(恒荷载)窗口,如图9-27所示。

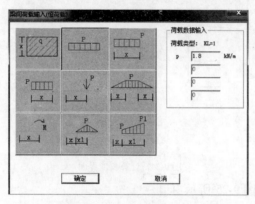

图9-27　梁间恒荷载输入

窗口中 P 为1.8 kN/m。屋面恒载$0.3kN/m^2$,柱距6m,故屋面上的面荷载乘以受荷宽度后变为集度为1.8kN/m 的线荷载。

单击【确定】,在模型中依次点选所有梁段,布置恒荷载。布置好后的模型如图9-28所示。

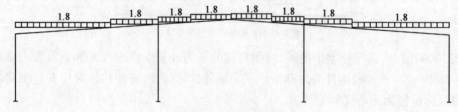

图9-28　梁间恒载布置图

9. 活载输入

单击【活载输入】→【梁间活载】打开梁间荷载输入(活荷载)窗口,如图9-29所示。

窗口中 P 为2.4kN/m。屋面活载$0.4kN/m^2$,柱距为6m,故屋面上的面荷载乘以受荷宽度后变为集度为2.4kN/m 的线荷载。

单击【确定】,选择梁段布置活荷载。布置好后的模型如图9-30所示。

10. 左风输入

单击右侧主菜单栏的【左风输入】→【自动布置】,打开风荷载输入与修改窗口,如图9-31

所示。

单击确定,则风载自动布置在模型上,如图 9-32 所示。

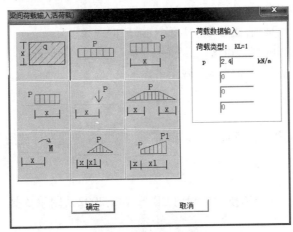

图 9-29　梁间活荷载输入

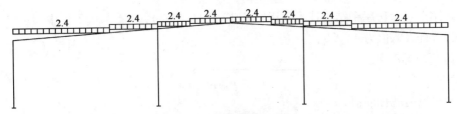

图 9-30　梁间活载布置图

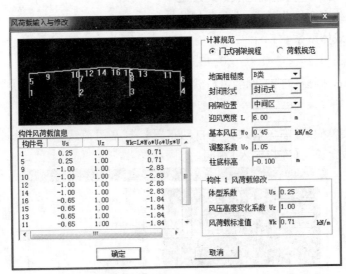

图 9-31　左风荷载输入与修改窗口

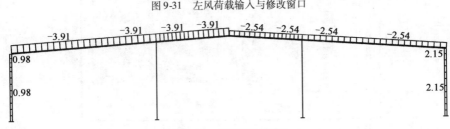

图 9-32　左风荷载布置图

（1）地面粗糙度。

《建筑结构荷载规范》（GB 50009—2012）8.2.1条规定：

A类指近海海面和海岛、海岸、湖岸及沙漠地区。

B类指田野、乡村、丛林、丘陵以及房屋比较稀疏的乡镇。

C类指有密集建筑群的城市市区。

D类指有密集建筑群且房屋较高的城市市区。

根据设计资料，本工程属于B类。

（2）基本风压。

《建筑结构荷载规范》（GB 50009—2012）附录E，重现期即设计使用年限为50年，北京城郊区，查得0.45 kN/m²。

（3）调整系数。

《门式刚架轻型房屋钢结构技术规程》（CECS 102:2002），附录A风荷载计算的A.0.1规定，取1.05。

（4）体型系数。

《门式刚架轻型房屋钢结构技术规程》（CECS 102:2002），附录A.0.2-1，中间区的迎风面属于1区，故查表取值为+0.25。

（5）风荷载标准值。

$$\omega_k = \mu_s \mu_z \omega_0$$

式中：ω_k——风荷载标准值；

ω_0——基本风压，查荷载规范表格的规定值；

μ_z——风荷载高度变化系数，查荷载规范选用；

μ_s——风荷载体型系数；

故 $\omega_k = \mu_s \mu_z \omega_0 = 0.25 \times 1 \times 1.05 \times 0.45 = 0.118 \text{kN/mm}^2$

迎风宽度为6m，则窗口最下侧的风荷载标准值为 $0.118\text{kN/mm}^2 \times 6 = 0.71\text{kN/m}$。

11. 右风输入

单击右侧主菜单栏的【右风输入】→【自动布置】，打开风荷载输入与修改窗口，如图9-33所示。图中各参数含义与【左风输入】相同。

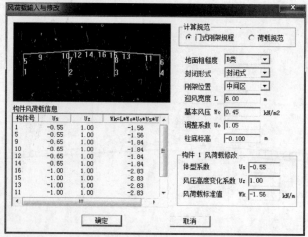

图9-33　右风荷载输入与修改窗口

单击确定,右风自动布置完成,模型如图 9-34 所示。

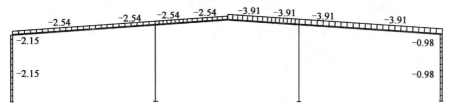

图 9-34 右风荷载布置图

12. 吊车荷载

(1)吊车参数设置。

第一步:单击【吊车荷载】→【吊车数据】,打开【PK-STS 吊车荷载定义】窗口,如图 9-35 所示。

第二步:单击图 9-35 窗口左上方的【增加】,打开吊车荷载数据窗口,如图 9-36 所示。

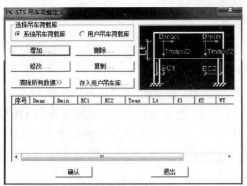

图 9-35 吊车荷载定义

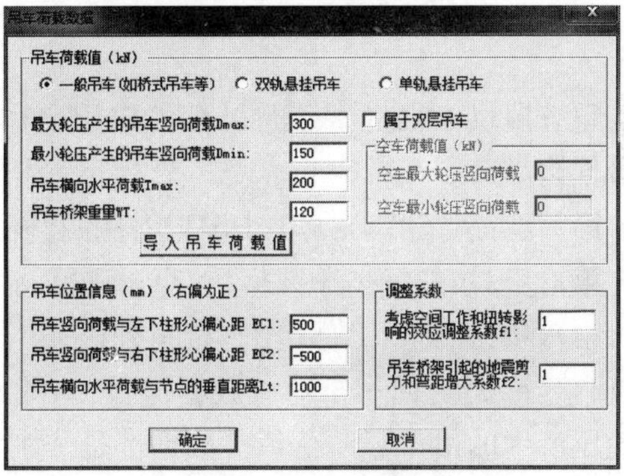

图 9-36 吊车荷载数据窗口

第三步:单击【导入吊车荷载值】,打开吊车荷载输入向导窗口,见图 9-37。此时,该窗口中吊车资料列表为空。

第四步:单击 9-37 窗口右上角的【增加】,打开如图 9-38 所示的吊车数据输入窗口。

图 9-37 吊车荷载输入向导

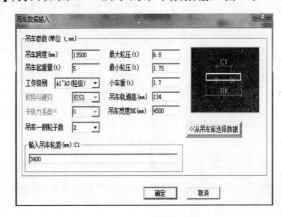

图 9-38 吊车数据输入

第五步:单击【从吊车库选择数据】打开【吊车数据库】见图 9-39,选择吊车数据库中的第 35 号吊车。

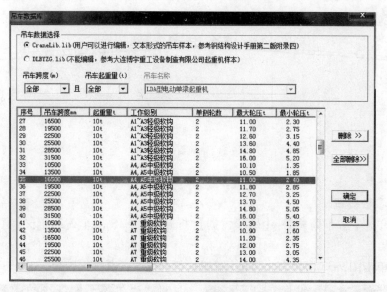

图9-39 吊车数据库

系统提供了很多型号的吊车可供用户选用。本工程厂房跨度18m，根据使用要求为10t中级软钩吊车。

第六步：选好吊车后，单击窗口右侧的【确定】，添加好10t跨度为16.5m的中级软钩吊车。

第七步：添加好吊车数据后，点击确定，返回到图9-40所示的【吊车荷载输入向导】窗口。

第八步：在窗口上部【吊车资料列表】中勾选好吊车，吊车台数改为1台。单击窗口下部的【直接导入】返回吊车荷载数据窗口，如图9-41。此窗口与图9-36是一样的窗口，但最大最小轮压产生的吊车竖向荷载等数据都是按刚才选好的吊车更新计算过的。

图9-40 添加好吊车数据后的
吊车荷载输入向导窗口

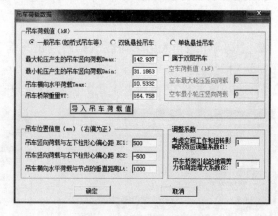

图9-41 吊车荷载数据窗口

第九步：单击9-41窗口下部的【确定】，返回到【PK-STS吊车荷载定义】窗口，如图9-42所示，与图9-35不同，此时窗口下部的吊车信息中已显示有相关数据。单击本窗口下方的【确认】，返回上级菜单。

（2）布置吊车。

单击窗口右侧工具栏中的【布置吊车】，打开窗口与9-40所示的窗口相同，点击窗口下面的【确认】，到模型中点选各个牛腿节点，添加吊车荷载。添加完成后的模型，如图9-43所示。

170

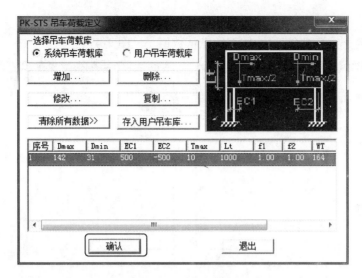

图 9-42　PK-STS 吊车荷载定义

图 9-43　添加好吊车荷载后的模型

13. 参数输入

单击主窗口右侧的工具栏中的【参数输入】,打开钢结构参数输入与修改窗口。该窗口共有 5 帧。

第一帧,结构类型参数,本工程都采用系统默认数据。特别注意要勾选好右下侧的【钢梁还要按压弯构件验算平面内稳定性】,见图 9-44。

第二帧,总信息参数,在此窗口中将钢材牌号设置为 Q345,其他设置按系统默认,见图 9-45。

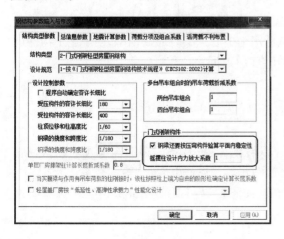

图 9-44　结构类型参数

图 9-45　总信息参数

171

第三帧,地震计算参数,在此窗口中将地震烈度设置为北京市的 8 级。见图 9-46。

第四帧,荷载分项级组合系数,按系统默认数值。见图 9-47。

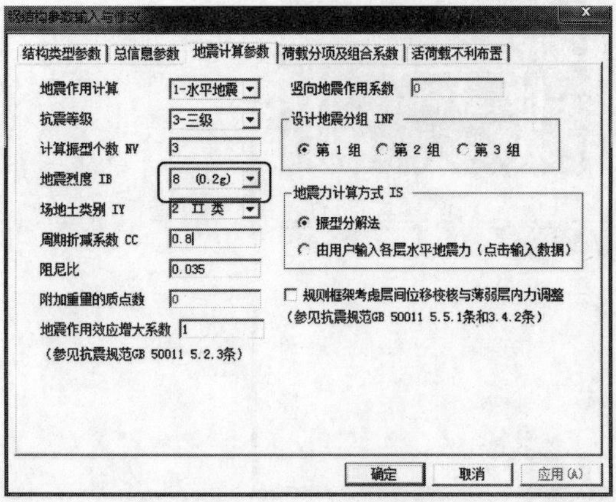

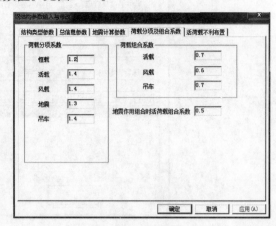

图 9-46 地震计算参数   图 9-47 荷载分项级组合系数

第五帧,活荷载不利布置,勾选上,见图 9-48。

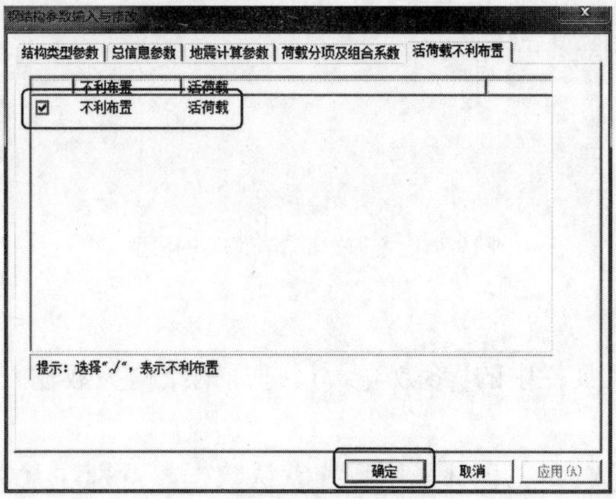

图 9-48 活荷载不利布置

点击【确定】,回到主菜单。

14.模型构件截面检查

单击【构件修改】→【构件查询】,打开模型窗口,此时模型中的构件都标出了所采用的截面类型与几何尺寸。滚动鼠标滑轮,就以当前鼠标定为中心点实时缩放模型,便于逐个构件进行核对。检查无误后,单击右侧工具栏最上面的【查改】返回主菜单。

15.模型节点类型检查

单击【支座修改】进入模型,本工程节点全部采用实心圆显示的刚接节点。

16.计算简图

单击主菜单右侧工具栏中的【计算简图】,可以看到,系统具备多项简图检查功能,包括:结构简图、恒载简图、活载简图、左风简图、右风简图、吊车简图、实体模型等。

各简图检查无误后,单击右侧工具栏最上面的【简图】,退回主菜单,完成建模。

三、计算分析

单击右侧工具栏中下部的【结构计算】,弹出窗口,要求输入结果文件名,如图 9-49 所示。

记下此文件名称,便于今后不同设计方案的结果文件进行对比。

单击图9-49中的【确定】后,系统即开始计算,很快就会弹出结果窗口,如图9-50所示。

图9-49 输入计算结果文件名

图9-50 计算结果窗口

四、人工检查计算结果

对此结果必须进行人工检查。

1. 显示结果文件

点击后,打开【计算结果文件】窗口,如图9-51所示。在此窗口中,【超限信息输出】,可以简单明了地快速检查验算不合格项。本工程所有验算合格,超限信息为空,见图9-52。

图9-51 计算结果文件

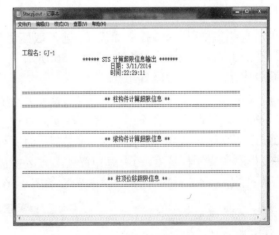

图9-52 超限信息输出文件

2. 弯矩包络图

点击后,模型中即会显示结构的弯矩图,如图9-53所示,方便设计人员核查。该图的正确性是一切后续设计计算的基础。检查无误后点击窗口右侧工具栏中的退出,返回到9-50所示的主菜单。

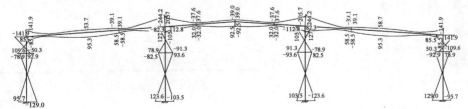

弯矩包络图(kN·m)

图9-53 模型弯矩包络图

3. 配筋包络和钢结构应力比图

点击后,模型如图 9-54 所示。该图中非常直观地显示了每个构件的各项应力比。若有某项验算未通过规范要求,则会用红色字体显示,直观明了,便于查改。

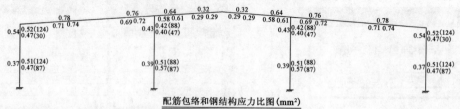

图9-54 配筋包络和钢结构应力比图

钢结构应力比图说明:

柱左: 作用弯矩与考虑屈曲后强度抗率承载力比值
右上: 平面内稳定应力比(对应长细比)
右下: 平面内稳定应力比(对应长细比)
梁上: 作用弯矩与考虑屈曲后强度抗弯承载力比值
左下: 平面内稳定应力比
右下: 平面外稳定应力比

图 9-50 主菜单中 3 以后各项计算结果,读者有兴趣可逐项查看,在此不再赘述。

五、截面优化

1. 优化参数设置

单击右侧主菜单下部的【截面优化】进入截面优化主菜单,如图 9-55。单击【优化参数】,打开【钢结构优化控制参数】窗口,如图 9-56 所示。

截面优化时,要注意以下几点。

(1)最小板件厚度为6mm,避免板件过薄工厂制作时焊穿;

(2)控制钢梁截面高度连续,避免变截面点处应力集中;

(3)控制翼缘板宽度规格化选取,加工制作时有效利用原材料,避免下料过程中的浪费;

(4)控制梁翼缘板宽度一致,避免梁梁节点处截面突变,应力集中。

据以上几点,本工程优化截面时的参数如图 9-56 所示。单击【确定】回到主菜单。

图9-55 截面优化主菜单

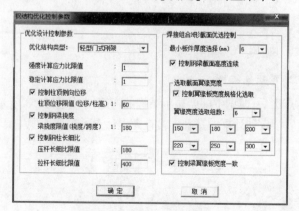

图9-56 结构优化控制参数窗口

2. 优化范围设置

单击【优化范围】→【自动确定】,系统会自动将所有的梁、柱都包括进优化范围中来。点击【返回】回到截面优化主菜单。

3.截面优化计算

单击【优化计算】,则系统开始自动搜索最优化构件截面。

本案例结果已经过对比,无需优化。对于初学者来说,一开始建模时不能设置理想的截面形式与几何尺寸,可以通过此项操作自动搜寻用钢量最省的合理截面。

六、施工图绘制

经过了建模、计算、优化,确定了最终的设计方案,接下来就需要绘制施工图,送工厂加工、工地安装使用。

1.施工图比例设置

单击右侧工具栏最后一个选项【绘施工图】,右侧工具栏打开如图9-57所示的绘施工图工具栏。单击【设计参数】,打开如图9-58所示对话框,一般情况下取默认值即可。点击【确定】按钮回到主工具栏。

图9-57 绘施工图工具栏

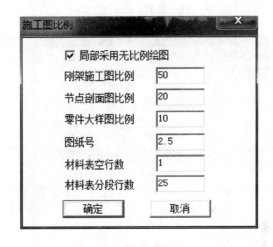

图9-58 施工图比例

2.拼接,檩托

(1)布置屋面檩托。

单击【拼接,檩托】→【布梁檩托】,打开如图9-59所示的【钢梁檩托布置(mm)】窗口,按图中所示默认选项即可。点击【确定】,模型上自动布置好梁檩托。

(2)布置柱上檩托。

单击【布柱檩托】,打开如图9-60所示的【钢柱檩托布置】窗口,按图中所示默认选项即可。点击【确定】,模型上自动布置好柱檩托。单击【返回】,退回主菜单。

3.节点设计

单击【节点设计】打开输入或修改设计参数窗口,见图9-61～9-64,窗口中共有四帧内容。

第一帧,【连接节点形式】。图9-61,系统提供了【梁柱刚性连接节点形式】、【屋脊刚性连接节点形式】、【中间梁柱刚性连接节点】。本工程分别采用类型1、类型2、类型3。

(1)梁柱刚性连接节点形式有三种。

①端板竖放,可增加力臂,实际工程中最常采用;

②端板斜放,可增力臂,减小剪力,但对加工和安装要求较高,很少采用;

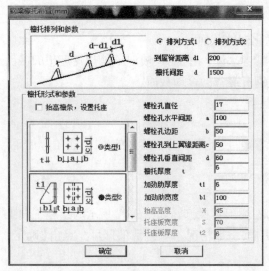

图 9-59　钢梁檩托布置(mm)窗口

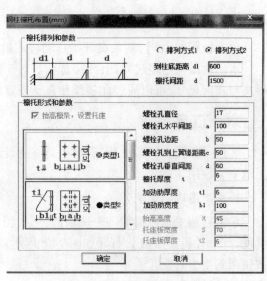

图 9-60　钢柱檩托布置(mm)窗口

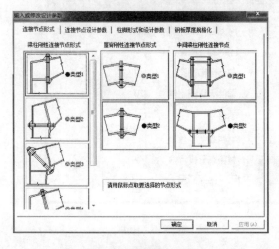

图 9-61　连接节点形式

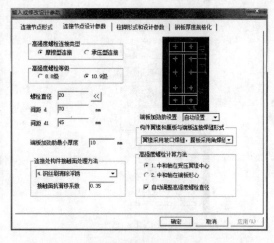

图 9-62　连接节点设计参数

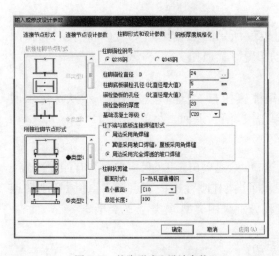

图 9-63　柱脚形式和设计参数

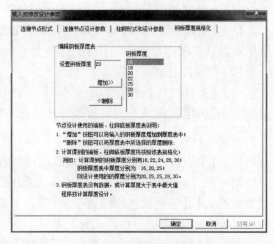

图 9-64　钢板厚度规格化

③端板平放,可减小节点的设计剪力,力臂增加,没有端板竖放常用。

(2)屋脊刚性节点有两种。

①端板下部设加劲肋。

②端板上、下两端都设加劲肋。

实际工程中常采用上、下两端都设加劲肋。

(3)中间梁柱刚性连接节点有两种。

①柱子贯通。

②梁贯通,受力合理,较常采用。

第二帧,【连接节点设计参数】。图 9-62,工程中最常使用摩擦型 10.9 级高强螺栓,螺栓直径 20、螺栓间距、端板加劲肋最小厚度等都遵循规范要求,在系统中默认,不需修改。

第三帧,【柱脚形式和设计参数】。图 9-63,本工程柱脚为刚接,选类型 1,其他参数按系统默认即可。

第四帧,【钢板厚度规格化】。图 9-64,钢板厚度规格化,可方便工厂加工备料,节约工程造价。按系统默认即可。

四帧内容全部设置完成后,点击【确定】,模型中的节点自动设计完成。

4.绘图

点击【整体绘图】,打开施工图绘制信息窗口,如图 9-65 所示。一般取系统默认即可。单击【确定】,程序自动进行图纸绘制,如图 9-66 所示。

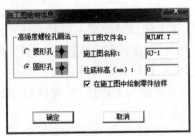

图 9-65　施工图绘制信息

从图 9-66 中可以明显看出,【绘施工图】中的【参数设置】不合理。先点击存盘,再回到上级菜单中,将图纸号改为 1.5,刚架施工图比例改为 1:100,节点剖面图比例改为 1:10,再次整体绘图,并利用【移动图块】功能将图纸布局美化。

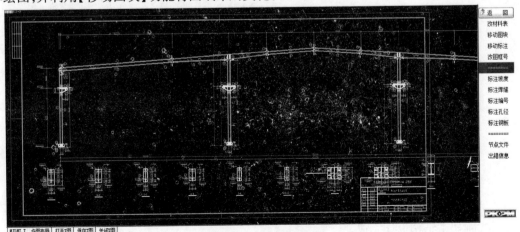

图 9-66　门刚整体施工图

177

布局美化完成的施工图如图9-67所示。

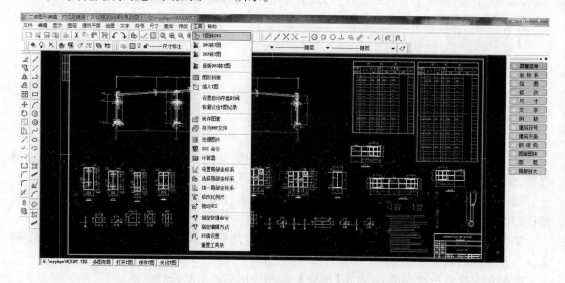

图9-67　布局美化后的施工图及图形格式转换为DWG的方法

从图9-66可以看到,前面设置的2.5号图框不够大,不能把整个图放进。此时可以通过【改图框号】、【移动图块】进行图形美化。也可以将此图导入到AutoCAD中进一步修改。

T图导入AutoCAD的方法:在工作目录中双击打开PKPM软件绘制的T图,双击▣打开,弹出窗口如下图,单点窗口上方工具栏中的【工具】下拉菜单,第一项就是T图转DWG图,点击转换时不要更改文件存取的路径,在同文件夹中即可看到转换好的DWG图。

STS出的门式刚架施工图必须经过人工校核,特别是剖面图中,尺寸往往有偏差。节点板的尺寸也应调整到5mm的整数倍为宜。

5.统计材料

对工厂加工而言,材料表信息对备料非常重要。点击【统计材料】,程序打开图9-68所示的钢材订货表统计方法窗口。单击【确定】,系统会自动统计出钢材订货表。见表9-1、表9-2。根据此表中的相关内容即可进行工厂备料工作。

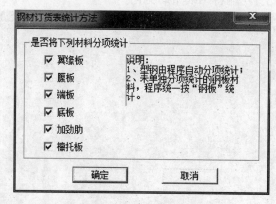

图9-68　钢材订货表统计方法窗口

门式刚架主结构设计完成。

钢 材 订 货 表

表 9-1

类 别	序 号	规 格	重量(t)	小计(t)	材 质	备 注
翼缘板	1	—280×12	1.765	3.258	Q345B	
	2	—180×10	1.493		Q345B	
腹板	3	—6	0.922	1.512	Q345B	
	4	—8	0.589		Q345B	
端板	5	—180×16	0.135	0.284	Q345B	
	6	—280×16	0.149		Q345B	
钢板	7	—10	0.126		Q345B	
	8	—12	0.216	0.366	Q345B	
	9	—20	0.024		Q345B	
底板	10	—450×20	0.081	0.164	Q345B	
	11	—460×20	0.084		Q345B	
加劲肋	12	—10	0.186		Q345B	
	13	—12	0.034	0.276	Q345B	
	14	—16	0.056		Q345B	
型钢	15	[10	0.004	0.004	Q345B	
合计				5.864		

高 强 度 螺 栓 表

表 9-2

序号	螺栓直径(mm)	连接厚度(mm)	螺栓长度(mm)	数量	性能等级	备注
1	M20	32	65	32	10.9S 级	
2	M20	36	70	40	10.9S 级	
合计				72		

习 题

一、简答题

1.门式刚架轻型房屋是我国改革开放以来建筑钢结构领域发展最快、应用最为广泛的钢结构之一,其原因何在?

2.门式刚架由哪些部分组成?

3.门式刚架的形式有哪些?

4.门式刚架的荷载传递路径是什么?

二、课程设计任务

本章课程设计任务书,参见附录6。

附录1 《钢结构设计规范》(GB 50017—2003)中有关表格摘录

钢材的强度设计值(N/mm²)

钢　材		抗拉、抗压和抗弯 f	抗　剪 f_v	端面承压(刨平顶紧) f_{ce}
牌号	厚度或直径(mm)			
Q235 钢	≤16	215	125	325
	>16 ~ 40	205	120	
	>40 ~ 60	200	115	
	>60 ~ 100	190	110	
Q345 钢	≤16	310	180	400
	>16 ~ 35	295	170	
	>35 ~ 50	265	155	
	>50 ~ 100	250	145	
Q390 钢	≤16	350	205	415
	>16 ~ 35	335	190	
	>35 ~ 50	315	180	
	>50 ~ 100	295	170	
Q420 钢	≤16	380	220	440
	>16 ~ 35	360	210	
	>35 ~ 50	340	195	
	>50 ~ 100	325	185	

注:表中厚度系指计算点的钢材厚度,对轴心受拉和轴心受压构件系指截面中较厚板件的厚度。

焊缝的强度设计值(N/mm²)

焊接方法和焊条型号	构件钢材		对 接 焊 缝				角 焊 缝
	牌号	厚度或直径 (mm)	抗压 f_c^w	焊缝质量为下列等级时,抗拉 f_t^w		抗剪 f_v^w	抗拉、抗压和抗剪 f_f^w
				一级、二级	三级		
自动焊、半自动焊和 E43 型焊条的手工焊	Q235 钢	≤16	215	215	185	125	160
		>16 ~ 40	205	205	175	120	
		>40 ~ 60	200	200	170	115	
		>60 ~ 100	190	190	160	110	
自动焊、半自动焊和 E50 型焊条的手工焊	Q345 钢	≤16	310	310	265	180	200
		>16 ~ 35	295	295	250	170	
		>35 ~ 50	265	265	225	155	
		>50 ~ 100	250	250	210	145	

焊接方法和焊条型号	构件钢材		对接焊缝			角焊缝	
	牌号	厚度或直径（mm）	抗压 f_c^w	焊缝质量为下列等级时，抗拉 f_t^w		抗剪 f_v^w	抗拉、抗压和抗剪 f_f^w
				一级、二级	三级		
自动焊、半自动焊和E55型焊条的手工焊	Q390钢	≤16	350	350	300	205	220
		>16~35	335	335	285	190	
		>35~50	315	315	270	180	
		>50~100	295	295	250	170	
自动焊、半自动焊和E55型焊条的手工焊	Q420钢	≤16	380	380	320	220	220
		>16~35	360	360	305	210	
		>35~50	340	340	290	195	
		>50~100	325	325	275	185	

注:1. 自动焊和半自动焊所采用的焊丝和焊剂,应保证其熔敷金属的力学性能不低于现行国家标准《碳素钢埋弧焊用焊剂》(GB/T 5293)和《低合金钢埋弧焊用焊剂》(GB/T 12470)中相关的规定。

2. 焊缝质量等级应符合现行国家标准《钢结构工程施工质量验收规范》(GB 50205)的规定。其中厚度小于8mm钢材的对接焊缝,不应用超声波探伤确定焊缝质量等级。

3. 对接焊缝在受压区的抗弯强度设计值取 f_c^w,在受拉区的抗弯强度设计值取 f_t^w。

4. 同附表1-1注。

螺栓连接的强度设计值（N/mm²） 附表1-3

螺栓的性能等级、锚栓和构件钢材的牌号		普通螺栓					锚栓	承压型连接高强度螺栓		
		C级螺栓			A级、B级螺栓					
		抗拉 f_t^b	抗剪 f_v^b	承压 f_c^b	抗拉 f_t^b	抗剪 f_v^b	承压 f_c^b	抗拉 f_t^a	抗拉 f_t^b	抗剪 f_v^b	承压 f_c^b
普通螺栓	4.6级、4.8级	170	140	—	—	—	—	—	—	—	—
	5.6级	—	—	—	210	190	—	—	—	—	—
	8.8级	—	—	—	400	320	—	—	—	—	—
锚栓	Q235	—	—	—	—	—	—	140	—	—	—
	Q345	—	—	—	—	—	—	180	—	—	—
承压型连接高强度螺栓	8.8级	—	—	—	—	—	—	—	400	250	—
	10.9级	—	—	—	—	—	—	—	500	310	—
构件	Q235钢	—	—	305	—	—	405	—	—	—	470
	Q345钢	—	—	385	—	—	510	—	—	—	590
	Q390钢	—	—	400	—	—	530	—	—	—	615
	Q420钢	—	—	425	—	—	560	—	—	—	655

注:1. A级螺栓用于 $d\leq24$mm 和 $l\leq10d$ 或 $l\leq150$mm（按较小值）的螺栓;B级螺栓用于 $d>24$mm 和 $l>10d$ 或 $l>150$mm（按较小值）的螺栓。d 为公称直径,l 为螺杆公称长度。

2. A、B级螺栓孔的精度和孔壁表面粗糙度,C级螺栓孔的允许偏差和孔壁表面粗糙度,均应符合现行国家标准《钢结构工程施工质量验收规范》(GB 50205)的要求。

3. 属于下列情况者为I类孔:

(1) 在装配好的构件上按设计孔径钻成的孔;

(2) 在单个零件和构件上按设计孔径分别用钻模钻成的孔;

(3) 在单个零件上先钻成或冲成较小的孔径,然后在装配好的构件上再扩钻至设计孔径的孔。

4. 在单个零件上一次冲成和不用钻模钻成设计孔径的孔属于II类孔。[注3和4摘自《钢结构设计规范》(GB 50017—2003)中表3.4.1-5的注]

钢材和钢铸件的物理性能指标   附表 1-4

弹性模量 E （N/mm²）	剪变模量 G （N/mm²）	线膨胀系数 （以每℃计）	质量密度 （kg/m³）
206×10^3	79×10^3	12×10^{-6}	7850

受弯构件挠度容许值   附表 1-5

项 次	构 件 类 别	挠度容许值	
		$[v_T]$	$[v_Q]$
1	吊车梁和吊车桁架（按自重和起重量最大的一台吊车计算挠度） （1）手动吊车和单梁吊车（含悬挂吊车） （2）轻级工作制桥式吊车 （3）中级工作制桥式吊车 （4）重级工作制桥式吊车	$l/500$ $l/800$ $l/1000$ $l/1200$	—
2	手动或电动葫芦的轨道梁	$l/400$	—
3	有重轨（重量等于或大于 38kg/m）轨道的工作平台梁 有轻轨（重量等于或小于 24kg/m）轨道的工作平台梁	$l/600$ $l/400$	—

4	楼（屋）盖梁或桁架,工作平台梁（第 3 项除外）和平台板
	（1）主梁或桁架（包括设有悬挂起重设备的梁和桁架）
	（2）抹灰顶棚的次梁
	（3）除（1）、（2）款外的其他梁（包括楼梯梁）
	（4）屋盖檩条
	  支承无积灰的瓦楞铁和石棉瓦屋面者
	  支承压型金属板、有积灰的瓦楞铁和石棉瓦等屋面者
	  支承其他屋面材料者
	（5）平台板
		
		$l/400$
		$l/250$
		$l/250$
		
		$l/150$
		$l/200$
		$l/200$
		$l/150$
			
			$l/500$
			$l/350$
			$l/300$
			
			—
			—
			—
			—

5	墙架构件（风荷载不考虑阵风系数） （1）支柱 （2）抗风桁架（作为连续支柱的支承时） （3）砌体墙的横梁（水平方向） （4）支承压型金属板、瓦楞铁和石棉瓦墙面的横梁（水平方向） （5）带有玻璃窗的横梁（竖直和水平方向）	 — — — — $l/200$	 $l/400$ $l/1000$ $l/300$ $l/200$ $l/200$

注：1. l 为受弯构件的跨度（对悬臂梁和伸臂梁为悬伸长度的 2 倍）。

    2. $[v_T]$ 为永久和可变荷载标准值产生的挠度（如有起拱应减去拱度）的容许值；$[v_Q]$ 为可变荷载标准值产生的挠度的容许值。

H型钢或等截面工字形简支梁不需计算整体稳定性的最大 l_1/b_1 值　　附表 1-6

钢　号	跨中无侧向支承点的梁		跨中受压翼缘有侧向支承点的梁,不论荷载作用于何处
	荷载作用在上翼缘	荷载作用在下翼缘	
Q235	13.0	20.0	16.0
Q345	10.5	16.5	13.0
Q390	10.0	15.5	12.5
Q420	9.5	15.0	12.0

注:1. 其他钢号的梁不需计算整体稳定性的最大 l_1/b_1 值,应取 Q235 钢的数值乘以 $\sqrt{235/f_y}$。

2. 表中对跨中无侧向支承点的梁,l_1 为其跨度;对跨中有侧向支承点的梁,l_1 为受压翼缘侧向支承点间的距离(梁的支座处视为有侧向支承)。b_1 为受压翼缘板的宽度。

轴心受压构件的截面分类(板厚 $t \geqslant 40\text{mm}$)　　附表 1-7

截　面　形　式		对 x 轴	对 y 轴
轧制工字形或 H 形截面	$t < 80\text{mm}$	b 类	c 类
	$t \geqslant 80\text{mm}$	c 类	d 类
焊接工字形截面	翼缘为焰切边	b 类	b 类
	翼缘为轧制或剪切边	c 类	d 类
焊接箱形截面	板件宽厚比 >20	b 类	b 类
	板件宽厚比 $\leqslant 20$	c 类	c 类

轴心受压构件的截面分类(板厚 $t < 40\text{mm}$)　　附表 1-8

截　面　形　式		对 x 轴	对 y 轴
	轧制	a 类	a 类

截　面　形　式	对 x 轴	对 y 轴
 扎制，$b/h \leqslant 0.8$	a 类	b 类
 扎制，$b/h > 0.8$　　焊接，翼缘为焰切边　　焊接	b 类	b 类
 轧制　　　　　　　　轧制等边角钢		
 轧制、焊接(板件宽厚比>20)　　轧制或焊接		
 焊接　　　　　　轧制截面和翼缘为 焰切边的焊接截面		
 格构式　　　　　　焊接、板件边缘焰切		

184

截 面 形 式			对 x 轴	对 y 轴
焊接翼缘为轧制或剪切边			b 类	c 类
焊接，板件边缘轧制或剪切	焊接，板件宽厚比≤20		c 类	c 类

截面塑性发展系数 γ_x、γ_y

附表 1-9

项 次	截 面 形 式	γ_x	γ_y
1		1.05	1.2
2			1.05
3		$\gamma_{x1}=1.05$ $\gamma_{x2}=1.2$	1.2
4			1.05
5		1.2	1.2

项次	截面形式	γ_x	γ_y
6		1.15	1.15
7		1.0	1.05
8		1.0	1.0

H 型钢和等截面工字形简支梁的等效临界弯矩系数 β_b 附表 1-10

项次	侧向支承	荷载		$\xi \leqslant 2.0$	$\xi > 2.0$	适用范围
1	跨中无侧向支承	均布荷载作用在	上翼缘	$0.69 + 0.13\xi$	0.95	双轴对称和加强受压翼缘的单轴对称工字形截面
2			下翼缘	$1.73 - 0.20\xi$	1.33	
3		集中荷载作用在	上翼缘	$0.73 + 0.18\xi$	1.09	
4			下翼缘	$2.23 - 0.28\xi$	1.67	
5	跨度中点有一个侧向支承点	均布荷载作用在	上翼缘	1.15		双轴对称和所有单轴对称工字形截面
6			下翼缘	1.40		
7		集中荷载作用在截面高度上任意位置		1.75		
8	跨中有不少于两个等距离侧向支承点	任意荷载作用在	上翼缘	1.20		
9			下翼缘	1.40		
10	梁端有弯矩,但跨中无荷载作用			$1.75 - 1.05\left(\dfrac{M_2}{M_1}\right) + 0.3\left(\dfrac{M_2}{M_1}\right)^2$, 但 $\leqslant 2.3$		

注:1. $\xi = \dfrac{l_1 t_1}{b_1 h}$ 为参数,其中 b_1 和 l_1 见附表 1-6 的注。

2. M_1、M_2 为梁的端弯矩,使梁产生同向曲率时 M_1 和 M_2 取同号,产生反向曲率时取异号,$|M_1| \geqslant |M_2|$。

3. 表中项次 3、4 和 7 的集中荷载是指一个或少数几个集中荷载位于跨中央附近的情况,对其他情况的集中荷载,应按表中项次 1、2、5、6 内的数值采用。

4. 表中项次 8、9 的 β_b,当集中荷载作用在侧向支承点处时,取 $\beta_b = 1.20$。

5. 荷载作用在上翼缘系指荷载作用点在翼缘表面,方向指向截面形心;荷载作用在下翼缘系指荷载作用点在翼缘表面,方向背向截面形心。

6. 对 $\alpha_b > 0.8$ 的加强受压翼缘工字形截面,下列情况的 β_b 值应乘以相应的系数:

　　项次 1　　　当 $\xi \leqslant 1.0$ 时　　　0.95

　　项次 3　　　当 $\xi \leqslant 0.5$ 时　　　0.90

　　　　　　　　当 $0.5 < \xi \leqslant 1.0$ 时　　　0.95

轧制普通工字钢简支梁的整体稳定系数 φ_b

项次	荷载情况			工字钢型号	自由长度 l_1（m）								
					2	3	4	5	6	7	8	9	10
1	跨中无侧向支承点的梁	集中荷载作用在	上翼缘	10~20	2.00	130	0.99	0.80	0.68	0.58	0.53	0.48	0.43
				22~32	2.40	1.48	1.09	0.86	0.72	0.62	0.54	0.49	0.45
				36~63	2.80	1.60	1.07	0.83	0.68	0.56	0.50	0.45	0.40
2			下翼缘	10~20	3.10	1.95	1.34	1.01	0.82	0.69	0.63	0.57	0.52
				22~40	5.50	2.80	1.84	1.37	1.07	0.86	0.73	0.64	0.56
				45~63	7.30	3.60	2.30	1.62	1.20	0.96	0.80	0.69	0.60
3		均布荷载作用在	上翼缘	10~20	1.70	1.12	0.84	0.68	0.57	0.50	0.45	0.41	0.37
				22~40	2.10	1.30	0.93	0.73	0.6	0.51	0.45	0.40	0.36
				45~63	2.60	1.45	0.97	0.73	0.59	0.50	0.44	0.38	0.35
4			下翼缘	10~20	2.50	1.55	1.08	0.83	0.68	0.56	0.52	0.47	0.42
				22~40	4.00	2.20	1.45	1.10	0.85	0.70	0.60	0.52	0.46
				45~63	5.60	2.80	1.80	1.25	0.95	0.78	0.65	0.55	0.49
5	跨中有侧向支承点的梁（不论荷载作用点在截面高度上的位置）			10~20	2.20	1.39	1.01	0.79	0.66	0.57	0.52	0.47	0.42
				22~40	3.00	1.80	1.24	0.96	0.76	0.65	0.56	0.49	0.43
				45~63	4.00	2.20	1.38	1.01	0.80	0.66	0.56	0.49	0.43

注：1. 同附表 1-10 的注 3、5。

2. 表中的 φ_b 适用于 Q235 钢。对其他钢号，表中数值应乘以 $235/f_y$。

双轴对称工字形等截面（含 H 型钢）悬臂梁的等效临界弯矩系数 β_b

项次	荷载形式		$0.6 \leqslant \xi \leqslant 1.24$	$1.24 < \xi \leqslant 1.96$	$1.96 < \xi \leqslant 3.10$
1	自由端一个集中荷载作用在	上翼缘	$0.21 + 0.67\xi$	$0.27 + 0.26\xi$	$1.17 + 0.03\xi$
2		下翼缘	$2.94 - 0.65\xi$	$2.64 - 0.40\xi$	$2.15 - 0.15\xi$
3	均布荷载作用在上翼缘		$0.62 + 0.82\xi$	$1.25 + 0.31\xi$	$1.66 + 0.10\xi$

注：1. 本表是按支承端为固定端的情况确定的，当用于由邻跨延伸出来的伸臂梁时，应在构造上采取措施加强支承处的抗扭能力。

2. 表中 ξ 见附表 1-10 注 1。

桁架弦杆和单系腹杆的计算长度 l_0

项次	弯曲方向	弦杆	腹杆	
			支座斜杆和支座竖杆	其他腹杆
1	在桁架平面内	l	l	$0.8l$
2	在桁架平面外	l_1	l	l
3	斜平面	—	l	$0.8l$

注：1. l 为构件的几何长度（节点中心距离）；l_1 为桁架弦杆侧向支承点之间的距离。

2. 斜平面系指与桁架平面斜交的平面，适用于构件截面两主轴均不在桁架平面内的单角钢腹杆和双角钢十字形截面腹杆。

3. 无节点板的腹杆计算长度在任意平面内均取其等于几何长度（钢管结构除外）。

附表 1-14

项　　次	构 件 名 称	容许长细比
1	柱、桁架和天窗架中的杆件	150
	柱的缀条、吊车梁或吊车桁架以下的柱间支撑	
2	支撑(吊车梁或吊车桁架以下的柱间支撑除外)	200
	用以减小受压构件长细比的杆件	

注:1.桁架(包括空间桁架)的受压腹杆,当其内力等于或小于承载能力的 50%时,容许长细比值可取为 200。
　2.计算单角钢受压构件的长细比时,应采用角钢的最小回转半径,但在计算在交叉点相互连接的交叉杆件平面外的长细比时,可采用与角钢肢边平行轴的回转半径。
　3.跨度等于或大于 60m 的桁架,其受压弦杆和端压杆的容许长细比值宜取为 100,其他受压腹杆可取为 150(承受静力荷载或间接承受动力荷载)或 120(直接承受动力荷载)。
　4.由容许长细比控制截面的杆件,在计算其长细比时,可不考虑扭转效应。

受拉构件的容许长细比

附表 1-15

项　　次	构 件 名 称	承受静力荷载或间接承受动力荷载的结构		直接承受动力荷载
		一般建筑结构	有重级工作制吊车的厂房	
1	桁架的杆件	350	250	250
2	吊车梁或吊车桁架以下的柱间支撑	300	200	—
3	其他拉杆、支撑、系杆等 (张紧的圆钢除外)	400	350	—

注:1.承受静力荷载的结构中,可仅计算受拉构件在竖向平面内的长细比。
　2.在直接或间接承受动力荷载的结构中,单角钢受拉构件长细比的计算方法与附表 1-14 注 2 相同。
　3.中、重级工作制吊车桁架下弦杆的长细比不宜超过 200。
　4.在设有夹钳或刚性料耙等硬钩吊车的厂房中,支撑(表中第 2 项除外)的长细比不宜超过 300。
　5.受拉构件在永久荷载与风荷载组合作用下受压时,其长细比不宜超过 250。
　6.跨度等于或大于 60m 的桁架,其受拉弦杆和腹杆的长细比不宜超过 300(承受静力荷载或间接承受动力荷载)或 250(直接承受动力荷载)。

a 类截面轴心受压构件的稳定系数 φ

附表 1-16

$\lambda\sqrt{\dfrac{f_y}{235}}$	0	1	2	3	4	5	6	7	8	9
0	1.000	1.000	1.000	1.000	0.999	0.999	0.998	0.998	0.997	0.996
10	0.995	0.994	0.993	0.992	0.991	0.989	0.988	0.986	0.985	0.983
20	0.981	0.979	0.977	0.976	0.974	0.972	0.970	0.968	0.966	0.964
30	0.963	0.961	0.959	0.957	0.955	0.952	0.950	0.948	0.946	0.944
40	0.941	0.939	0.937	0.934	0.932	0.929	0.927	0.924	0.921	0.919
50	0.916	0.913	0.910	0.907	0.904	0.900	0.897	0.894	0.890	0.886
60	0.883	0.879	0.875	0.871	0.867	0.863	0.858	0.854	0.849	0.844
70	0.839	0.834	0.829	0.824	0.818	0.813	0.807	0.801	0.795	0.789
80	0.783	0.776	0.770	0.763	0.757	0.750	0.743	0.736	0.728	0.721
90	0.714	0.706	0.699	0.691	0.684	0.676	0.668	0.661	0.653	0.645
100	0.638	0.630	0.622	0.615	0.607	0.600	0.592	0.585	0.577	0.570

$\lambda\sqrt{\dfrac{f_y}{235}}$	0	1	2	3	4	5	6	7	8	9
110	0.563	0.555	0.548	0.541	0.534	0.527	0.520	0.514	0.507	0.500
120	0.494	0.488	0.481	0.475	0.469	0.463	0.457	0.451	0.445	0.440
130	0.434	0.429	0.423	0.418	0.412	0.407	0.402	0.397	0.392	0.387
140	0.383	0.378	0.373	0.369	0.364	0.360	0.356	0.351	0.347	0.343
150	0.339	0.335	0.331	0.327	0.323	0.320	0.316	0.312	0.309	0.305
160	0.302	0.298	0.295	0.292	0.289	0.285	0.282	0.279	0.276	0.273
170	0.207	0.267	0.264	0.262	0.259	0.256	0.253	0.251	0.248	0.246
180	0.243	0.241	0.238	0.236	0.233	0.231	0.229	0.226	0.224	0.222
190	0.220	0.218	0.215	0.213	0.211	0.209	0.207	0.205	0.203	0.201
200	0.199	0.198	0.196	0.194	0.192	0.190	0.189	0.187	0.185	0.183
210	0.182	0.180	0.179	0.177	0.175	0.174	0.172	0.171	0.169	0.168
220	0.166	0.165	0.164	0.162	0.161	0.159	0.158	0.157	0.155	0.154
230	0.153	0.152	0.150	0.149	0.148	0.147	0.146	0.144	0.143	0.142
240	0.141	0.140	0.139	0.138	0.136	0.135	0.134	0.133	0.132	0.131
250	0.130	—	—	—	—	—	—	—	—	—

注:见附表1-19 注。

b 类截面轴心受压构件的稳定系数 φ　　　　　附表1-17

$\lambda\sqrt{\dfrac{f_y}{235}}$	0	1	2	3	4	5	6	7	8	9
0	1.000	1.000	1.000	0.999	0.999	0.998	0.997	0.996	0.995	0.994
10	0.992	0.991	0.989	0.987	0.985	0.983	0.981	0.978	0.976	0.973
20	0.970	0.967	0.963	0.960	0.957	0.953	0.950	0.946	0.943	0.939
30	0.936	0.932	0.929	0.925	0.922	0.918	0.914	0.910	0.906	0.903
40	0.899	0.895	0.891	0.887	0.882	0.878	0.874	0.870	0.865	0.861
50	0.856	0.852	0.847	0.842	0.838	0.833	0.828	0.823	0.818	0.813
60	0.807	0.802	0.797	0.791	0.786	0.780	0.774	0.769	0.763	0.757
70	0.751	0.745	0.739	0.732	0.726	0.720	0.714	0.707	0.701	0.694
80	0.688	0.681	0.675	0.668	0.661	0.655	0.648	0.641	0.635	0.628
90	0.621	0.614	0.608	0.601	0.594	0.588	0.581	0.575	0.568	0.561
100	0.555	0.549	0.542	0.536	0.529	0.523	0.517	0.511	0.505	0.499
110	0.493	0.487	0.481	0.475	0.470	0.464	0.458	0.453	0.447	0.442
120	0.437	0.432	0.426	0.421	0.416	0.411	0.406	0.402	0.397	0.392
130	0.387	0.383	0.378	0.374	0.370	0.365	0.361	0.357	0.353	0.349
140	0.345	0.341	0.337	0.333	0.329	0.326	0.322	0.318	0.315	0.311
150	0.308	0.304	0.301	0.298	0.295	0.291	0.288	0.285	0.282	0.279

$\lambda\sqrt{\dfrac{f_y}{235}}$	0	1	2	3	4	5	6	7	8	9
160	0.276	0.273	0.270	0.267	0.265	0.262	0.259	0.256	0.254	0.251
170	0.249	0.246	0.244	0.241	0.239	0.236	0.234	0.232	0.229	0.227
180	0.225	0.223	0.220	0.218	0.216	0.214	0.212	0.210	0.208	0.206
190	0.204	0.202	0.200	0.198	0.197	0.195	0.193	0.191	0.190	0.188
200	0.186	0.184	0.183	0.181	0.180	0.178	0.176	0.175	0.173	0.172
210	0.170	0.169	0.167	0.166	0.165	0.163	0.162	0.160	0.159	0.158
220	0.156	0.155	0.154	0.153	0.151	0.150	0.149	0.148	0.146	0.145
230	0.144	0.143	0.142	0.141	0.140	0.138	0.137	0.136	0.135	0.134
240	0.133	0.132	0.131	0.130	0.129	0.128	0.127	0.126	0.125	0.124
250	0.123	—	—	—	—	—	—	—	—	—

注:见附表1-19注。

c 类截面轴心受压构件的稳定系数 φ　　　　附表1-18

$\lambda\sqrt{\dfrac{f_y}{235}}$	0	1	2	3	4	5	6	7	8	9
0	1.000	1.000	1.000	0.999	0.999	0.998	0.997	0.996	0.995	0.993
10	0.992	0.990	0.988	0.986	0.983	0.981	0.978	0.976	0.973	0.970
20	0.966	0.959	0.953	0.947	0.940	0.934	0.928	0.921	0.915	0.909
30	0.902	0.896	0.890	0.884	0.877	0.871	0.865	0.858	0.852	0.846
40	0.839	0.833	0.826	0.820	0.814	0.807	0.801	0.794	0.788	0.781
50	0.775	0.768	0.762	0.755	0.748	0.742	0.735	0.729	0.722	0.715
60	0.709	0.702	0.695	0.689	0.682	0.676	0.669	0.662	0.656	0.649
70	0.643	0.636	0.629	0.623	0.616	0.610	0.604	0.597	0.591	0.584
80	0.578	0.572	0.566	0.559	0.553	0.547	0.541	0.535	0.529	0.523
90	0.517	0.511	0.505	0.500	0.494	0.488	0.483	0.477	0.472	0.467
100	0.463	0.458	0.454	0.449	0.445	0.441	0.436	0.432	0.428	0.423
110	0.419	0.415	0.411	0.407	0.403	0.399	0.395	0.391	0.387	0.383
120	0.379	0.375	0.371	0.367	0.364	0.360	0.356	0.353	0.349	0.346
130	0.342	0.339	0.335	0.332	0.328	0.325	0.322	0.319	0.315	0.312
140	0.309	0.306	0.303	0.300	0.297	0.294	0.291	0.288	0.285	0.282
150	0.280	0.277	0.274	0.271	0.269	0.266	0.264	0.261	0.258	0.256
160	0.254	0.251	0.249	0.246	0.244	0.242	0.239	0.237	0.235	0.233
170	0.230	0.228	0.226	0.224	0.222	0.220	0.218	0.216	0.214	0.212
180	0.210	0.208	0.206	0.205	0.203	0.201	0.199	0.197	0.196	0.194
190	0.192	0.190	0.189	0.187	0.186	0.184	0.182	0.181	0.179	0.178
200	0.176	0.175	0.173	0.172	0.170	0.169	0.168	0.166	0.165	0.163
210	0.162	0.161	0.159	0.158	0.157	0.156	0.154	0.153	0.152	0.151
220	0.150	0.148	0.147	0.146	0.145	0.144	0.143	0.142	0.140	0.139
230	0.138	0.137	0.136	0.135	0.134	0.133	0.132	0.131	0.130	0.129
240	0.128	0.127	0.126	0.125	0.124	0.124	0.123	0.122	0.121	0.120
250	0.119	—	—	—	—	—	—	—	—	—

注:见附表1-19注。

d 类截面轴心受压构件的稳定系数 φ

$\lambda\sqrt{\dfrac{f_y}{235}}$	0	1	2	3	4	5	6	7	8	9
0	1.000	1.000	0.999	0.999	0.998	0.996	0.994	0.992	0.990	0.987
10	0.984	0.981	0.978	0.974	0.969	0.965	0.960	0.955	0.949	0.944
20	0.937	0.927	0.918	0.909	0.900	0.891	0.883	0.874	0.865	0.857
30	0.848	0.840	0.831	0.823	0.815	0.807	0.799	0.790	0.782	0.774
40	0.766	0.759	0.751	0.743	0.735	0.728	0.720	0.712	0.705	0.697
50	0.690	0.683	0.675	0.668	0.661	0.654	0.646	0.639	0.632	0.625
60	0.618	0.612	0.605	0.598	0.591	0.585	0.578	0.572	0.565	0.559
70	0.552	0.546	0.540	0.534	0.528	0.522	0.516	0.510	0.504	0.498
80	0.493	0.487	0.481	0.476	0.470	0.465	0.460	0.454	0.449	0.444
90	0.439	0.434	0.429	0.424	0.419	0.414	0.410	0.405	0.401	0.397
100	0.394	0.390	0.387	0.383	0.380	0.376	0.373	0.370	0.366	0.363
110	0.359	0.356	0.353	0.350	0.346	0.343	0.340	0.337	0.334	0.331
120	0.328	0.325	0.322	0.319	0.316	0.313	0.310	0.307	0.304	0.301
130	0.299	0.296	0.293	0.290	0.288	0.285	0.282	0.280	0.277	0.275
140	0.272	0.270	0.267	0.265	0.262	0.260	0.258	0.255	0.253	0.251
150	0.248	0.246	0.244	0.242	0.240	0.237	0.235	0.233	0.231	0.229
160	0.227	0.225	0.223	0.221	0.219	0.217	0.215	0.213	0.212	0.210
170	0.208	0.206	0.204	0.203	0.201	0.199	0.197	0.196	0.194	0.192
180	0.191	0.189	0.188	0.186	0.184	0.183	0.181	0.180	0.178	0.177
190	0.176	0.174	0.173	0.171	0.170	0.168	0.167	0.166	0.164	0.163
200	0.162	—	—	—	—	—	—	—	—	—

注:1. 附表 1-16 至附表 1-19 中的 φ 值系按下列公式算得:

当 $\lambda_n = \dfrac{\lambda}{\pi}\sqrt{\dfrac{f_y}{E}} \leqslant 0.215$ 时,

$$\varphi = 1 - \alpha_1 \lambda_n^2$$

当 $\lambda_n > 0.215$ 时,

$$\varphi = \frac{1}{2\lambda_n^2}\left[\,(\alpha_2 + \alpha_3\lambda_n + \lambda_n^2) - \sqrt{(\alpha_2 + \alpha_3\lambda_n + \lambda_n^2)^2 + 4\lambda_n^2}\,\right]$$

式中:α_1、α_2、α_3——系数,根据附表 1-8 的截面分类,按附表 1-20 采用。

2. 当构件的 $\lambda\sqrt{\dfrac{f_y}{235}}$ 值超出附表 1-16 至附表 1-19 的范围时,则 φ 值按注 1 所列的公式计算。

附表 1-19 注中公式的系数 α_1、α_2、α_3

截 面 类 别		α_1	α_2	α_3
a 类		0.41	0.986	0.152
b 类		0.65	0.965	0.300
c 类	$\lambda_n \leqslant 1.05$	0.73	0.906	0.595
	$\lambda_n > 1.05$		1.216	0.302
d 类	$\lambda_n \leqslant 1.05$	1.35	0.868	0.915
	$\lambda_n > 1.05$		1.375	0.432

附录2 型钢规格及截面特性

热轧等边角钢的规格及截面特性
(按GB/T 706—2008计算)

1. 表中双线的左侧为一个角的截面特性;
2. 趾尖圆弧半径 $r_1 \approx t/3$;
3. $I_u = Ai_u^2$, $I_v = Ai_v^2$

附表2-1

规格	尺寸(mm) b	尺寸(mm) t	尺寸(mm) r	截面面积 A(cm²)	质量(kg/m)	重心距 y_0(cm)	惯性距 I_x(cm⁴)	截面模量(cm³) W_{xmax}	W_{xmin}	W_u	回转半径(cm) i_x	i_u	i_v	双角钢回转半径 i_y(cm) 当间距 a(mm)为 6	8	10	12	14	16
∠45×4	45	3	5	2.659	2.088	1.22	5.17	4.23	1.58	2.58	1.40	1.76	0.89	2.07	2.14	2.22	2.30	2.38	2.46
		4		3.486	2.736	1.26	6.65	5.28	2.05	3.32	1.38	1.74	0.89	2.08	2.16	2.24	2.32	2.40	2.48
		5		4.292	3.369	1.30	8.04	6.18	2.51	4.00	1.37	1.72	0.88	2.11	2.18	2.26	2.34	2.42	2.51
		6		5.076	3.985	1.33	9.33	7.02	2.95	4.64	1.36	1.70	0.88	2.12	2.20	2.28	2.36	2.44	2.53
∠50×4	50	3	5.5	2.971	2.332	1.34	7.18	5.36	1.96	3.22	1.55	1.96	1.00	2.26	2.33	2.41	2.48	2.56	2.64
		4		3.897	3.059	1.38	9.26	6.71	2.56	4.16	1.54	1.94	0.99	2.28	2.35	2.43	2.51	2.59	2.67
		5		4.803	3.770	1.42	11.21	7.89	3.13	5.03	1.53	1.92	0.98	2.30	2.38	2.46	2.53	2.61	2.70
		6		5.688	4.465	1.46	13.05	8.94	3.68	5.85	1.52	1.91	0.98	2.33	2.40	2.48	2.56	2.64	2.72
∠56×4	56	3	6	3.343	2.624	1.48	10.19	6.89	2.48	4.08	1.75	2.20	1.13	2.50	2.57	2.64	2.72	2.80	2.87
		4		4.390	3.446	1.53	13.18	8.61	3.24	5.28	1.73	2.18	1.11	2.52	2.59	2.67	2.74	2.82	2.90
		5		5.415	4.251	1.57	16.02	10.20	3.97	6.42	1.72	2.17	1.10	2.54	2.62	2.69	2.77	2.85	2.93
		8		8.367	6.568	1.68	23.63	14.07	6.03	9.44	1.68	2.11	1.09	2.60	2.67	2.75	2.83	2.91	3.00
∠63×6	63	4	7	4.978	3.907	1.70	19.03	11.19	4.13	6.78	1.96	2.46	1.26	2.80	2.87	2.95	3.02	3.10	3.18
		5		6.143	4.822	1.74	23.17	13.32	5.08	8.25	1.94	2.45	1.25	2.82	2.89	2.96	3.04	3.12	3.20
		6		7.288	5.721	1.78	27.12	15.24	6.00	9.66	1.93	2.43	1.24	2.84	2.91	2.99	3.06	3.14	3.22
		8		9.515	7.469	1.85	34.46	18.63	7.75	12.25	1.90	2.40	1.23	2.87	2.94	3.02	3.10	3.18	3.26
		10		11.657	9.151	1.93	41.09	21.29	9.39	14.56	1.88	2.36	1.22	2.92	2.99	3.07	3.15	3.23	3.31

规格	尺寸(mm) b	t	r	截面面积(cm²) A	质量(kg/m)	重心距(cm) y₀	惯性矩(cm⁴) I_x	截面模量(cm³) W_xmax	W_xmin	W_u	回转半径(cm) i_x	i_u	i_v	双角钢回转半径 i_y(cm) 当间距 a(mm) 为 6	8	10	12	14	16
∠70×6	70	4	8	5.570	4.372	1.86	26.39	14.19	5.14	8.44	2.18	2.74	1.40	3.07	3.14	3.21	3.29	3.36	3.44
		5		6.875	5.397	1.91	32.21	16.88	6.32	10.32	2.16	2.73	1.39	3.09	3.16	3.24	3.31	3.39	3.47
		6		8.160	6.406	1.95	37.77	19.37	7.48	12.11	2.15	2.71	1.38	3.11	3.19	3.26	3.34	3.41	3.49
		7		9.424	7.398	1.99	43.09	21.65	8.59	13.81	2.14	2.69	1.38	3.13	3.21	3.28	3.36	3.44	3.52
		8		10.667	8.373	2.03	48.17	23.73	9.68	15.43	2.12	2.68	1.37	3.15	3.22	3.30	3.38	3.46	3.54
∠75×7	75	5	9	7.412	5.818	2.04	39.97	19.59	7.32	11.94	2.33	2.92	1.50	3.30	3.37	3.45	3.52	3.60	3.67
		6		8.797	6.905	2.07	46.95	22.68	8.64	14.02	2.31	2.90	1.49	3.31	3.38	3.46	3.53	3.61	3.68
		7		10.160	7.976	2.11	53.57	25.39	9.93	16.02	2.30	2.89	1.48	3.33	3.40	3.48	3.55	3.63	3.71
		8		11.503	9.030	2.15	59.96	27.89	11.20	17.93	2.28	2.88	1.47	3.35	3.42	3.50	3.57	3.65	3.73
		10		14.126	11.089	2.22	71.98	32.42	13.64	21.48	2.26	2.84	1.46	3.38	3.46	3.54	3.61	3.69	3.77
∠80×7	80	5	9	7.912	6.211	2.15	48.79	22.69	8.34	13.67	2.48	3.13	1.60	3.49	3.56	3.63	3.70	3.78	3.85
		6		9.397	7.376	2.19	57.35	26.19	9.87	16.08	2.47	3.11	1.59	3.51	3.58	3.65	3.73	3.80	3.88
		7		10.860	8.525	2.23	65.58	29.41	11.37	18.40	2.46	3.10	1.58	3.53	3.60	3.67	3.75	3.83	3.90
		8		12.303	9.658	2.27	73.49	32.37	12.83	20.61	2.44	3.08	1.57	3.54	3.62	3.69	3.77	3.84	3.92
		10		15.126	11.874	2.35	88.43	37.63	15.64	24.76	2.42	3.04	1.56	3.59	3.66	3.74	3.82	3.89	3.97
∠90×8	90	6	10	10.637	8.350	2.44	82.77	33.92	12.61	20.63	2.79	3.51	1.80	3.91	3.98	4.05	4.13	4.20	4.28
		7		12.301	9.656	2.48	94.83	38.24	14.54	23.64	2.78	3.50	1.78	3.93	4.00	4.08	4.15	4.22	4.30
		8		13.944	10.946	2.52	106.47	42.25	16.42	26.55	2.76	3.48	1.78	3.95	4.02	4.09	4.17	4.24	4.32
		10		17.167	13.476	2.59	128.58	49.64	20.07	32.04	2.74	3.45	1.76	3.98	4.06	4.13	4.21	4.28	4.36
		12		20.306	15.940	2.67	149.22	55.89	23.57	37.12	2.71	3.41	1.75	4.02	4.09	4.17	4.25	4.32	4.40

规格	尺寸(mm)			截面面积 A (cm²)	质量 (kg/m)	重心距 y₀ (cm)	惯性矩 Iₓ (cm⁴)	截面模量 (cm³)			回转半径 (cm)			双角钢回转半径 i_y(cm) 当间距 a(mm)为					
	b	t	r					W_{xmax}	W_{xmin}	W_u	i_x	i_u	i_y	6	8	10	12	14	16
∠100×10	100	6	12	11.932	9.366	2.67	114.95	43.05	15.68	25.74	3.10	3.90	2.00	4.29	4.36	4.43	4.51	4.58	4.65
		7		13.796	10.830	2.71	131.86	48.66	18.10	29.55	3.09	3.89	1.99	4.31	4.38	4.46	4.53	4.60	4.68
		8		15.638	12.276	2.76	148.24	53.71	20.47	33.24	3.08	3.88	1.98	4.34	4.41	4.48	4.56	4.63	4.71
		10		19.261	15.120	2.84	179.51	63.21	25.06	40.26	3.05	3.84	1.96	4.38	4.45	4.52	4.60	4.67	4.75
		12		22.800	17.898	2.91	208.90	71.79	29.48	46.80	3.03	3.81	1.95	4.41	4.49	4.56	4.64	4.71	4.79
		14		26.256	20.611	2.99	236.53	79.11	33.73	52.90	3.00	3.77	1.94	4.45	4.53	4.60	4.68	4.76	4.83
		16		29.627	23.257	3.06	262.53	85.79	37.82	58.57	2.98	3.74	1.94	4.49	4.57	4.64	4.72	4.80	4.88
∠110×10	110	7	12	15.196	11.928	2.96	177.16	59.85	22.05	36.12	3.41	4.30	2.20	4.72	4.79	4.86	4.93	5.00	5.08
		8		17.238	13.532	3.01	199.46	66.27	24.95	40.69	3.40	4.28	2.19	4.75	4.82	4.89	4.96	5.03	5.11
		10		21.261	16.690	3.09	242.19	78.38	30.60	49.42	3.38	4.25	2.17	4.79	4.86	4.93	5.00	5.08	5.15
		12		25.200	19.782	3.16	282.55	89.41	36.05	57.62	3.35	4.22	2.15	4.82	4.89	4.96	5.04	5.11	5.19
		14		29.056	22.809	3.24	320.71	98.98	41.31	65.31	3.32	4.18	2.14	4.85	4.93	5.00	5.08	5.15	5.23
∠125×	125	8	14	19.750	15.504	3.37	297.03	88.14	32.52	53.28	3.88	4.88	2.50	5.34	5.41	5.48	5.55	5.62	5.70
		10		24.373	19.133	3.45	361.67	104.83	39.97	64.93	3.85	4.85	2.48	5.37	5.44	5.52	5.59	5.66	5.73
		12		28.912	22.696	3.53	423.16	119.88	47.1①	75.96	3.83	4.82	2.46	5.42	5.49	5.56	5.63	5.71	5.78
		14		33.367	26.193	3.61	481.65	133.42	54.16	86.41	3.80	4.78	2.45	5.45	5.52	5.60	5.67	5.75	5.82

规格	尺寸(mm)			截面面积(cm²) A	质量(kg/m)	重心距(cm) y_0	惯性矩(cm⁴) I_x	截面模量(cm³)			回转半径(cm)			双角钢回转半径i_y(cm) 当间距a(mm)为					
	b	t	r					W_{xmax}	W_{xmin}	W_u	i_x	i_u	i_v	6	8	10	12	14	16
∠140×	140	10	14	27.373	21.488	3.82	514.65	134.73	50.58	82.56	4.34	5.46	2.78	5.98	6.05	6.12	6.19	6.27	6.34
		12		32.512	25.522	3.90	603.68	154.79	59.80	96.85	4.31	5.43	2.77	6.02	6.09	6.16	6.23	6.30	6.38
		14		37.567	29.490	3.98	688.81	173.07	68.75	110.47	4.28	5.40	2.75	6.05	6.12	6.20	6.27	6.34	6.42
		16		42.539	33.393	4.06	770.24	189.71	77.46	123.42	4.26	5.36	2.74	6.10	6.17	6.24	6.31	6.39	6.46
∠160×	160	10	16	31.502	24.729	4.31	779.53	180.87	66.70	109.36	4.98	6.27	3.20	6.79	6.85	6.92	6.99	7.06	7.14
		12		37.441	29.391	4.39	916.58	208.79	78.98	128.67	4.95	6.24	3.18	6.82	6.89	6.96	7.03	7.10	7.17
		14		43.296	33.987	4.47	1048.36	234.53	90.95	147.17	4.92	6.20	3.16	6.85	6.92	6.99	7.06	7.14	7.21
		16		49.067	38.518	4.55	1175.08	258.26	102.63	164.89	4.89	6.17	3.14	6.89	6.96	7.03	7.10	7.17	7.25
180×	180	12	18	42.241	33.159	4.89	1321.35	270.21	100.82	165.00	5.59	7.05	3.58	7.63	7.70	7.77	7.84	7.91	7.98
		14		48.895	38.383	4.97	1514.48	304.72	116.25	189.14	5.56	7.02	3.56	7.66	7.73	7.80	7.87	7.94	8.01
		16		55.467	43.542	5.05	1700.99	336.83	131.35	212.40	5.54	6.98	3.55	7.70	7.77	7.84	7.91	7.98	8.06
		18		61.955	48.635	5.13	1875.12	365.52	145.64	234.78	5.50	6.94	3.51	7.73	7.80	7.87	7.94	8.01	8.09
∠200×18	200	14	18	54.642	42.894	5.46	2103.55	385.27	144.70	236.40	6.20	7.82	3.98	8.46	8.53	8.60	8.67	8.74	8.81
		16		62.013	48.680	5.54	2366.15	427.10	163.65	265.93	6.18	7.79	3.96	8.50	8.57	8.64	8.71	8.78	8.85
20		18		69.301	54.401	5.62	2620.64	466.31	182.22	294.48	6.15	7.75	3.94	8.54	8.61	8.68	8.75	8.82	8.89
		20		76.505	60.056	5.69	2867.30	503.92	200.42	322.06	6.12	7.72	3.93	8.56	8.63	8.70	8.78	8.85	8.92
24		24		90.661	71.168	5.87	3338.25	568.70	236.17	374.41	6.07	7.64	3.90	8.66	8.73	8.80	8.87	8.94	9.02

注：1.表中该W_{xmax}值是按相应的I_x、b和y_0计算求得（$W_{xmin} = \dfrac{I_x}{b-y_0}$），供参考。

2.等边角钢的通常长度：∠20～∠90，为4～12m；∠100～∠140，为4～19m；∠160～∠200，为6～19m。

热轧不等边角钢的规格及截面特性
（按GB/T 706—2008计算）

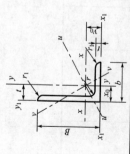

1. 肢尖圆弧半径 $r_1 \approx t/3$；
2. $I_u = I_x + I_y - I_v$。

规格	尺寸(mm) B	b	t	r	截面面积 A (cm²)	质量 (kg/m)	重心距(cm) x₀	y₀	惯性矩(cm⁴) I_x	I_y	I_v	截面模量(cm³) W_{xmax}	W_{xmin}	W_{ymax}	W_{ymin}	回转半径(cm) i_x	i_y	i_v	$\tan\theta$
∠56×36× 3	56	36	3	6	2.743	2.153	0.80	1.78	8.88	2.92	1.73	4.99	2.32	3.65	1.05	1.80	1.03	0.79	0.408
4			4		3.590	2.818	0.85	1.82	11.45	3.76	2.23	6.29	3.03	4.42	1.37	1.79	1.02	0.79	0.408
5			5		4.415	3.466	0.88	1.87	13.86	4.49	3.67	7.41	3.71	5.10	1.65	1.77	1.01	0.78	0.404
∠63×40× 4	63	40	4	7	4.058	3.185	0.92	2.04	16.49	5.23	3.12	8.08	3.87	5.68	1.70	2.02	1.14	0.88	0.398
5			5		4.993	3.920	0.95	2.08	20.02	6.31	3.76	9.62	4.74	6.64	2.07①	2.00	1.12	0.87	0.396
6			6		5.908	4.638	0.99	2.12	23.36	7.29	4.34	11.02	5.59	7.36	2.43	1.99②	1.11	0.86	0.393
7			7		6.802	5.339	1.03	2.15	26.53	8.24	4.97	12.34	6.40	8.00	2.78	1.98	1.10	0.86	0.389
∠70×45× 4	70	45	4	7.5	4.547	3.570	1.02	2.24	23.17	7.55	4.40	10.34	4.86	7.40	2.17	2.26	1.29	0.98	0.410
5			5		5.609	4.403	1.06	2.28	27.95	9.13	5.40	12.26	5.92	8.61	2.65	2.23	1.28	0.98	0.407
6			6		6.647	5.218	1.09	2.32	32.54	10.62	6.35	14.03	6.95	9.74	3.12	2.21	1.26	0.98	0.404
7			7		7.657	6.011	1.13	2.36	37.22	12.01	7.16	15.77	8.03	10.63	3.57	2.20	1.25	0.97	0.402
∠75×50× 5	75	50	5	8	6.125	4.808	1.17	2.40	34.86	12.61	7.41	14.53	6.83	10.78	3.30	2.39	1.44	1.10	0.435
6			6		7.260	5.699	1.21	2.44	41.12	14.70	8.54	16.85	8.12	12.15	3.88	2.38	1.42	1.08	0.435
7			8		9.467	7.431	1.29	2.52	52.39	18.53	10.87	20.79	10.52	14.36	4.99	2.35	1.40	1.07	0.429
8			10		11.590	9.098	1.36	2.60	62.71	21.96	13.10	24.12	12.79	16.15	6.04	2.33	1.38	1.06	0.423

规格	尺寸(mm) B	b	t	r	截面面积(cm²) A	质量(kg/m)	重心距(cm) x_0	y_0	惯性矩(cm⁴) I_x	I_y	I_v	截面模量(cm³) W_{xmax}	W_{xmin}	W_{ymax}	W_{ymin}	回转半径(cm) i_x	i_y	i_v	$\tan\theta$
∠80×50×5	80	50	5	8	6.375	5.005	1.14	2.60	41.96	12.82	7.66	16.14	7.78	11.25	3.32	2.56	1.42	1.10	0.388
6			6	8	7.560	5.935	1.18	2.65	49.49	14.95	8.85	18.68	9.25	12.67	3.91	2.56	1.41	1.08	0.387
7			7		8.724	6.848	1.21	2.69	56.16	16.96	10.18	20.88	10.58	14.02	4.48	2.54	1.39	1.08	0.384
8			8		9.867	7.745	1.25	2.73	62.83	18.85	11.38	23.01	11.92	15.08	5.03	2.52	1.38	1.07	0.381
∠90×56×5	90	56	5	9	7.212	5.661	1.25	2.91	60.45	18.33	10.98	20.77	9.92	14.66	4.21	2.90	1.59	1.23	0.385
6			6	9	8.557	6.717	1.29	2.95	71.03	21.42	12.90	24.08	11.74	16.60	4.96	2.88	1.58	1.23	0.384
7			7		9.880	7.756	1.33	3.00	81.01	24.36	14.67	27.00	13.49	18.32	5.70	2.86	1.57	1.22	0.382
8			8		11.183	8.779	1.36	3.04	91.03	27.15	16.34	29.94	15.27	19.96	6.41	2.85	1.56	1.21	0.380
∠100×63×6	100	63	6	10	9.617	7.550	1.43	3.24	99.06	30.94	18.42	30.57	14.64	21.64	6.35	3.21	1.79	1.38	0.394
7			7		11.11	8.722	1.47	3.28	113.45	35.26	21.00	34.59	16.88	23.99	7.29	3.20	1.78	1.38	0.394
8			8		12.584	9.878	1.50	3.32	127.37	39.39	23.50	38.36	19.08	26.26	8.21	3.18	1.77	1.37	0.391
10			10	10	15.467	12.142	1.58	3.40	153.81	47.12	28.33	45.24	23.32	29.82	9.98	3.15	1.74	1.35	0.387
∠100×80×6	100	80	6	10	10.637	8.350	1.97	2.95	107.04	61.24	31.65	36.28	15.19	31.09	10.16	3.17	2.40	1.72	0.627
7			7		12.301	9.656	2.01	3.00	122.73	70.08	36.17	40.91	17.52	34.87	11.71	3.16	2.39	1.72	0.626
8			8		13.944	10.946	2.05	3.04	137.92	78.58	40.58	45.37	19.81	38.33	13.21	3.14	2.37	1.71	0.625
10			10	10	17.167	13.476	2.13	3.12	166.87	94.65	49.10	53.48	24.24	44.44	16.12	3.12	2.35	1.69	0.622
∠110×70×6	110	70	6	10	10.637	8.350	1.57	3.53	133.37	42.92	25.36	37.78	17.85	27.34	7.90	3.54	2.01	1.54	0.403
7			7		12.301	9.656	1.61	3.57	153.00	49.01	28.95	42.86	20.60	30.44	9.09	3.53	2.00	1.53	0.402
8			8		13.944	10.946	1.65	3.62	172.04	54.87	32.45	47.52	23.30	33.25	10.25	3.51	1.98	1.53	0.401
10			10	10	17.167	13.476	1.72	3.70	208.39	65.88	39.20	56.32	28.54	38.30	12.48	3.48	1.96	1.51	0.397

规 格	尺寸 (mm) B	b	t	r	截面面积 (cm²) A	质量 (kg/m)	重心距 (cm) x₀	y₀	惯性矩 (cm⁴) Iₓ	I_y	I_v	截面模量 (cm³) W_xmax	W_xmin	W_ymax	W_ymin	回转半径 (cm) iₓ	i_y	i_v	tanθ
∠125×80× 7	125	80	7	11	14.096	11.066	1.80	4.01	227.98	74.42	43.81	56.85	26.86	41.34	12.01	4.02	2.30	1.76	0.408
8			8		15.989	12.551	1.84	4.06	256.77	83.49	49.15	63.24	30.41	45.38	13.56	4.01	2.28	1.75	0.407
10			10		19.712	15.474	1.92	4.14	312.04	100.67	59.45	75.37	37.33	52.43	16.56	3.98	2.26	1.74	0.404
12			12		23.351	18.330	2.00	4.22	364.41	116.67	69.35	86.35	44.01	58.34	19.43	3.95	2.24	1.72	0.400
∠140×90× 8	140	90	8	12	18.038	14.160	2.04	4.50	365.64	120.69	70.83	81.25	38.48	59.16	17.34	4.50	2.59	1.98	0.411
10			10		22.261	17.475	2.12	4.58	445.50	146.03	85.82	97.27	47.31	68.88	21.22	4.47	2.56	1.96	0.409
12			12		26.400	20.724	2.19	4.66	521.59	169.79	100.21	111.93	55.87	77.53	24.95	4.44	2.54	1.95	0.406
14			14		30.456	23.908	2.27	4.74	594.10	192.10	114.13	125.34	64.18	84.63	28.54	4.42	2.51	1.94	0.403
∠160×100× 10	160	100	10	13	25.315	19.872	2.28	5.24	668.69	205.03	121.74	127.61	62.13	89.93	26.56	5.14	2.85	2.19	0.390
12			12		30.054	23.592	2.36	5.32	784.91	239.06	142.33	147.54	73.49	101.30	31.28	5.11	2.82	2.17	0.388
14			14		34.709	27.247	2.43	5.40	896.30	271.20	162.23	165.98	84.56	111.60	35.83	5.08	2.80	2.16	0.385
16			16		39.281	30.835	2.51	5.48	1003.04	301.60	182.57	183.04	95.33	120.16	40.24	5.05	2.77	2.16	0.382
∠180×110× 10	180	110	10	14	28.373	22.273	2.44	5.89	956.25	278.11	166.50	162.35	78.96	113.98	32.49	5.80	3.13	2.42	0.376
12			12		33.712	26.464	2.52	5.98	1124.72	325.03	194.87	188.08	93.53	128.98	38.32	5.78	3.10	2.40	0.374
14			14		38.967	30.589	2.59	6.06	1286.91	369.55	222.30	212.36	107.76	142.68	43.97	5.75	3.08	2.39	0.372
16			16		44.139	34.649	2.67	6.14	1443.06	411.85	248.94	235.03	121.64	154.25	49.44	5.72	3.06	2.38	0.369
∠200×125× 12	200	125	12	14	37.912	29.761	2.83	6.54	1570.90	483.16	285.79	240.20	116.73	170.73	49.99	6.44	3.57	2.74	0.392
14			14		43.867	34.436	2.91	6.62	1800.97	550.83	326.58	272.05	134.65	189.29	57.44	6.41	3.54	2.73	0.390
16			16		49.739	39.045	2.99	6.70	2023.35	615.44	366.21	301.99	152.18	205.83	64.69	6.38	3.52	2.71	0.388
18			18		55.526	43.588	3.06	6.78	2238.30	677.19	404.83	330.13	169.33	221.30	71.74	6.35	3.49	2.70	0.385

注：1. 不等边角钢的通常长度：∠25×16～∠90×56，为4～12m；∠100×63～∠140×90，为4～19m；∠160×100～∠200×125，为6～19m。

2. 表中 W_ymin 和 iᵥ 值为修改值供参考。

3. θ为y轴与y轴的夹角。

两个热轧不等边角钢的组合截面特性
(按GB/T 706—2008计算)

y_0—重心距; I—惯性距; W—截面模量; i—回转半径; a—两角钢背间距离

长边相连 | 短边相连

规格	A (cm²)	每米质量 (kg/m)	y_0 (cm)	I_x (cm⁴)	W_{xmax} (cm³)	W_{xmin} (cm³)	i_x (cm)	i_y (cm) 当a(mm)为 6	8	10	12	14	16	i_x (cm)	W_{xmin} (cm³)	W_{xmax} (cm³)	I_x (cm⁴)	y_0 (cm)	i_y (cm) 当a(mm)为 6	8	10	12	14	16
2∠56×36×3	5.486	4.306	1.78	17.76	9.98	4.64	1.80	1.51	1.58	1.66	1.74	1.82	1.90	1.03	2.10	7.30	5.84	0.80	2.75	2.83	2.90	2.98	3.06	3.15
×4	7.180	5.636	1.82	22.90	12.58	6.06	1.79	1.54	1.61	1.69	1.77	1.86	1.94	1.02	2.74	8.44	7.52	0.85	2.77	2.85	2.93	3.01	3.09	3.17
×5	8.830	6.932	1.87	27.72	14.82	7.42	1.77	1.55	1.63	1.71	1.79	1.88	1.96	1.01	3.30	10.20	8.98	0.88	2.80	2.88	2.96	3.04	3.12	3.20
2∠63×40×4	8.116	6.370	2.04	32.98	16.16	7.74	2.02	1.67	1.74	1.82	1.90	1.98	2.06	1.14	3.40	11.36	10.46	0.92	3.09	3.17	3.25	3.32	3.40	3.49
×5	9.986	7.840	2.08	40.04	19.24	9.48	2.00	1.68	1.75	1.83	1.91	1.99	2.08	1.12	4.14	13.28	12.62	0.95	3.11	3.19	3.26	3.34	3.42	3.51
×6	11.816	9.276	2.12	46.72	22.04	11.18	1.99	1.70	1.78	1.86	1.94	2.02	2.11	1.11	4.86	14.72	14.58	0.99	3.13	3.21	3.29	3.37	3.45	3.53
×7	13.604	10.678	2.15	53.06	24.68	12.80	1.98	1.73	1.80	1.88	1.97	2.05	2.14	1.10	5.56	16.00	16.48	1.03	3.15	3.23	3.31	3.39	3.47	3.55
2∠70×45×4	9.094	7.140	2.24	46.34	20.68	9.72	2.26	1.85	1.92	1.99	2.07	2.15	2.23	1.29	4.34	14.80	15.10	1.02	3.40	3.48	3.55	3.63	3.71	3.79
×5	11.218	8.806	2.28	55.90	24.52	11.84	2.23	1.87	1.94	2.02	2.10	2.18	2.26	1.28	5.30	17.22	18.26	1.06	3.41	3.49	3.56	3.64	3.72	3.80
×6	13.294	10.436	2.32	65.08	28.06	13.90	2.21	1.88	1.95	2.03	2.11	2.19	2.27	1.26	6.24	19.48	21.24	1.09	3.43	3.50	3.58	3.66	3.74	3.82
×7	15.314	12.022	2.36	74.44	31.54	16.06	2.20	1.90	1.98	2.05	2.13	2.22	2.30	1.25	7.14	21.26	24.02	1.13	3.45	3.53	3.61	3.69	3.77	3.85
2∠75×50×5	12.250	9.616	2.40	69.72	29.06	13.66	2.39	2.06	2.13	2.21	2.28	2.36	2.44	1.44	6.60	21.56	25.22	1.17	3.61	3.68	3.76	3.84	3.91	3.99
×6	14.520	11.398	2.44	82.24	33.70	16.24	2.38	2.07	2.15	2.22	2.30	2.38	2.46	1.42	7.76	24.30	29.40	1.21	3.63	3.71	3.78	3.86	3.94	4.02
×8	18.934	14.862	2.52	104.78	41.58	21.04	2.35	2.12	2.19	2.27	2.35	2.43	2.52	1.40	9.98	28.72	37.06	1.29	3.67	3.75	3.83	3.91	3.99	4.07
×10	23.180	18.196	2.60	125.42	48.24	25.58	2.33	2.16	2.24	2.32	2.40	2.48	2.56	1.38	12.08	32.30	43.92	1.36	3.72	3.80	3.88	3.96	4.04	4.12

规格		截面面积 A (cm²)	每米质量 (kg/m)	长边相连					i_y (cm) 当 a(mm) 为						短边相连					i_y (cm) 当 a(mm) 为					
				y_0 (cm)	I_x (cm⁴)	W_{xma} (cm³)	W_{xmin} (cm³)	i_x (cm)	6	8	10	12	14	16	y_0 (cm)	I_x (cm⁴)	W_{xmax} (cm³)	W_{xmin} (cm³)	i_x (cm)	6	8	10	12	14	16
2∠80×50×	5	12.750	10.010	2.60	83.92	32.28	15.56	2.56	2.02	2.09	2.17	2.25	2.32	2.40	1.14	25.64	22.50	6.64	1.42	3.87	3.94	4.02	4.10	4.18	4.26
	6	15.120	11.870	2.65	98.98	37.36	18.50	2.56	2.04	2.12	2.19	2.27	2.35	2.43	1.18	29.90	25.34	7.82	1.41	3.91	3.98	4.06	4.14	4.22	4.30
	7	17.448	13.696	2.69	112.32	41.76	21.16	2.54	2.05	2.13	2.20	2.28	2.36	2.44	1.21	33.92	28.04	8.96	1.39	3.92	4.00	4.08	4.16	4.24	4.32
	8	19.734	15.490	2.73	125.66	46.02	23.84	2.52	2.08	2.15	2.23	2.31	2.39	2.47	1.25	37.70	30.16	10.06	1.38	3.94	4.02	4.10	4.18	4.26	4.34
2∠90×56×	5	14.424	11.322	2.91	120.90	41.54	19.84	2.90	2.22	2.29	2.36	2.44	2.52	2.59	1.25	36.66	29.32	8.42	1.59	4.33	4.40	4.48	4.55	4.63	4.71
	6	17.114	13.434	2.95	142.06	48.16	23.48	2.88	2.24	2.31	2.39	2.46	2.54	2.62	1.29	42.84	33.20	9.92	1.58	4.34	4.42	4.49	4.57	4.65	4.73
	7	19.760	15.512	3.00	162.02	54.00	26.98	2.86	2.26	2.34	2.41	2.49	2.57	2.65	1.33	48.72	36.64	11.40	1.57	4.37	4.44	4.52	4.60	4.68	4.76
	8	22.366	17.558	3.04	182.06	59.88	30.54	2.85	2.28	2.35	2.43	2.51	2.58	2.66	1.36	54.30	39.92	12.82	1.56	4.39	4.47	4.54	4.62	4.70	4.78
2∠100×63×	6	19.234	15.100	3.24	198.12	61.14	29.28	3.21	2.49	2.56	2.63	2.71	2.78	2.86	1.43	61.88	43.28	12.70	1.79	4.78	4.85	4.93	5.00	5.08	5.16
	7	22.222	17.444	3.28	226.90	69.18	33.76	3.20	2.51	2.58	2.66	2.73	2.81	2.88	1.47	70.52	47.98	14.58	1.78	4.80	4.88	4.95	5.03	5.11	5.19
	8	25.168	19.756	3.32	254.74	76.72	38.16	3.18	2.52	2.60	2.67	2.75	2.82	2.90	1.50	78.78	52.52	16.42	1.77	4.82	4.89	4.97	5.05	5.13	5.20
	10	30.934	24.284	3.40	307.62	90.48	46.64	3.15	2.56	2.64	2.71	2.79	2.87	2.95	1.58	94.24	59.64	19.96	1.74	4.86	4.94	5.01	5.09	5.17	5.25
2∠100×80×	6	21.274	16.700	2.95	214.08	72.56	30.38	3.17	3.30	3.37	3.44	3.52	3.59	3.67	1.97	122.48	62.18	20.32	2.40	4.54	4.61	4.69	4.76	4.83	4.91
	7	24.602	19.312	3.00	245.46	81.82	35.04	3.16	3.32	3.39	3.47	3.54	3.61	3.69	2.01	140.16	69.74	23.42	2.39	4.57	4.64	4.72	4.79	4.87	4.94
	8	27.888	21.892	3.04	275.84	90.74	39.62	3.14	3.34	3.41	3.48	3.56	3.63	3.71	2.05	157.16	76.66	26.42	2.37	4.58	4.66	4.73	4.81	4.88	4.96
	10	34.334	26.952	3.12	333.74	106.96	48.48	3.12	3.38	3.45	3.53	3.60	3.68	3.76	2.13	189.30	88.88	32.24	2.35	4.63	4.70	4.78	4.86	4.93	5.01
2∠110×70×	6	21.274	16.700	3.53	266.74	75.56	35.70	3.54	2.75	2.81	2.89	2.96	3.03	3.11	1.57	85.84	54.68	15.80	2.01	5.22	5.29	5.36	5.44	5.52	5.59
	7	24.602	19.312	3.57	306.00	85.72	41.20	3.53	2.77	2.84	2.91	2.98	3.06	3.13	1.61	98.02	60.88	18.18	2.00	5.24	5.31	5.39	5.46	5.54	5.62
	8	27.888	21.892	3.62	344.08	95.04	46.60	3.51	2.78	2.85	2.92	3.00	3.07	3.15	1.65	109.74	66.50	20.50	1.98	5.26	5.34	5.41	5.49	5.57	5.64
	10	34.334	26.952	3.70	416.78	112.64	57.08	3.48	2.81	2.89	2.96	3.04	3.11	3.19	1.72	131.76	76.60	24.96	1.96	5.30	5.38	5.45	5.53	5.61	5.69

规格	截面面积 A (cm²)	每米质量 (kg/m)	长边相连 y_0 (cm)	I_x (cm⁴)	W_{xmax} (cm³)	W_{xmin} (cm³)	i_x (cm)	i_y (cm) 当 a(mm) 为 6	8	10	12	14	16	短边相连 y_0 (cm)	I_x (cm⁴)	W_{xmax} (cm³)	W_{xmin} (cm³)	i_x (cm)	i_y (cm) 当 a(mm) 为 6	8	10	12	14	16
2∟125×80×7	28.192	22.132	4.01	455.96	113.70	53.72	4.02	3.11	3.18	3.25	3.32	3.40	3.47	1.80	148.84	82.68	24.02	2.30	5.89	5.97	6.04	6.12	6.19	6.27
2∟125×80×8	31.978	25.102	4.06	513.54	126.48	60.82	4.01	3.13	3.20	3.27	3.34	3.41	3.49	1.84	166.98	90.76	27.12	2.28	5.92	6.00	6.07	6.15	6.22	6.30
2∟125×80×10	39.424	30.948	4.14	624.08	150.74	74.66	3.98	3.17	3.24	3.31	3.38	3.46	3.54	1.92	201.34	104.86	33.12	2.26	5.96	6.04	6.11	6.19	6.27	6.34
2∟125×80×12	46.702	36.660	4.22	728.82	172.70	88.02	3.95	3.21	3.28	3.36	3.43	3.51	3.59	2.00	233.34	116.68	38.86	2.24	6.00	6.08	6.15	6.23	6.31	6.39
2∟140×90×8	36.076	28.320	4.50	731.28	162.50	76.96	4.50	3.49	3.56	3.63	3.70	3.77	3.84	2.04	241.38	118.32	34.68	2.59	6.58	6.65	6.73	6.80	6.88	6.95
2∟140×90×10	44.522	34.950	4.58	891.00	194.54	94.62	4.47	3.52	3.59	3.66	3.74	3.81	3.88	2.12	292.06	137.76	42.44	2.56	6.62	6.69	6.77	6.84	6.92	6.99
2∟140×90×12	52.800	41.448	4.66	1043.18	223.86	111.74	4.44	3.56	3.63	3.70	3.77	3.85	3.92	2.19	339.58	155.06	49.90	2.54	6.66	6.73	6.81	6.88	6.96	7.04
2∟140×90×14	60.192	47.816	4.74	1188.20	250.68	128.36	4.42	3.59	3.66	3.74	3.81	3.89	3.97	2.27	384.20	169.26	57.08	2.51	6.70	6.78	6.86	6.93	7.01	7.09
2∟160×100×10	50.630	39.744	5.24	1337.38	255.22	124.26	5.14	3.84	3.91	3.98	4.05	4.12	4.20	2.28	410.06	179.86	53.12	2.85	7.56	7.63	7.71	7.78	7.86	7.93
2∟160×100×12	60.108	47.184	5.32	1569.82	295.08	146.98	5.11	3.88	3.95	4.02	4.09	4.16	4.24	2.36	478.12	202.60	62.56	2.82	7.60	7.67	7.74	7.82	7.90	7.97
2∟160×100×14	69.418	54.494	5.40	1792.60	331.96	169.12	5.08	3.91	3.98	4.05	4.13	4.20	4.27	2.43	542.40	223.20	71.66	2.80	7.64	7.71	7.79	7.86	7.94	8.02
2∟160×100×16	78.562	61.670	5.48	2006.08	366.08	190.66	5.05	3.95	4.02	4.09	4.16	4.24	4.32	2.51	603.20	240.32	80.48	2.77	7.68	7.75	7.83	7.90	7.98	8.06
2∟180×110×10	56.746	44.546	5.89	1912.50	324.70	157.92	5.80	4.16	4.23	4.29	4.36	4.43	4.50	2.44	556.22	227.96	64.98	3.13	8.48	8.56	8.63	8.70	8.78	8.85
2∟180×110×12	67.424	52.928	5.98	2249.44	376.16	187.06	5.78	4.19	4.26	4.33	4.40	4.47	4.54	2.52	650.06	257.96	76.64	3.10	8.54	8.61	8.68	8.76	8.83	8.91
2∟180×110×14	77.934	61.178	6.06	2573.82	424.72	215.52	5.75	4.22	4.29	4.36	4.43	4.51	4.58	2.59	739.10	285.36	87.94	3.08	8.57	8.65	8.72	8.80	8.87	8.95
2∟180×110×16	88.278	69.298	6.14	2886.12	470.06	243.28	5.72	4.26	4.33	4.41	4.48	4.55	4.63	2.67	823.70	308.50	98.88	3.06	8.61	8.69	8.76	8.84	8.92	8.99
2∟200×125×12	75.824	59.522	6.54	3141.80	480.40	233.46	6.44	4.75	4.81	4.88	4.95	5.02	5.09	2.83	966.32	341.46	99.98	3.57	9.39	9.47	9.54	9.62	9.69	9.76
2∟200×125×14	87.734	68.872	6.62	3601.94	544.10	269.30	6.41	4.78	4.85	4.92	4.99	5.06	5.13	2.91	1101.66	378.58	114.88	3.54	9.43	9.51	9.58	9.65	9.73	9.81
2∟200×125×16	99.478	78.090	6.70	4046.70	603.98	304.36	6.38	4.82	4.89	4.96	5.03	5.10	5.17	2.99	1230.88	411.66	129.38	3.52	9.47	9.55	9.62	9.70	9.77	9.85
2∟200×125×18	111.052	87.176	6.78	4476.60	660.26	338.66	6.35	4.84	4.91	4.99	5.06	5.13	5.20	3.06	1354.38	442.60	143.48	3.49	9.51	9.59	9.66	9.74	9.81	9.89

热轧普通工字钢的规格及截面特性
（按GB/T 706—2008计算）

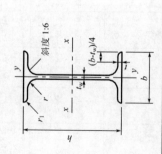

I—截面惯性距；
W—截面模量；
S—半截面面积矩；
i—截面回转半径。

通常长度：
型号10~18，为5~19m；
型号20~63，为6~19m。

附表2-4

型号	尺寸（mm）						截面面积A (cm²)	质量 (kg/m)	x—x轴				y—y轴		
	h	b	t_w	t	r	r_1			I_x (cm⁴)	W_x (cm³)	S_x (cm³)	i_x (cm)	I_y (cm⁴)	W_y (cm³)	i_y (cm)
10	100	68	4.5	7.6	6.5	3.3	14.345	11.261	245	49.0	28.5	4.14	33.0	9.72	1.52
12.6	126	74	5.0	8.4	7.0	3.5	18.118	14.223	488	77.5	45.2	5.20	46.9	12.7	1.61
14	140	80	5.5	9.1	7.5	3.8	21.510	16.890	712	102	59.3	5.76	64.4	16.1	1.73
16	160	88	6.0	9.9	8.0	4.0	26.131	20.513	1130	141	81.9	6.58	93.1	21.2	1.89
18	180	94	6.5	10.7	8.5	4.3	30.756	24.113	1660	185	108	7.36	122	26.0	2.00
20 a	200	100	7.0	11.4	9.0	4.5	35.578	27.929	2370	237	138	8.15	158	31.5	2.12
20 b	200	102	9.0	11.4	9.0	4.5	39.578	31.069	2500	250	148	7.96	169	33.1	2.06
22 a	220	110	7.5	12.3	9.5	4.8	42.128	33.070	3400	309	180	8.99	225	40.9	2.31
22 b	220	112	9.5	12.3	9.5	4.8	46.528	36.524	3570	325	191	8.78	239	42.7	2.27
25 a	250	116	8.0	13.0	10.0	5.0	48.541	38.105	5020	402	232	10.2	280	48.3	2.40
25 b	250	118	10.0	13.0	10.0	5.0	53.541	42.030	5280	423	248	9.94	309	52.4	2.40
28 a	280	122	8.5	13.7	10.5	5.3	55.404	43.492	7110	508	289	11.3	345	56.6	2.50
28 b	280	124	10.5	13.7	10.5	5.3	61.004	47.888	7480	534	309	11.1	379	61.2	2.49

型号		尺寸（mm）						截面面积A (cm²)	质量 (kg/m)	x—x轴				y—y轴		
		h	b	t_w	t	r	r_1			I_x (cm⁴)	W_x (cm³)	S_x (cm³)	i_x (cm)	I_y (cm⁴)	W_y (cm³)	i_y (cm)
32	a	320	130	9.5	15.0	11.5	5.8	67.156	52.717	11100	692	404	12.8	460	70.8	2.62
	b		132	11.5				73.556	57.741	11600	726	428	12.6	502	76.0	2.61
	c		134	13.5				79.956	62.765	12200	760	455	12.3	544	81.2	2.61
36	a	360	136	10.0	15.8	12.0	6.0	76.480	60.037	15800	875	515	14.4	552	81.2	2.69
	b		138	12.0				83.680	65.689	16500	919	545	14.1	582	84.3	2.64
	c		140	14.0				90.880	71.341	17300	962	579	13.8	612	87.4	2.60
40	a	400	142	10.5	16.5	12.5	6.3	86.112	67.598	21700	1090	636	15.9	660	93.2	2.77
	b		144	12.5				94.112	73.878	22800	1140	679	15.6	692	96.2	2.71
	c		146	14.5				102.112	80.158	23900	1190	720	15.2	727	99.6	2.65
45	a	450	150	11.5	18.0	13.5	6.8	102.446	80.420	32200	1430	834	17.7	855	114	2.89
	b		152	13.5				111.446	87.485	33800	1500	889	17.4	894	118	2.84
	c		154	15.5				120.446	94.550	35300	1570	939	17.1	938	122	2.79
50	a	500	158	12.0	20.0	14.0	7.0	119.304	93.654	46500	1860	1086	19.7	1120	142	3.07
	b		160	14.0				129.304	101.504	48600	1940	1146	19.4	1170	146	3.01
	c		162	16.0				139.304	109.354	50600	2020①	1211	19.0	1220	151	2.96
56	a	560	166	12.5	21.0	14.5	7.3	135.435	106.316	65600	2340	1375	22.0	1370	165	3.18
	b		168	14.5				146.635	115.108	68500	2450	1451	21.6	1490	174	3.16
	c		170	16.5				157.835	123.900	71400	2550	1529	21.3	1560	183	3.16
63	a	630	176	13.0	22.0	15.0	7.5	154.658	121.407	93900	2980	1732	24.6	1700	193	3.31
	b		178	15.0				167.258	131.298	98100	3110②	1834	24.2	1810	204	3.29
	c		180	17.0				179.858	141.189	102000	3240③	1928	23.8	1920	214	3.27

注：表中W_x值是按I_x和i_x计算求得（$W_x=2I_x/h$），供参考。

热轧普通槽钢的规格及截面特性（按GB/T 706—2008计算）

通常长度：
型号5~8，为5~12m；
型号10~18，为5~19m；
型号20~40，为6~19m。

I—截面惯性距；
W—截面模量；
S—半截面面积矩；
i—截面回转半径。

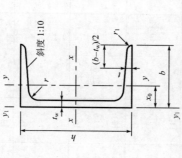

型号	h	b	t_w	t	r	r_1	截面面积A (cm²)	质量 (kg/m)	I_x (cm⁴)	W_x (cm³)	S_x (cm³)	i_x (cm)	I_y (cm⁴)	W_{ymin} (cm³)	W_{ymax} (cm³)	i_y (cm)	I_{y1} (cm⁴)	x_0 (cm)
	尺寸 (mm)								x—x轴				y—y轴				$y_1—y_1$	重心距
5	50	37	4.5	7.0	7.0	3.5	6.928	5.438	26.0	10.4	6.4	1.94	8.3	3.55	6.15	1.10	20.9	1.35
6.3	63	40	4.8	7.5	7.5	3.8	8.451	6.634	50.8	16.1	9.8	2.45	11.9	4.50	8.75	1.19	28.4	1.36
8	80	43	5.0	8.0	8.0	4.0	10.248	8.045	101	25.3	15.1	3.15	16.6	5.79	11.6	1.27	37.4	1.43
10	100	48	5.3	8.5	8.5	4.2	12.748	10.007	198	39.7	23.5	3.95	25.6	7.80	16.8	1.41	54.9	1.52
12.6	126	53	5.5	9.0	9.0	4.5	15.692	12.318	391	62.1	36.4	4.95	38.0	10.2	23.9	1.57	77.1	1.59
14 a	140	58	6.0	9.5	9.5	4.8	18.516	14.535	564	80.5	47.5	5.52	53.2	13.0	31.1	1.70	107	1.71
14 b	140	60	8.0	9.5	9.5	4.8	23.316	16.733	609	87.1	52.4	5.35	61.1	14.1	36.6	1.69	121	1.67
16 a	160	63	6.5	10.0	10.0	5.0	21.962	17.240	866	108	63.9	6.28	73.3	16.3	40.7	1.83	144	1.80
16 b	160	65	8.5	10.0	10.0	5.0	25.162	19.752	935	117	70.3	6.10	83.4	17.6	47.7	1.82	161	1.75
18 a	180	68	7.0	10.5	10.5	5.2	25.699	20.174	1270	141	83.5	7.04	98.6	20.0	52.4	1.96	190	1.88
18 b	180	70	9.0	10.5	10.5	5.2	29.299	23.000	1370	152	91.6	6.84	111	21.5	60.3	1.95	210	1.84

| 型号 | | 尺寸 (mm) | | | | | | 截面面积A (cm²) | 质量 (kg/m) | x—x轴 | | | | y—y轴 | | | | | 重心矩 |
	h	b	t_w	t	r	r_1			I_x (cm⁴)	W_x (cm³)	S_x① (cm³)	i_x (cm)	I_y (cm⁴)	W_{ymin} (cm³)	W_{ymax} (cm³)	i_y (cm)	y_1-y_1 I_{y1} (cm⁴)	x_0 (cm)
20 a	200	73	7.0	11.0	11.0	5.5	28.837	22.637	1780	178	104.7	7.86	128	24.2	63.7	2.11	244	2.01
b		75	9.0				32.837	25.777	1910	191	114.7	7.64	144	25.9	73.8	2.09	268	1.95
22 a	220	77	7.0	11.5	11.5	5.8	31.846	24.999	2390	218	127.6	8.67	158	28.2	75.2	2.23	298	2.10
b		79	9.0				36.246	28.453	2570	234	139.7	8.42	176	30.1	86.7	2.21	326	2.03
25 a	250	78	7.0	12.0	12.0	6.0	34.917	27.410	3370	270	157.8	9.82	176	30.6	85.0	2.24	322	2.07
b		80	9.0				39.917	31.335	3530	282	173.5	9.41	196	32.7	99.0	2.22	353	1.98
c		82	11.5				44.917	35.260	3690	295	189.1	9.07	218	34.7	113	2.21	384	1.92
28 a	280	82	7.5	12.5	12.5	6.2	40.034	31.427	4760	340	200.2	10.9	218	35.7	104	2.33	388	2.10
b		84	9.5				45.634	35.823	5130	366	219.8	10.6	242	37.9	120	2.30	428	2.02
c		86	11.5				51.234	40.219	5500	393	239.4	10.4	268	40.3	137	2.29	463	1.95
32 a	320	88	8.0	14.0	14.0	7.0	48.513	38.083	7600	475	276.9	12.5	305	46.5	136	2.50	552	2.24
b		90	10.0				54.913	43.107	8140	509	302.5	12.2	336	49.2	156	2.47	593	2.16
c		92	12.0				61.313	48.131	8690	543	328.1	11.9	374	52.6	179	2.47	643	2.09
36 a	360	96	9.0	16.0	16.0	8.0	60.910	47.814	11900	660	389.9	14.0	455	63.5	186	2.73	818	2.44
b		98	11.0				68.110	53.466	12700	703	422.3	13.6	497	66.9	210	2.70	880	2.37
c		100	13.0				75.310	59.118	13400	746	454.7	13.4	536	70.0	229	2.67	948	2.34
40 a	400	100	10.5	18.0	18.0	9.0	75.068	58.928	17600	879	524.4	15.3	592	78.8	238	2.81	1070	2.49
b		102	12.5				83.068	65.208	18600	932	564.4	15.0	640	82.5	262	2.78	1140	2.44
c		104	14.5				91.068	71.488	19700	986	604.4	14.7	688	86.2	284	2.75	1220	2.42

注：本书表中该 W_{ymin} 值是按 I_y 值是 b 和 x_0 计算求得 $\left(W_{ymin} = \dfrac{I_y}{b-x_0}\right)$，供参考。

宽、中、窄翼缘H型钢截面尺寸和截面特性
(摘自GB/T 11263—2010)

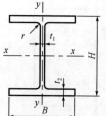

附表2-6

类别	型号 (高度× 宽度)	截面尺寸 (mm)				截面 面积 (cm²)	理论 质量 (kg/m)	截 面 特 性					
								惯性矩 (cm⁴)		回转半径 (cm)		截面模量 (cm³)	
		$H \times B$	t_1	t_2	r			I_x	I_y	i_x	I_y	W_x	W_y
HW	100×100	100×100	6	8	10	21.90	17.2	383	134	4.18	2.47	76.5	26.7
	125×125	125×125	6.5	9	10	30.31	23.8	847	294	5.29	3.11	136	47.0
	150×150	150×150	7	10	13	40.55	31.9	1660	564	6.39	3.73	221	75.1
	175×175	175×175	7.5	11	13	51.43	40.3	2900	984	7.50	4.37	331	112
	200×200	200×200	8	12	16	64.28	50.5	4770	1600	8.61	4.99	477	160
		#200×204	12	12	16	72.28	56.7	5030	1700	8.35	4.85	503	167
	250×250	250×250	9	14	16	92.18	72.4	10800	3650	10.8	6.29	867	292
		#250×255	14	14	16	104.7	82.2	11500	3880	10.5	6.09	919	304
	300×300	#294×302	12	12	20	108.3	85.0	17000	5520	12.5	7.14	1160	365
		300×300	10	15	20	120.4	94.5	20500	6760	13.1	7.49	1370	450
		300×305	15	15	20	135.4	106	21600	7100	12.6	7.24	1440	466
	350×350	#344×348	10	16	20	146.0	115	33300	11200	15.1	8.78	1940	646
		350×350	12	19	20	173.9	137	40300	13600	15.2	8.84	2300	776
	400×400	#388×402	15	15	24	179.2	141	49200	16300	16.6	9.52	2540	809
		#394×398	11	18	24	187.6	147	56400	18900	17.3	10.0	2860	951
		400×400	13	21	24	219.5	172	66900	22400	17.5	10.1	3340	1120
		#400×408	21	21	24	251.5	197	71100	23800	16.8	9.73	3560	1170
		#414×405	18	28	24	296.2	233	93000	31000	17.7	10.2	4490	1530
		#428×407	20	35	24	361.4	284	11900	39400	18.2	10.4	5580	1930
		*458×417	30	50	24	529.3	415	187000	60500	18.8	10.7	8180	2900
		*498×432	45	70	24	770.8	605	298000	94400	19.7	11.1	12000	4370
HM	150×150	148×100	6	9	13	27.25	21.4	1040	151	6.17	2.35	140	30.2
	200×150	194×150	6	9	16	39.76	31.2	2740	508	8.30	3.57	283	67.7
	250×175	244×175	7	11	16	56.24	44.1	6120	985	10.4	4.18	502	113
	300×200	294×200	8	12	20	73.03	57.3	11400	1600	12.5	4.69	779	160
	350×250	340×250	9	14	20	101.5	79.7	21700	3650	14.6	6.00	1280	292
	400×300	390×300	10	16	24	136.7	107	38900	7210	16.9	7.26	2000	481
	450×300	440×300	11	18	24	157.4	124	56100	8110	18.9	7.18	2550	541
	500×300	482×300	11	15	28	146.4	115	60800	6770	20.4	6.80	2520	451
		488×300	11	18	28	164.4	129	71400	8120	20.8	7.03	2930	541
	600×300	582×300	12	17	28	174.5	137	103000	7670	24.3	6.63	3530	511
		588×300	12	20	28	192.5	157	118000	9020	24.8	6.85	4020	601
		#594×302	14	23	28	222.4	175	137000	10600	24.9	6.90	4620	701

类别	型号（高度×宽度）	截面尺寸(mm)				截面面积 (cm²)	理论质量 (kg/m)	截面特性					
		$H×B$	t_1	t_2	r			惯性矩 (cm⁴)		回转半径 (cm)		截面模量 (cm³)	
								I_x	I_y	i_x	I_y	W_x	W_y
HN	100×50	100×50	5	7	10	12.16	9.54	192	14.9	3.98	1.11	38.5	5.96
	125×60	125×60	6	8	10	17.01	13.3	417	29.3	4.95	1.31	66.8	9.75
	150×75	150×75	5	7	10	18.16	14.3	679	49.6	6.12	1.65	90.6	13.2
	175×90	175×90	5	8	10	23.21	18.2	1220	97.6	7.26	2.05	140	21.7
	200×100	198×99	4.5	7	13	23.59	18.5	1610	114	8.27	2.20	163	23.0
		200×100	5.5	8	13	27.57	21.7	1880	134	8.25	2.21	188	26.8
	250×125	248×124	5	8	13	32.89	25.8	3560	255	10.4	2.78	287	41.1
		250×125	6	9	13	37.87	29.7	4080	294	10.4	2.79	326	47.0
	300×150	298×149	5.5	8	16	41.55	32.6	6460	443	12.4	3.26	433	59.4
		300×150	6.5	9	16	47.53	37.3	7350	508	12.4	3.27	490	67.7
	350×175	346×174	6	9	16	53.19	41.8	11200	792	14.5	3.86	649	91.0
		350×175	7	11	16	63.66	50.0	13700	985	14.7	3.93	782	113
	#400×150	#400×150	8	13	16	71.12	55.8	18800	734	16.3	3.21	942	97.9
	400×200	396×199	7	11	16	72.16	56.7	20000	1450	16.7	4.48	1010	145
		400×200	8	13	16	84.12	66.0	23700	1740	16.8	4.54	1190	174
	#400×150	#450×150	9	14	20	83.41	65.5	27100	793	18.0	3.08	1200	106
	450×200	446×199	8	12	20	84.95	66.7	29000	1580	18.5	4.31	1300	159
		450×200	9	14	20	97.41	76.5	33700	1870	18.6	4.38	1500	187
	#500×150	#500×150	10	16	20	98.23	77.1	38500	907	19.8	3.04	1540	121
	500×200	496×199	9	14	20	101.3	79.5	41900	1840	20.3	4.27	1690	185
		500×200	10	16	20	114.2	89.6	47800	2140	20.5	4.33	1910	214
		#506×201	11	19	20	131.3	103	56500	2580	20.8	4.43	2230	257
	600×200	596×190	10	15	24	121.2	95.1	69300	1980	23.9	4.04	2330	199
		600×200	11	17	24	135.2	106	78200	2280	24.1	4.11	2610	228
		#606×201	12	20	24	153.3	120	91000	2720	24.4	4.21	3000	271
	700×300	#692×300	13	20	28	211.5	166	172000	9020	28.6	6.53	4980	602
		700×300	13	24	28	235.5	185	201000	10800	29.3	6.78	5760	722
	*800×300	*729×300	14	22	28	243.4	191	254000	9930	32.3	6.39	6400	662
		*800×300	14	26	28	267.4	210	292000	11700	33.0	6.62	7290	782
	*900×300	*890×299	15	23	28	270.9	213	345000	10300	35.7	6.16	7760	688
		*900×300	16	28	28	309.8	243	411000	12600	36.4	6.39	9140	843
		*912×302	18	34	28	364.0	286	498000	15700	37.0	6.56	10900	1040

注：1."#"表示的规格为非常用规格。

2."*"表示的规格，目前车内尚未生产。

3.型号属同一范围的产品，其内侧尺寸高度是一致的。

4.标记采用：高度H×宽度B×腹板厚度t_1×翼缘厚度t_2。

5.HW为宽翼缘，HM为中翼缘，HN为窄翼缘。

几种常用截面的回转半径近似值

$i_x = 0.30h$ $i_y = 0.30b$ $i_v = 0.195h$	$i_x = 0.21h$ $i_y = 0.21b$	$i_x = 0.43h$ $i_y = 0.24b$
等边 $i_x = 0.30h$ $i_y = 0.215b$	$i_x = 0.39h$ $i_y = 0.20b$	$i_x = 0.39h$ $i_y = 0.39b$
长边相连 $i_x = 0.32h$ $i_y = 0.20b$	$i_x = 0.38h$ $i_y = 0.29b$	$i_x = 0.26h$ $i_y = 0.24b$
短边相连 $i_x = 0.28h$ $i_y = 0.24b$	$i_x = 0.38h$ $i_y = 0.20b$	$i_x = 0.29h$ $i_y = 0.29b$
$i_x = 0.21h$ $i_y = 0.21b$ $i_v = 0.185h$	$i = 0.35(d-t)$ $i = 0.32d, \dfrac{d}{t} = 10$时 $i = 0.34d, \dfrac{d}{t} = 30 \sim 40$	$i = 0.25d$
$i_x = 0.43b$ $i_y = 0.43h$	$i_x = 0.44b$ $i_y = 0.38h$	$i_x = 0.50b_0$ $i_y = 0.39h$

附录3　设计图纸

××交通职业技术学院钢结构设计

图 纸 目 录

设计号：＿＿＿＿＿＿　　工程名称：　钢结构平台　　子项：＿＿＿＿＿＿

序号	图　号	图　　　　　名	图幅	张数	备　注
1		**图纸目录**	A4	1	
2	01	结构设计总说明	A4	1	
3	02	钢结构平台梁设计图	A4	1	
4	03	锚栓平面布置图	A4	1	
5	04	钢平台钢架详图	A4	1	
6	05	钢平台节点详图	A4	1	
		合计		6	
说明	1 本目录编排顺序按新绘图、标准图、重复利用图进行填写，相互之间留一行空格。 2 序号为流水号，不得空缺、重号或注脚码。新绘图按图号顺序填写。				

工程负责人：＿＿＿＿＿＿　　工种负责人：＿＿＿＿＿＿　　设计人：＿＿＿＿＿＿

完成日期　　年　　月　　日

钢结构设计总说明

一、设计依据
1. 根据建筑施工图纸进行该工程结构部分的设计。
2. 现行建筑、结构、防火、抗震设计规范、工程建设强制性条文。
3. 根据甲方要求进行厂房钢结构部分、地基基础部分的结构设计。
4. 建筑物设计使用年限为25年。

二、设计遵循的规范、规程及规定
1. 建筑结构荷载规范（GB 50009—2012）。
2. 钢结构设计规范（GB 50017—2003）。
3. 冷弯薄壁型钢结构技术规范（GB 50018—2002）。
4. 混凝土结构设计规范（GB 50010—2010）。
5. 建筑抗震设计规范（GB 50011—2010）。
6. 钢结构工程施工质量验收规范（GB 50205—2001）。
7. 建筑钢结构焊接技术规程（JGJ 81—2002）。
8. 门式刚架轻型房屋钢结构技术规程（CECS102:2002）。

三、基本设计参数
1. 本工程结构设计基准期为25年。
2. 设计荷载
　2.1 钢平台面荷载3.20kN/m²；
　2.2 钢平台面活载8.50kN/m²。

四、材料
1. 门式刚架梁、柱及连接板采用Q235B，其材料要求满足抗拉强度、屈服点、伸长率、冷弯性能，以及碳、硫、磷等化学成份应符合GB/T 700—2006的规定。
2. 焊接材料：E43×××
3. 高强螺栓为摩擦型高强螺栓（包括高强螺栓、螺母和垫圈）与尺寸及技术条件须符合GB/T 3632—2008的规定、高强螺栓的性能等级为10.9级；螺母采用20MnTiB，高强螺栓（高强度头型）。
连接构件接触面采用喷砂处理，灰尘及油漆等污物质，气割渣点毛刺、飞边，达到设计要求的摩擦力，为使钢结构紧密地贴合，贴合面上严禁刷焊、油漆及其他不洁物质。
　(1) 为使钢结构紧密地贴合，达到设计要求的摩擦力，贴合面上严禁刷焊、油漆及其他不洁物质。灰尘及油漆等污物质，气割渣点毛刺、飞边，灰尘及油漆等污物质。
　(2) 在螺栓接触处的上下夹触的如有1/20以上的斜度时，应采用斜垫圈垫平。

其材质为：
螺栓采用20MnTiB；螺母采用15MnVB，垫圈采用45钢。

4. 螺栓孔采用：螺栓直径φ≤20时，孔$d=\phi+1.5$；φ>20时，孔$d=\phi+2$。
5. 钢结构的钢材尚应符合下列规定：
　a. 钢材的抗拉强度实测值与屈服强度实测值的比值不应小于1.2。
　b. 钢材应有明显的屈服台阶，且伸长率应大于20%。
　c. 钢材应有良好的可焊性和合格的冲击韧性。

6. 钢结构的制作与安装应符合钢结构工程施工质量验收规范（GB 50205—2001）中有关规定。
7. 焊接质量的检验应按GB 50205—2001中二级检验，钢梁、钢柱，除拼接处的坡口焊缝按三级焊缝检验外，其余按三级焊缝检验。梁、柱连接处的刚接连接处均采用高强螺栓连接。梁上加劲板（或节点板）均采用双面角焊缝（K=8）。

五、制作与安装
1. 钢结构的制作及安装的构件，除须遵照现行有关规范及手册规定外，还须满足设计要求的各等刚度要求。
2. 所有钢结构连接处的刚接连接均须采用高强螺栓连接。
3. 梁、柱连接处应保证平整、位置准确，达到等强度螺栓连接。
4. 柱、梁、构件考虑运输、加工难而采用分段运输时应根据单位详图等原理进行设计分段。
当K=6角焊时，单边焊缝长>120；总焊缝长>240。

　(3) 安装用焊螺栓、螺母、垫圈进行配套，在螺栓接头中的施工顺序中，应遵循"初拧一复拧一终拧"的顺序。
　(4) 高强螺栓的孔必须是钻成的（或钎中成较小的孔径，然后拧孔）。
9. 梁或柱与拼接处端采用等强度对接焊缝。
10. 其他有关制作和安装的具体要求，详见各结构系统的设计说明。

六、涂装
1. 在制作前钢材表面应进行喷砂（或抛丸）除锈处理，除锈质量等级要求达到（GB 8923.1—2011）中的Sa2.5级标准。
2. 钢材经除锈处理后涂刷红丹防锈底漆一度，醇酸磁漆二度，构件的防火涂料要求按高强螺栓连接范围内，不涂漆时应注意，凡是高强螺栓连接范围内，不允许涂刷油漆或有油污，并应架设范围的要求。
4. 现场焊缝两侧各50mm及高强螺栓范围内暂不涂刷油漆，待现场安装完毕后，再按上述要求补涂。

七、其他
1. 未经设计许可，有关各方均不得在结构上增加荷载。
2. 构件安装时，施工方应做好临时支撑以避免构件产生过大的变形，同时在构件安装过程中防止构件失稳。
3. 施工时应与其他专业图纸密切配合使用。
4. 设计图中所注高程均为相对高程，±0.000相当于0.000，绝对高程均由施工方自定。

		班级		组别		图号	01
制图		（日期）				比例	1：200
审核		（日期）		××			
		钢结构设计总说明					

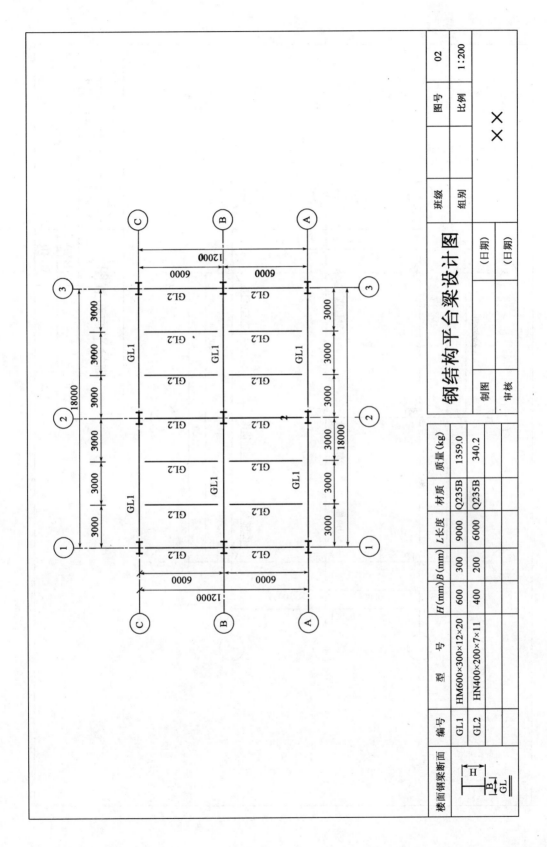

钢结构平台梁设计图

编号	型号	H (mm)	B (mm)	L长度	材质	质量 (kg)
GL1	HM600×300×12×20	600	300	9000	Q235B	1359.0
GL2	HN400×200×7×11	400	200	6000	Q235B	340.2

楼面钢梁断面

班级		图号	02
组别		比例	1：200
制图	（日期）		
审核	（日期）		

××

211

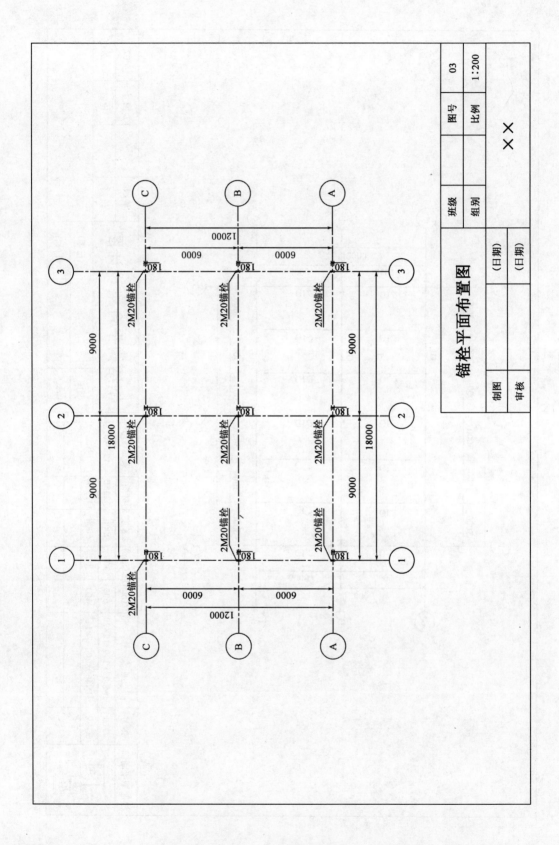

锚栓平面布置图

	图号	03
	比例	1:200

××

| 班级 | | | 图号 | 03 |
| 组别 | | | 比例 | 1:200 |

| 制图 | | (日期) |
| 审核 | | (日期) |

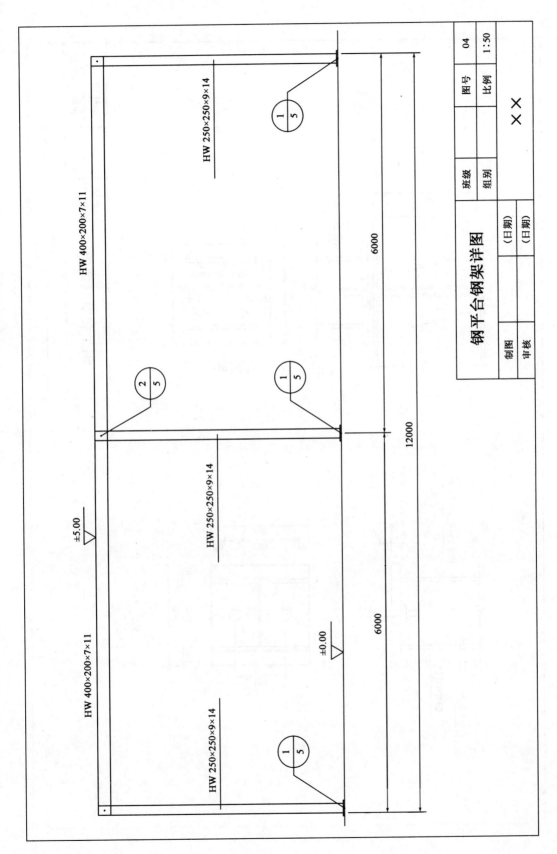

钢平台钢架详图

| 班级 | | 图号 | 04 |
| 组别 | | 比例 | 1:50 |

×× ×

| 制图 | | （日期） |
| 审核 | | （日期） |

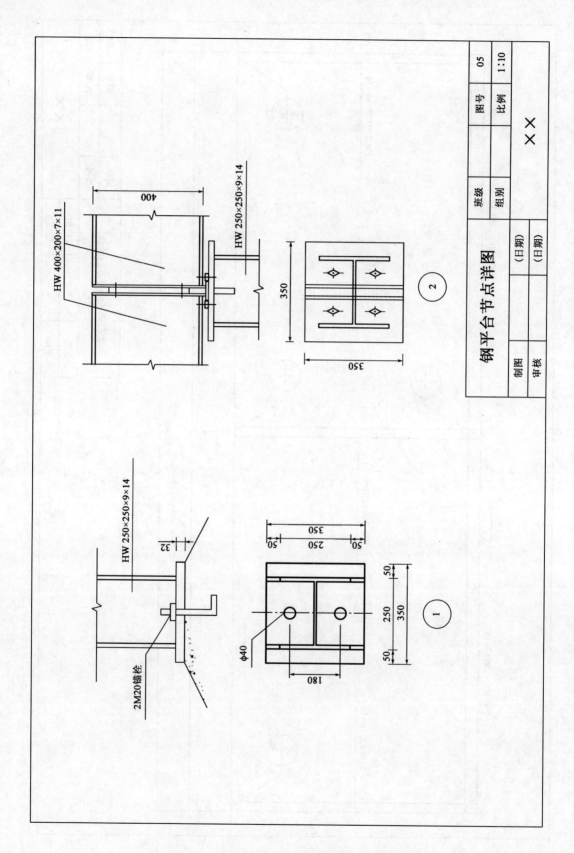

钢平台节点详图

图号	05
比例	1:10

214

附录4 第七章课程设计任务书

某写字楼内拟建加层平台,该平台上活动的人较多且有设备,高程5.0m,平台上无动荷载,铺板密铺并与梁牢固相连,平台尺寸,铺板自重见附表4-1。

设计任务:

(1)钢材材料选择。

(2)平台形式的确定。

(3)梁柱的布置。

(4)平台的结构设计。

(5)绘制平台施工图。(至少绘制出三个节点详图)

附表4-1

平台分组	平台尺寸(m²)	铺板自重(kN/m²)
第一组	18.6×9.2	1.0
第二组	18.6×9.2	0.9
第三组	18.6×9.2	0.8
第四组	18×9.4	1.0
第五组	18×9.4	0.9
第六组	18×9.4	0.8

附录5 第八章课程设计任务书

一、设计题目

梯形钢屋架。

二、设计资料

梯形屋架:某车间跨度30m、长度102m、柱距6m。车间内设有两台20/5t中级工作制起重机。计算温度高于-20℃。采用压型钢板+保温棉+压型钢板屋面,屋面坡度为$i=1/10$,为不上人屋面。屋架简支于钢筋混凝土柱上,柱顶高程10m,上柱截面为400mm×400mm,混凝土标号为C20。基本雪压为$0.3kN/m^2$。相关参数,见附表5-1。

附表5-1

相 关 参 数

荷　　载	第一组	第二组	第三组	第四组	第五组	第六组
屋面自重(kN/m^2)	0.5	0.6	0.7	0.5	0.6	0.7
积灰荷载(kN/m^2)	0.6	0.7	0.8	0.8	0.7	0.6
管道荷载(kN/m^2)	0.4	0.5	0.6	0.7	0.4	0.7

三、屋架形式、尺寸、材料选择及支撑布置

屋盖形式:有檩屋盖,平坡梯形屋架,按建筑结构手册中选取30m跨度的梯形屋架,则具体尺寸为:

屋架计算跨度$L_0 = L - 300mm = 29700mm$,端部高度取$H_0 = 1990mm$,中部高度取$H = 3490mm$,如附图5-1所示。

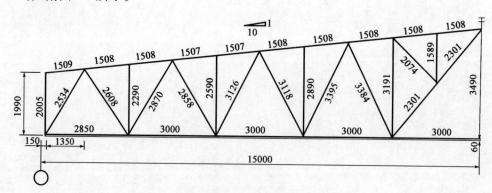

附图1(尺寸单位:mm)

跨度起拱按$L/500$考虑。根据建造地区的计算温度和荷载性质,钢材选用Q235B,焊条采用E43型,手工焊。

四、设计任务

(1)根据车间长度、屋架跨度和荷载情况,设置上、下弦杆横向水平支撑、垂直支撑和系

216

杆,并绘图。

（2）编制荷载计算书、绘制杆件内力图(提示:根据所给的单位荷载作用下的内力系数计算杆件内力,如附图 5-2 所示。

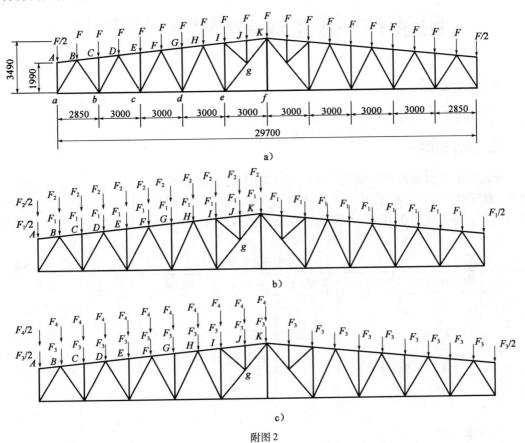

附图 2

（3）屋架截面设计。

五、设计依据

（1）《建筑结构荷载规范》(GB 50009—2001)。
（2）《钢结构设计规范》(GB 50017—2003)。

六、评价标准

1. 计算书部分
（1）设计方案经济合理,用钢量省,满分。
（2）设计方案未通过安全性验算,不及格。
2. 施工图部分
（1）施工图绘制完整,正确,满分。
（2）施工图绘制不完整,有错误,不及格。

附录6 第九章课程设计任务书

一、设计任务

门式刚架厂房设计。

二、设计资料

单层工业厂房采用单跨双坡门式刚架,刚架尺寸见附表6-1。屋面为岩棉夹芯彩色压型钢板,檩条为薄壁卷边C型钢,合计永久荷载为0.3kN/m²。刚架柱柱脚铰接,柱间纵向无侧向支撑点。雪荷载为0.4kN/m²,屋面活荷载为0.5kN/m²,基本风压为0.5kN/m²,地面粗糙度为b类。

各组设计几何参数 附表6-1

组别	刚架跨度(m)	柱高(m)	刚架榀数	柱距(m)	屋面坡度 i	地震设防烈度	截面类型
1	18						变截面
2	18						不变截面
3	21						变截面
4	21						不变截面
5	15						变截面
6	15						不变截面
7	24	8	12	6	1/10	6	变截面
8	24						不变截面
9	12						变截面
10	12						不变截面
11	27						变截面
12	27						不变截面

三、设计任务

根据已有资料,进行工业厂房设计,要求提交计算书和施工图。

参 考 文 献

[1] 中华人民共和国国家标准. GB 50017—2003 钢结构设计规范[S]. 北京:中国计划出版社,2013.

[2] 中华人民共和国国家标准. GB/T 11263—2010 热轧 H 型钢和剖分 T 型钢[S]. 北京:中国标准出版社,2011.

[3] 中华人民共和国国家标准. GB/T 706—2008 热轧型钢[S]. 北京:中国标准出版社,2009.

[4] 中华人民共和国国家标准. GB 50009—2012 建筑结构荷载规范[S]. 北京:中国建筑工业出版社,2012.

[5] 中华人民共和国国家标准. GB 50205—2001 钢结构工程施工质量验收规范[S]. 北京:中国计划出版社,2002.

[6] 中华人民共和国行业标准. CEC S102—2002 门式刚架轻型房屋钢结构技术规程[S]. 北京:中国计划出版社,2012.

[7] 中华人民共和国国家标准. GB 50018—2002 冷弯薄壁型钢结构技术规范[S]. 北京:中国标准出版社,2003.

[8] 中华人民共和国国家标准. GB/T 3811—2008 起重机设计规范[S]. 北京:中国标准出版社.

[9] 浙江大学土木系,浙江省建筑设计院,杭州市设计院. 简明建筑结构设计手册[M]. 中国建筑工业出版社,1980.

[10] 姚谏,夏志斌. 钢结构原理与设计[M]. 2 版. 中国建筑工业出版社,2011.

[11] 郑悦. 钢结构原理[M]. 浙江大学出版社,2009.

[12] 郭昌生. 钢结构设计[M]. 浙江大学出版社,2007.

[13] 丁南宏,孙建琴. 钢结构设计原理学习指导与习题精解[M]. 中国铁道出版社,2012.

[14] 唐兴宋. 钢结构课程设计解析与实例[M]. 机械工业出版社,2012.

[15] 王秀丽. 钢结构课程设计指南[M]. 中国建筑工业出版社,2010.